Die
Chemie des Kautschuks

Von

B. D. W. Luff, F. I. C.
Wissenschaftlicher Chemiker, The North British Rubber
Company, Limited, Edinburgh

Deutsch von
Dr. Franz C. Schmelkes
Prag

Mit 32 Abbildungen

Berlin
Verlag von Julius Springer
1925

ISBN-13:978-3-642-89439-8   e-ISBN-13:978-3-642-91295-5
DOI: 10.1007/978-3-642-91295-5

Alle Rechte vorbehalten.
Softcover reprint of the hardcover 1st edition 1925

Vorwort des Verfassers.

Die Kautschukwarenfabrikation ist seit der Entdeckung der Vulkanisation bis vor verhältnismäßig kurzer Zeit auf fast rein empirischen Grundlagen aufgebaut gewesen und nur wenig Licht konnte in das Dunkel, in das die Fabrikationsprozesse gehüllt waren, gebracht werden.

Während der letzten 10—20 Jahre konnten jedoch wissenschaftlich begründete Arbeitsmethoden als Ergebnis von Untersuchungen über die chemischen und physikalischen Eigenschaften des Kautschuks eingeführt und neues Licht auf die von alters her verwendeten Fabrikationsmethoden geworfen werden.

Abgesehen von der verarbeitenden Industrie hat auch der Plantagenanbau, der seit erst etwa 1910 ein bedeutender Faktor in der Rohgummierzeugung ist, die Durchführung einer beträchtlichen Menge chemischer Forschungsarbeit notwendig gemacht.

Der Verfasser spricht der „Rubber Growers Association" für die Überlassung von Photographien der verschiedenen Kautschukgewinnungsmethoden, sowie der North British Rubber Company Ltd. für Photographien der Fabrik und für die Erlaubnis, eine Anzahl in ihren Laboratorien gefundene Versuchsergebnisse zu veröffentlichen, seinen Dank aus

Edinburgh, Oktober 1923.

B. D. W. Luff.

Vorwort des Übersetzers.

Sowohl auf dem Gebiete der theoretischen als auch der angewandten Chemie des Kautschuks fehlt es an einem zeitgemäßen deutschen Buche, das uns in zusammenfassender und dennoch eingehender Weise über den Stand unserer Kenntnis auf diesen beiden Gebieten unterrichtet.

Es ist mir daher eine angenehme Aufgabe gewesen, die vorliegende Monographie ins Deutsche zu übertragen, und ich hoffe, damit eine Lücke ausgefüllt zu haben.

Hannover, im Januar 1925.

Franz C. Schmelkes.

Inhaltsverzeichnis.

	Seite
I. Einleitung — Historisches	1
II. Kautschukmilchsaft	9

Seine Zusammensetzung und seine Eigenschaften: Chemische Zusammensetzung — Physikalische Eigenschaften des Milchsaftes — Koagulation.

III. Kautschukgewinnung 15
Wildkautschuk — Südamerika — Parasorten — Andere südamerikanische Sorten — Afrikanische Sorten — Ostasiatische Sorten — Mexikanische Sorten: Guayule. — Andere Kautschukquellen.

IV. Plantagenkautschuk 22
Das Zapfen — Koagulation — Die verschiedenen Plantagenkautschuksorten.

V. Die Zusammensetzung des Rohkautschuks 34
Harzsubstanzen — Stickstoffhaltige Substanz — Inositolderivate — Mineralische Bestandteile.

VI. Physikalische Eigenschaften des Rohkautschuks 38
Die Einwirkung von Lösungsmitteln — Viscosität von Kautschuklösungen — Der Wert der Viscositätsprüfungen — Die Einwirkung von Wärme auf Rohkautschuk — Die Einwirkung des Lichtes auf den Rohkautschuk — Die Klebrigkeit — Die Einwirkung der mechanischen Bearbeitung.

VII. Chemische Eigenschaften, Konstitution und Synthese des Kautschuks 48
Die synthetische Bildung des Kautschuks — Die Konstitution des Isoprens — Die Konstitution des Kautschuks — Die technische Synthese des Kautschuks — Die Darstellung von Isopren und seinen Homologen — Polymerisationsmethoden — Vergleich zwischen synthetischem und Naturkautschuk — Derivate des Kautschuks: Einwirkung von Halogen — Einwirkung von Halogenwasserstoff — Einwirkung von Stickoxyden — Einwirkung von Salpetersäure — Einwirkung von Schwefelsäure — Einwirkung von Reduktionsmitteln — Einwirkung von Oxydationsmitteln — Einwirkung von Chromylchlorid — Einwirkung von Metallen und Metallsalzen.

VIII. Die Vulkanisation 70
Vulkanisationskoeffizient — Theorie der Vulkanisation — Die Aktivität der verschiedenen Schwefelformen — Vulkanisation in Lösung — Die Vulkanisation mit Chlorschwefel — Andere Vulkanisationsmittel.

IX. Die Eigenschaften des vulkanisierten Kautschuks 91
Die physikalischen Eigenschaften — Die Festigkeitseigenschaften — Mischungen mit verschiedenem Schwefelgehalt — Andere mechanische Prüfungen — Die Bestimmung der richtigen Vulkanisation — Die

Inhaltsverzeichnis

Seite

Alterung — Die beschleunigte Alterung — Die Beziehungen zwischen den chemischen und den mechanischen Eigenschaften des vulkanisierten Kautschuks.

X. Die Faktoren, welche die Vulkanisation beeinflussen . . 112
Die Bereitung des Rohkautschuks.

XI. Die Bestandteile der Kautschukmischungen 110
Pigmente — Weichmachungsmittel — Aktive Füllstoffe — Alterungseigenschaften von Kautschukmischungen — Die Reaktionen der Mischungsbestandteile während der Vulkanisation — Die Volumzunahme von vulkanisierten Gummimischungen beim Dehnen.

XII. Beschleuniger 149
Anorganische Beschleuniger — Organische Beschleuniger — Stickstoffhaltige Beschleuniger — Stickstofffreie Beschleuniger — Der Nutzen der Anwendung von Beschleunigern — Die Wirksamkeit verschiedener Beschleuniger — Die Wirkung von Beschleunigern auf die Festigkeitseigenschaften des Vulkanisates — Die Beschleunigung in Gegenwart von geringen Schwefelmengen — Die Beschleunigung bei niedrigen Temperaturen — Die ausgleichende Wirkung der Beschleuniger auf den Rohkautschuk — Die Wirkungsweise der Beschleuniger — Die Anwendung der Beschleuniger.

XIII. Die Fabrikationsmethoden 176
Das Walzen — Die Heißvulkanisation — Die Herstellung gummierter Stoffe — Das Kalandern — Das Ziehen auf der Schlauchmaschine — Die Herstellung von Kautschukgegenständen — Die Vulkanisation in freiem Dampf — Gummischwamm — Tauchartikel — Hartgummi.

XIV. Analysenmethoden 186
Rohkautschuk — Mischmaterialien — Vulkanisierter Kautschuk.

Sachverzeichnis 208

Abkürzungstabelle.

Analyst	The Analyst.
Ann.	Liebigs Annalen der Chemie.
Ann. Chim. Phys.	Annales de chimie et de physique.
Ann. Rept. Appl. Chem.	Annual Reports of Applied Chemistry, herausgegeben von der Society of Chemical Industry.
Agric. Bull. F. M. S.	Agricultural Bulletin of the Federated Malay States.
Archief	Archief voor de Rubbercultuur in Nederlandsch-Indië.
Arch. Pharm.	Archiv der Pharmazie.
B.	Berichte der Deutschen Chemischen Gesellschaft.
Bull. Imp. Inst.	Bulletin of the Imperial Institute.
Bull. R. G. A.	Bulletin of the Rubber Growers' Association.
Bull. Soc. Chim.	Bulletin de la société chimique de France.
Bull. No. 27 F. M. S.	Departement of Agriculture, Federated Malay States, Bulletin No. 27, The Preparation and Vulcanisation of Plantation Para Rubber, by B. J. Eaton, J. Grantham and F. W. F. Day.
Chem. and Met. Eng.	Chemical and Metallurgical Engineering.
Chem. News	Chemical News.
Chem. Soc. Abs.	Journal of the Chemical Society; Abstracts.
Chem. Soc. Proc.	Proceedings of the Chemical Society, London.
C. T. J.	Chemical Trade Journal.
Chem. Weekblad	Chemisch Weekblad.
Chem. Zeit.	Chemiker Zeitung.
C.	Chemisches Zentralblatt.
Comm. Cent. Rubberstation	Communication of the Central Rubberstation, Buitenzorg; abgedruckt aus dem Archiv.
Compt. rend.	Comptes rendus de l'Academie des Sciences.
Delft Comm.	Communications of the Netherland Government Institute for advising the Rubber Trade and the Rubber Industry established at Delft. English Edition.
Gazz. Chim. Ital.	Gazetta Chimica Italiana.
Goodyear	Gum Elastic, and its Varieties, with a detailed account of its applications and uses, and of the discovery of Vulcanisation. Band I and II. 1855 New Haven.
Gummi Zeit.	Gummizeitung (Berlin).
Hancock	Personal Narrative of the Origin and Progress of the Caoutchouc or India Rubber Manufacture in England, von Thomas Hancock, 1857. Neu herausgegeben von James Lyne Hancock, Limited, London 1920.

Abkürzungstabelle.

Helv. Chim. Acta	Helvetica Chimica Acta.
I. R. J.	India Rubber Journal (London).
I. R. W.	India Rubber World (New York).
Int. Cong. Appl. Chem.	International Congress of Applied Chemistry.
J. Amer. Chem. Soc.	Journal of the American Chemical Society.
J. Amer. Soc. Testing Materials.	Journal of the American Society for Testing Materials.
Jour. Franklin Inst.	Journal of the Franklin Institute.
J. I. E. C.	Journal of Industrial and Engineering Chemistry.
Jour. Pharm. Chim.	Journal de Pharmacie et de Chimie.
J. prakt. Chem.	Journal für praktische Chemie.
J. Russ. Phys. Chem. Soc.	Journal of the Physical-Chemical Society of Russia.
J. S. C. I.	Journal of the Society of Chemical Industry.
Koll. Chem. Beihefte	Kolloidchemische Beihefte.
Koll. Zeit.	Kolloid-Zeitschrift (früher Zeitschrift für Chemie und Industrie der Kolloide).
Le Caout. et la G. P.	Le Caoutchouc et la Gutta Percha (Paris).
Phil. Trans.	Philosophical Transactions of the Royal Society of London.
Quart. Jour. Sci.	Quarterly Journal of Science.
Rec. Trav. Chim.	Recueil des Travaux chimiques des Pays-Bas.
Rubber Age	Rubber Age (London).
Rubber Industry	The Rubber Industry. Official Report of the International Congress of the Rubber Industry, 1911, 1914.
Trans. Chem. Soc.	Transactions of the Chemical Society (London).
Z. angew. Chem.	Zeitschrift für angewandte Chemie.
Z. anorg. Chem.	Zeitschrift für anorganische und allgemeine Chemie.

1. Einleitung. Historisches.

Unter Kautschuk versteht man jene elastische Ausscheidung, die aus dem Milchsaft (Latex) gewisser, hauptsächlich in den Tropen vorkommender Pflanzen gewonnen wird.

Lange bevor man den Kautschuk in Europa von Ansehen kannte, war er aus Reiseberichten aus Mexiko und dem damaligen Indien bekannt, die von den Spielen der Eingeborenen mit Bällen, die aus einem elastischen Baumharz gefertigt waren, erzählten[1]).

Erst 1736 übergab Charles-Marie de la Condamine, ein französischer Forscher, der Akademie der Wissenschaften in Paris Proben einer schwärzlichen, harzigen Substanz, die er an den waldigen Hängen der Anden Ecuadors gesammelt hatte. La Condamine brach 1735 von La Rochelle als Mitglied einer Expedition auf, die vom König von Frankreich zum Äquator entsandt wurde, um die Länge eines Meridianbogens zu messen. Er schlug einen anderen Weg ein als die Hauptexpedition und erreichte Quito, wo er mit dem Hauptteil wieder zusammen traf, auf einem Wege, der durch ziemlich unbekannte Gegenden führte. Auf seiner Reise botanisierte er sorgfältig und sammelte trotz aller Mühsale beim Transport Exemplare und Proben vieler Pflanzen, unter denen auch die später der Akademie eingesandten sich befanden. „In der Provinz Esmeralda", schreibt er, „wächst ein Baum, den die Eingeborenen Hévé nennen. Beim Einschneiden fließt eine milchige Flüssigkeit aus, welche nach und nach erhärtet und dunkel wird und in dieser Form von den Eingeborenen zur Herstellung von Fackeln verwendet wird. In der Provinz Quito soll dieses Harz zum Bestreichen von Geweben dienen, welche dann für den gleichen Zweck wie Wachstuch verwendet werden. Derselbe Baum wächst an den Ufern des Amazonenstromes, und die Indianer nennen das Harz „cahutchu", aus dem sie wasserdichte Schuhe verfertigen, die äußerlich lederartig aussehen. Auch Flaschen stellen sie daraus her, indem sie den Saft auf irdenen Formen eintrocknen, die sie dann zerschlagen und durch den Hals der Flasche entfernen"[2]). Der Name Kautschuk stammt von diesem indianischen Wort „cahutchu".

---

[1]) Ovideo y Valdez: Historia general y natural de las Indias. Sevilla 1535. — Antonia de Herrera: Historia general de los Castellanos en las islas y tierra firme de Mar Oceana. Madrid 1601.

[2]) Histoire de l'Académie des Sciences 1751. S. 314.

Denselben elastischen Stoff fand Fresneau 1751 in Französisch-Guyana, der ihn als eine Art „kondensiertes, harziges Öl" betrachtete. Er wurde ferner 1798 in Malaya von James Howison, einem in Penang ansässigen Wundarzt entdeckt, wenn auch die Pflanze, die ihn lieferte, botanisch einer ganz anderen Gattung angehörte als die später in den Plantagen dort angepflanzte.

La Condamine bediente sich sehr schnell seiner Entdeckung, indem er gummierte Stoffe zum Schutze seiner empfindlichen Instrumente verfertigte, die ihm bei den wolkenbruchartigen Regengüssen oft gute Dienste leisteten.

Dagegen scheint man damals in Europa wenig Gebrauch vom Kautschuk gemacht zu haben, wenn auch Magalhaens gezeigt hatte, daß man ihn zum Radieren verwenden kann. Priestley, der dieser Eigenschaft seine Aufmerksamkeit zugewendet hatte, wird als Urheber der englischen Bezeichnung India Rubber angesehen[1]).

In jener Zeit konnte der Milchsaft natürlich nicht über große Entfernungen transportiert werden, ohne zu gerinnen. Daher war die Verwendung des Milchsaftes ausschließlich den Eingeborenen vorbehalten, die ihn frisch vom Baume verwenden konnten.

Auf diese Weise war es möglich, Gegenstände herzustellen, indem man Tonformen in die Flüssigkeit tauchte und den Saft auf der Form über Feuer trocknete, so daß sie sich mit einer Kautschukschicht überzog. Ebenso war die Herstellung wasserdichter Gewebe eine verhältnismäßig einfache Sache. Nach Europa dagegen gelangte nur der feste Kautschuk und es wurden viele Versuche gemacht, den Kautschuk in seinen ursprünglichen flüssigen Aggregatzustand überzuführen, um die Verfahren der Eingeborenen nachzuahmen. Man erkannte bald, daß die Substanz Eigenschaften hatte, die gewöhnlichen Harzen nicht zukommen. So zeigten Maquer und Herissant, daß Weingeist, der die normalen Harze auflöst, Kautschuk nicht angreift. Sie zeigten, daß eine Lösung durch Eintauchen in Terpentinöl erhalten werden konnte, und später entdeckte Maquer, daß Äther ähnlich wirksam war. Gleichzeitig wurde bemerkt, daß diese Lösungen nicht milchig, sondern klar und durchsichtig waren, wenn sie auch nicht die gleiche Dünnflüssigkeit aufwiesen.

Diese Entdeckungen scheinen bis zum Jahre 1791 zu keiner fabrikatorischen Verwendung verwertet worden zu sein. In diesem Jahre patentierte Samuel Peal[2]) ein Verfahren, um „alle Arten von Leder-,

---

[1]) Später wurde die Vorsilbe weggelassen und das bloße Wort Rubber verwendet. In dem Vorwort zu Priestleys: „Introduction to the Theory of Perspective" 1770, findet sich eine dahinzielende Bemerkung, ohne daß jedoch das Wort Rubber genannt ist.

[2]) E. P. Nr. 1801. 1791.

Baumwoll-, Leinen- und Wollstoffen, Seiden, Gewebe, Papier, Holz und andere Erzeugnisse und Stoffe, die zu Schuhen, Stiefeln und anderen Kleidungsstücken verarbeitet werden, wasserdicht zu machen, für alle Fälle, wo Trockenheit oder ein Mittel, um Wasser oder Feuchtigkeit abzuhalten, erforderlich ist". Das Verfahren bestand darin, das Material mit einer Schicht Kautschuk zu versehen, welcher in Terpentinöl oder in einer anderen geistigen Flüssigkeit gelöst war. Ebenso konnte der Kautschuk in seinem natürlichen flüssigen Zustand gebraucht werden.

Nun war zwar das Terpentinöl imstande, Kautschuk zu lösen, doch trocknet die so erhaltene Lösung wegen des hohen Siedepunktes des Terpentinöls recht langsam und daher erzielte man bei der Herstellung von wasserdichten Geweben relativ wenig Fortschritte, als von einer ganz unerwarteten Seite Hilfe kam.

Damals kamen die ersten Gasanstalten auf, die für die Beleuchtung der Straßen und Wohnungen Kohlengas erzeugten. Die Hersteller dieses Gases erzeugten nebenher beträchtliche Mengen Ammoniakwasser und Teer und suchten eifrig nach einer Verwendungsmöglichkeit.

Das Gaswerk von Glasgow ging im Jahre 1819 mit Charles Mackintosh einen Kontrakt ein, in welchem sich Mackintosh verpflichtete, die gesamten Nebenprodukte abzunehmen, um das Ammoniak bei der Fabrikation von rotem Indigo zu verwenden. Für das Naphtha konnte kein brauchbarer Verwendungszweck gefunden werden; erst als Mackintosh entdeckte, daß es Kautschuk auflöste, nahm er 1823 ein Patent für ein Verfahren, um mit Hilfe einer derartigen Lösung wasserdichte Textilien herzustellen. Die Kautschukschicht wurde mit einer zweiten Gewebelage bedeckt und das Produkt erhielt den Namen Mackintosh, der noch heute verwendet wird.

Zu derselben Zeit, als Kohlenteernaphtha als Lösungsmittel zu Gebote stand, war Thomas Hancock in London eifrig mit der Herstellung brauchbarer Artikel aus Kautschuk beschäftigt. Zuerst interessierte er sich für die Herstellung von elastischem Zubehör von Kleidungsstücken, zum Beispiel von Gelenkspangen für Handschuhe, Hosenriemen, Gummizügen für Stiefel, um den Gebrauch von Schnürbändern zu umgehen. Diese Artikel wurden aus Kautschuk geschnitten, der von Eingeborenen gewonnen wurde und in Form von Sheets oder Flaschen nach England importiert wurde.

Dann dehnte Hancock seine Versuche auf das Gummieren von Geweben aus und traf ein Übereinkommen mit Mackintosh, der eine Fabrik in Manchester zum gleichen Zweck errichtet hatte. Diese Industrie entwickelte sich so schnell, daß um 1830 solche Artikel wie Luftkissen, Betten, Polster und Rettungsgürtel in großen Mengen hergestellt wurden. So wurden die Verfahren der Eingeborenen, die durch Verwendung von Latex Gewebe gummierten, in Europa verwendet, indem

1*

man trockenen Kautschuk in Kohlenteernaphtha löste und Gewebe mit diesen Lösungen bestrich. Hancocks Interesse war nicht nur auf die Herstellung und Verwendung von Kautschuklösungen beschränkt. Er zog nämlich auch die Verwendung von Latex in Betracht, besonders als im Jahre 1824 geringe Quantitäten in gutem Zustande nach Europa gelangten[1]). Im Jahre 1830 engagierte er einen Agenten in Tampico, der Latex aufkaufen und in gut verschlossenen Fässern nach Europa senden sollte. Trotzdem trat in der Mehrheit der Fälle Koagulation ein, und diese Idee wurde auch bald wieder aufgegeben. Nun entdeckte man zwar später, daß das Gerinnen durch Zusatz von Ammoniak verhindert werden konnte[2]), doch wurde die Idee, mit Latex Gewebe wasserdicht zu machen, später nicht mehr aufgegriffen.

In dem Verlaufe seiner Versuche suchte Hancock für gewisse Zwecke Platten aus Gummi herzustellen. Sehr dünne Platten konnte er zwar durch Eindunsten einer Lösung herstellen, aber damit konnte er keinerlei brauchbare Gegenstände erzeugen. Er konnte auch Stücke verwenden, die er aus dem in Form von Flaschen eingeführten Rohgummi schnitt, aber er war dabei zu sehr durch die geringe Größe dieser Flaschen beschränkt und außerdem war die Dicke zu ungleichmäßig. Da machte er die Wahrnehmung, daß kleine, frisch abgeschnittene Stücke Rohkautschuk an der Schnittfläche wieder zusammenklebten, wenn man sie aneinanderpreßte. Daraus schloß er, daß er, wenn es ihm nur gelang, den Kautschuk in genügend kleine Schnitzel zu schneiden, diese durch Zusammenpressen in geeigneten Formen in Blöcke von passender Größe und Gehalt würde bringen können. Er konstruierte daher eine Maschine, in der eine mit Zähnen versehene Holzwalze sich in einem Hohlzylinder mit gezähnter Innenseite drehte. Dabei zeigte es sich aber, daß der Kautschuk anstatt in Schnitzel zerrissen zu werden, unter Wärmeentwicklung plastisch wurde und eine homogene Masse bildete, und zwar auch dann, wenn man den Kautschuk in Form von kleinen Stücken in die Maschine einführte.

Dieses war eine wichtige Entdeckung, denn durch Anwendung dieser Maschine, die erst „pickle", dann „masticator" genannt wurde, war Hancock von der Größe und Form des in Europa erhältlichen Kautschuks unabhängig und konnte durch Pressen in einer geeigneten Form solide Kautschukblöcke von jeder Größe und Gestalt herstellen. Später wurde eine Maschine konstruiert, mit deren Hilfe man die Blöcke in Platten von beliebiger Stärke schneiden konnte.

Diese geschnittene Platte — Patent-Platte — wurde zu den verschiedensten Zwecken verwendet, und schon sehr bald wurden chirurgische Artikel, Schläuche und Überschuhe daraus verfertigt.

---
[1]) Hancock: S. 14.
[2]) Johnson: E. P. 467, 1853.

Die günstige Wirkung des Masticators wurde auf die Herstellung von Lösungen ausgedehnt, und Hancock fand, daß mastizierter Kautschuk nur halb soviel Lösungsmittel brauchte als unmastizierter Kautschuk (erhöhtes Mastizieren vermindert die Viscosität der Gummilösung)[1]. Diese Wahrnehmung mußte erst neuerdings wieder entdeckt werden.

Trotzdem durch diese Entwicklung der Industrie unleugbare Fortschritte gemacht waren, wurde ihre weitere Entwicklung durch zwei sehr unangenehme Eigenschaften des Kautschuks, seine Klebrigkeit und sein verschiedenes Verhalten bei Kälte und Wärme, gehemmt. Die Käufer von einseitig gummierten Kleidungsstücken mußten gewarnt werden, nicht in die Nähe von Feuer zu gehen; denn da war die Gefahr vorhanden, daß die gummierte Innenseite des Kleidungsstückes klebrig wurde und an den Kleidern haftete. Andererseits wurde ein Gummimantel in der Kälte so steif, daß er nur sehr unbequem getragen werden konnte.

Hancock in England und Goodyear in Amerika bemühten sich besonders, hier Abhilfe zu schaffen. Goodyear, der mit Geldsorgen zu kämpfen hatte, fand, daß Behandlung mit Salpetersäure einen günstigen Erfolg verhieß. Dieses Verfahren wurde jedoch, wahrscheinlich der großen Gefahr wegen, die die Verwendung der Salpetersäure mit sich brachte, nicht weiter verfolgt, wenn auch vielversprechende Muster in dieser Weise hergestellt worden waren.

Goodyear beschäftigte sich hauptsächlich mit der Beseitigung des unerwünschten Klebens der Oberfläche und versuchte, durch Einmischen verschiedener pulverförmiger Materialien dem Kautschuk diese Eigenschaft zu nehmen. Kalk und Magnesia mußte er als ungeeignet verwerfen. Als er im Jahre 1838 mit Nathaniel Hayward bekannt wurde, der schon früher Schwefel in Kautschuklösungen eingemischt hatte, patentierte er mit ihm zusammen eine Kautschukmischung, die Schwefel als Bestandteil enthielt[2]. Aus dieser Mischung hergestellte Waren wurden dem Sonnenlicht ausgesetzt (solarisiert), und angeblich verloren sie dadurch die unangenehme Eigenschaft des Klebens. Dann machte Goodyear einen Versuch, eine Mischung von Kautschuk mit Schwefel und ein wenig Bleiglätte zu erhitzen, und er war sehr erstaunt, als er wahrnahm, daß diese Mischung anstatt, wie er angenommen hatte, zu schmelzen, fester, härter und lederähnlich wurde. Goodyear nahm kein Patent auf diese Erfindung. Einer seiner Freunde, der im Jahre 1842 England besuchte, gab einige Muster dieses Produktes einem Freunde Hancocks, Namens Brockedon, der sie an Hancock weiter gab. Hancock tauchte dieselben in Eis und entdeckte, daß sie nicht

---

[1] Hancock: S. 11.
[2] Gum Elastic, Charles Goodyear, New Haven, U. S. A. 1855, Bd. I, S. 112.

steif und hart wurden, wie alle anderen bis dahin bekannten Präparate. Hancock freute sich darüber, daß die Herstellung von Kautschukwaren, die gegen Temperaturwechsel unempfindlich waren, möglich war, wenn er auch nicht wußte, nach was für einem Verfahren sie hergestellt worden waren. Nun machte er sich an die Arbeit, jenes Agens zu entdecken, das diese wichtige Änderung in den Eigenschaften der Mischung hervorgerufen hatte. Er stellte zahlreiche Mischungen, darunter auch solche mit Schwefel her, die er erhitzte; denn seiner Meinung nach mußte das Erhitzen wenigstens zum Teil die Ursache des Erfolges sein. Er prüfte die hergestellten Muster durch Eintauchen in Eis, doch waren seine Versuche vergebens. Stets trat durch Abkühlung eine Erhärtung ein. Im Verlaufe seiner Versuche hatte sich eine große Menge Versuchsmaterial aufgesammelt, bei dessen Sichtung und nochmaliger Prüfung gegen Ende des Jahres 1843 Hancock entdeckte, daß einige der Muster die gewünschten Eigenschaften hatten. Obwohl er nicht mehr wußte, was er gerade in diese Muster eingemischt hatte und welcher Temperatur er sie ausgesetzt hatte, meldete er ein Patent an und setzte in der Frist von 6 Monaten, die zwischen der Anmeldung und Eintragung des Patentes verstreichen durfte, eifrig seine Untersuchungen fort, in der Hoffnung, endlich die Bedingungen aufzufinden, unter denen der Kautschuk das gewünschte Verhalten zeigte.

Da er keine Mittel hatte, um die Temperatur zu bestimmen, der seine Proben ausgesetzt gewesen waren, so wählte er als Einheitstemperatur die Schmelztemperatur des Schwefels und tauchte daher Streifen von Patentplatte in ein Bad von geschmolzenem Schwefel. Anfänglich waren seine Versuche erfolglos und er fand keine Veränderung, außer einer anscheinenden Absorption des Schwefels durch den Kautschuk. Dann entdeckte er aber, daß durch Steigerung der Temperatur und dadurch, daß er die Streifen längere Zeit in dem Bade beließ, die erhoffte Wirkung eingetreten war. Schließlich bemerkte er, daß die Streifen, welche in dem Schwefelbad längere Zeit hängen blieben, dunkel und hornartig wurden.

Es war also festgestellt, daß Schwefel das Agens war, welches die Veränderung hervorrief, und daß diese nur eintritt, wenn geraume Zeit auf relativ hohe Temperaturen erhitzt wird, ein Umstand, der auch erklärt, warum so viele frühere Versuche Hancocks fehlgeschlagen waren. Wenn auch der erste Erfolg auf diesem Wege erreicht war, fand Hancock bald, daß gleich gute Resultate erzielt werden konnten, wenn der Schwefel und der Kautschuk zuerst im Masticator gemischt und dann der Hitze ausgesetzt wurden. Er führte dieses in einem Hochdruckdampfautoklaven aus. So konnte auch das Patent in der vorgeschriebenen Zeit erledigt werden, und es enthält eine sehr umfassende Beschreibung des Verfahrens „Kautschuk" (entweder als solchen oder gemischt mit anderen Stoffen) mit Schwefel in der Hitze zu behandeln, um seine Eigenschaften zu ändern[1]).

Bis dahin hatte man diesem Vorgang keinen Namen gegeben. Hancock nannte auf einen Vorschlag seines Freundes Brockedon diesen Prozeß Vulkanisation, eine Bezeichnung, die schon 1845 in der Patentliteratur auftritt und seit dieser Zeit allgemein verwendet wird. In der englischen Terminologie wird auch oft das Wort „cure" an Stelle von „vulkanisation" angewendet, ein Wort, das aber mehrdeutig ist und zum Beispiel auch für das Räuchern von Wild- und Plantagenkautschuk Anwendung findet.

In dem Jahr nach der Erteilung des Hancockschen Patentes wurden auch über Goodyears Verfahren Einzelheiten in England bekannt[2]). Es bestand in der Anwendung von Schwefel und Bleiweiß, wobei die Bedeutung darin liegt, daß solche Mischungen schon durch Anwendung von trockener Hitze bei gewöhnlichem Druck vulkanisiert werden konnten. Die Entdeckung der Vulkanisation beseitigte die Haupthindernisse, die sich der Verwendung des Kautschuks in den Weg gestellt hatten. Durch die Vulkanisation konnte der Kautschuk, der, in formlosen Stücken aus den Tropen eingeführt, zu den verschiedenartigsten Gegenständen verarbeitet wurde, in einen solchen Zustand gebracht werden, daß seine Oberfläche nicht mehr klebte, und er bei der Abkühlung nicht mehr erhärtete. Auch war der Kautschuk in seinen mechanischen Eigenschaften in ungeahnter Weise durch die Vulkanisation verbessert worden.

Es ist bemerkenswert, daß der Schwefel, der von diesen Pionieren der Kautschukindustrie zur Herbeiführung der Vulkanisation verwendet wurde, das Mittel ist, welches heute noch ganz allgemein verwendet wird. Auch wenn die damaligen Methoden als unwissenschaftlich betrachtet werden können, ist es nichtsdestoweniger wahr, daß, auch wenn das Problem heute gestellt würde, kein Analogiefall existiert, welcher die Vermutung nahelegen würde, daß Erhitzen mit Schwefel die geeignetste Methode sei, um die Eigenschaften des Kautschuks in der gewünschten Weise zu ändern.

Nachdem die Schwierigkeiten einmal überwunden und die Vorurteile der Öffentlichkeit beseitigt worden waren, blühte die Industrie rasch auf, und schon nach wenigen Jahren war die Mehrzahl der noch heute üblichen Fabrikationsverfahren ausgearbeitet. Die Herstellung von geformten Waren war einer der ersten wichtigen Fortschritte. Hancock nahm 1846 ein Patent auf die Herstellung von Formartikeln aus einer

---

[1]) Hancock: E. P. 9952, 1843.
[2]) Newton, W. E.: E. P. 10027.

Kautschukmischung in oder auf Formen oder Platten und Belassen dieser Gegenstände in oder auf den Formen während der Vulkanisation, wodurch die Gestalt dieser Artikel dauernd erhalten bleibt.

Die Wahrnehmung Hancocks, daß sich eine hornartige, schwarze Substanz bilde, wenn die Einwirkungsdauer des Schwefelbades auf die Kautschukstreifen verlängert wurde, führte zur Auffindung des Vulkanits oder Ebonits, des Hartgummis. Es wurde bald festgestellt, daß dieser Effekt erzielt werden konnte, wenn größere Schwefelmengen eingemischt wurden als bei der Erzeugung von Weichgummi. Im Jahre 1851 stellte Goodyear bei der Crystall Palace-Ausstellung ein Zimmer aus, in welchem sämtliche Möbel aus Ebonit verfertigt waren[1].

In Verbindung mit der Entdeckung der Vulkanisation müssen auch noch zwei andere Männer genannt werden: E. Lüdersdorff[2] in Deutschland und Jean van Geuns in Holland. Lüdersdorff machte im Jahre 1832 eine ähnliche Beobachtung wie Hayward. Er fand, daß Schwefel die Klebrigkeit der Oberfläche des Kautschuks beseitigte. Auch er mischte Schwefel in Kautschuklösungen, indem er zuerst das Terpentin, in welchem er hernach den Kautschuk löste, mit Schwefel erhitzte[3].

In ähnlicher Weise verwendete van Geuns im Jahre 1833 zum Streichen von Gewebe eine schwefelhaltige Gummilösung. Diese Lösungen wurden allgemein erhitzt, wahrscheinlich, um den Schwefel zu lösen, wenn auch behauptet wurde, daß van Geuns Vulkanisation erzielte, besonders als er im Jahre 1842 ankündigte, daß es ihm gelungen sei, Dampfmaschinenschläuche herzustellen, die im Winter und im Sommer gleich biegsam seien[4].

Keiner von den Forschern erkannte aber die Bedeutung de Schwefels zur Erzielung der Vulkanisation. Diese ist erst von Goodyear und Hancock erkannt worden, denen die Kautschukindustrie ihre Entstehung verdankt.

Trotzdem diese Entdeckungen zweifellos andere Erfinder anspornten, nach weiteren Vulkanisationsmethoden zu suchen, wurde nur eine einzige Substanz gefunden, die sich dafür eignete. Im Jahre 1846 fand Alexander Parkes, dessen Name mit der Erfindung des Celluloids eng verbunden ist, daß eine Kautschukplatte, die in eine Lösung von Schwefelchlorür getaucht wird, schon bei gewöhnlicher Temperatur ihre Oberfläche verändert[5]. Dieser Prozeß ist seither als Kalvulkanisation bekannt.

---

[1] J. R. W. 47, 20. 1912.
[2] Lüdersdorff nannte den Kautschuk „Federharz". Anm. des Übers.
[3] Journ. für Techn. u. Ökonom. Chemie 15, 353. 1832.
[4] Vgl. Jorissen: Chem. Weekbl. 11, 852. 1914; 12, 1801. 1915; 16, 527, 1014. 1919.
[5] E. P. 11147, 1846.

Sowohl dieses Verfahren, als auch eine spätere Modifikation, die „Dunstvulkanisation"[1], bei welcher die Kautschukgegenstände in einer Kammer Chlorschwefeldämpfen ausgesetzt werden, werden gegenwärtig bei der Fabrikation dünnwandiger Gegenstände verwendet, doch ist die Menge der auf diese Weise hergestellten Waren im Vergleich mit der Gesamtmenge der auf dem anderen Wege vulkanisierten Waren sehr gering.

Seit der Zeit der Entdeckung der Vulkanisation entwickelte sich die Kautschukindustrie hauptsächlich in der Richtung, neue Artikel aufzunehmen, während bis auf nahezu die letzte Zeit die angewendeten Verfahren prinzipiell dieselben geblieben sind.

II. Kautschukmilchsaft.
Seine Zusammensetzung und seine Eigenschaften.

Kautschuk tritt im Pflanzenreich als Bestandteil des Milchsaftes (Latex) verschiedener Pflanzen auf, die zu einer Anzahl von Gattungen gehören. Die wichtigste Kautschuk liefernde Art ist Hevea brasiliensis, eine Euphorbiacee, die mindestens 98% der Weltproduktion an Kautschuk liefert. Der Milchsaft ist in der Pflanze in einem Gefäß- und Zellensystem aufgespeichert, das sich in alle Teile der Pflanze verzweigt. Jedoch sind die Gefäße des Stammes die Hauptquelle des für industrielle Zwecke gesammelten Latex. Die Latexgefäße der Hevea liegen auf der inneren Seite der Rinde nahe dem Cambium und sind in Reihen angeordnet, deren Anzahl zwischen 20 und 40 schwankt und von unten nach oben abnimmt[2].

Chemische Zusammensetzung.

Analysen von Milchsaft „aus dem südlichen Teil Mexikos herstammend" wurden von Faraday[3] gemacht, der das Vorhandensein eines Kohlenwasserstoffes feststellte sowie von Eiweißsubstanz, Wachs, einer wasserlöslichen Substanz und von Wasser. Später wurde von Girard[4] die Anwesenheit zuckerähnlicher Substanzen erwiesen, die er als Derivate eines Zuckers, Dambose, betrachtete, und Dambonit, Bornesit und Matezit nannte. Dambonit, welcher in Gaboon-Kautschuken vorkommt, schmilzt bei 195° C und ist optisch inaktiv. Die Substanz wurde von Maquenne[5] als Dimethylinositol $C_6H_6(OH)_4(OCH_3)_2$ identifiziert.

---

[1] Abbott: E. P. 166, 1878.
[2] Bryce u. Campbell: I. R. J. **53**, 721. 1917.
[3] Quart. Journ. Sci. Bd. 21, Nr. 41. 1826.
[4] Compt. rend. **67**, 820. 1868; **73**, 426. 1871; **77**, 995. 1873.
[5] Compt. rend. **144**, 1853. 1887.

Die Dambose, in welche die Substanz beim Erhitzen mit Jodwasserstoff überging, erwies sich als i-Inositol. Bornesit, der im Borneo-Kautschuk gefunden wurde, schmilzt zwischen 199 und 203° und ist rechtsdrehend, $(\alpha)_D = 31{,}16°$; er wurde von Flint und Tollens mit Monomethylinositol $C_6H_6(OH)_5(OCH)_3$ identifiziert[1]).

Matezit, in Madagaskar gefunden, ist ein Isomeres von Bornesit. Maquenne[2]) zeigte, daß er die gleiche Konstitution habe wie β-Pinit, der als Monomethyl-d-inositol charakterisiert wurde F. = 186°, $(\alpha)_D +$ 65,51°.

Später wurde die Anwesenheit von Monomethyl-l-inositol von de Jong[3]) im Latex von Hevea brasiliensis nachgewiesen und gleichzeitig dessen Identität mit dem kurz vorher in der Quebrachorinde aufgefundenen Quebrachitol[4]).

Andere Bestandteile außer dem Kautschuk sind noch Proteine, anorganische Bestandteile und harzähnliche Substanzen, kurz als Harze bezeichnet (vielleicht die von Faraday als Wachs bezeichneten). Analysen, die Beadle und Stevens[5]) von Latex von 4- bzw. 10jährigen Heveabäumen gemacht haben, geben folgende Zahlen:

Tabelle 1.

	4jähriger	10jähriger
	Heveabaum	
Acetonlösl. (Harze)	1,22	1,65
Proteine	1,47	2,03
Asche	0,24	0,70
Kautschuk (aus der Diff.)	27,07	35,62
Wasser	70,00	60,00

Die Bestimmungen wurden mit dem Verdampfungsrückstand des Latex ausgeführt. Infolgedessen erhält das Acetonlösliche, in diesem Falle die „Zucker", welche nicht nur wasserlöslich, sondern auch acetonlöslich sind, neben den Harzen, welche wasserunlöslich sind.

Analysen der anorganischen Substanz in drei Proben ergaben folgende Resultate als Prozente des Latex berechnet[6]):

Tabelle 2.

	A %	B %	C %
Gesamtasche	0,41	0,29	0,24
K_2O	0,19	0,17	0,14
MgO	0,02	0,019	0,008
CaO	0,013	0,014	0,004
P_2O_5	0,13	0,09	0,06
SO_3	0,008	0,009	0,009

[1]) Ann. **272**, 288. 1893. [2]) Compt. rend. **109**, 968. 1890.
[3]) Rec. Trav. Chim. **25**, 48. 1906. [4]) Tanret. Compt. rend. **109**, 908. 1889.
[5]) Analyst **36**, 6. 1911. [6]) a. a. O.

Frischer Hevealatex, so wie er bei Verletzung der Gefäße entströmt, hat eine schwach alkalische Reaktion, doch ist dieses nach Beadle und Stevens[1]) nicht immer der Fall, sondern er reagiert auch manchmal neutral oder schwach sauer. Jedoch entwickelt sich schnell Säure, so daß der Latex, wenn er an die Stellen gelangt, wo er geprüft wird, immer sauer ist. W. Bobilioff[1]), der eine Serie von 15 Bäumen untersuchte, die zwischen 2 und 12 Jahren alt waren, stellte einige wenige neutrale Latexproben fest, die größere Anzahl war sauer und keine einzige alkalisch. Im allgemeinen war die Reaktion ausgesprochen sauer und zur Neutralisation von 1 l Latex waren 2,5 bis 24,8 cm^2 n/1-NaOH notwendig.

Selbstverständlich sind die Milchsäfte verschiedener Arten von Kautschukpflanzen in bezug auf Kautschuk und Harzgehalt sehr verschieden. Der Kautschuk, der aus verschiedenen Arten erhalten wird, enthält demgemäß verschiedene Harzmengen, wovon noch später bei der Betrachtung der verschiedenen Rohgummiarten die Rede sein wird.

Physikalische Eigenschaften des Milchsaftes.

Milchsaft, besonders von der Hevea brasiliensis, ist gewöhnlich weiß gefärbt und von einer annähernd sahneartigen Konsistenz. Verschiedenheiten in der Beschaffenheit ergeben sich durch die Niederschlagsverhältnisse der Gegend und durch das Alter des Baumes. Jedoch sind auch bei gleichaltrigen Bäumen auf demselben Terrain Verschiedenheiten beobachtet worden.

Latex ist ein kolloidales System, in welchem Partikeln von Kautschuk in einem wäßrigen Medium dispergiert sind. Die Anwesenheit des Kautschuks als solchen im Latex ist angezweifelt worden. Es ist behauptet worden, daß die Partikeln, da sie flüssig seien, aus einem einfacheren Kohlenwasserstoff bestehen müßten, der sich bei der Koagulation polymerisiert[2]).

Aus ähnlichen Gründen besteht eine Meinungsverschiedenheit darüber, ob man den Milchsaft als Emulsion oder Suspension betrachten solle, je nachdem, ob man den Kautschuk, auch wenn man ihn als solchen im Milchsaft annimmt, als fest oder flüssig ansieht[3]). Unter dem Mikroskop erscheinen die Partikeln als sphärische oder birnförmige Korpuskeln in lebhafter brownscher Bewegung. Die Teilchengröße schwankt bei Hevealatex zwischen 0,5 bis 2 μ, wenn auch ab und zu kleinere oder größere Partikeln beobachtet werden[4]). Die Teilchen im

---

[1]) Archief **3**, 408. 1919.
[2]) Weber: Gummizeitg. **17**, 296. 1903; die gegenteilige Meinung: Hinrichsen u. Kindscher: B. **42**, 4329. 1909.
[3]) Twiss: J. Soc. Chem. Ind. 1919, 47. T.
[4]) Bobilioff: Archief **3**, 374. 1919.

Milchsaft von Funtumia elastica sind kleiner. Im Durchschnitt beträgt deren Teilchengröße 0,5 μ. Das spezifische Gewicht des Milchsaftes beträgt im Mittel 0,99, hängt aber vom Kautschukgehalt und auch von der Natur und Menge der im Serum gelösten Substanzen ab. Während der Kautschukgehalt des Milchsaftes beträchtlichen Schwankungen unterworfen ist, ist das spezifische Gewicht des Serums ziemlich allgemein konstant[1]). Es ist aber vorgeschlagen worden, den Kautschukgehalt des Milchsaftes durch Bestimmung des spezifischen Gewichtes zu ermitteln. Vernet[2]) stellte eine Anzahl von Tabellen auf, in der das spezifische Gewicht und der Kautschukgehalt in Zusammenhang gebracht waren. Eaton erfand ein Latexometer, eine Art Hydrometer und arbeitete eine Skala aus, die die entsprechenden Kautschukmengen ersehen läßt. Das spezifische Gewicht des Latex sei abhängig von den Mengenverhältnissen an Kautschuk, $s = 0{,}913$ und an Serum $s = 1{,}0170$ bis $1{,}0226$[3]).

Obwohl schon vorher vermutet wurde, daß die Beziehung zwischen spezifischem Gewicht und Kautschukgehalt nicht linearer Natur sei, schloß de Vries, daß das nur im Falle von verdünntem Latex der Fall sei, während bei unverdünntem Latex zwischen spezifischem Gewicht und Kautschukgehalt eine direkte Proportion bestehe.

Stevens[4]) berichtet von einem Fall, in welchem das „Metrolac", Hydrometer (eingeführt von der „Rubber Growers Association") durch ein Jahr zur Bestimmung des Kautschukgehaltes benutzt wurde und in dem sich eine Differenz der Bestimmungen von der tatsächlichen Kautschukausbeute von nur 1% ergab.

Koagulation.

Der Prozeß, durch welchen der Kautschuk gewöhnlich aus Latex erhalten wird, ist die Koagulation, ein Zusammenfließen der Partikelchen zu größeren Massen. Beadle und Stevens[5]) beschreiben in einer Studie über Hevealatex 3 Arten der Aggregation der Teilchen: Sahnebildung, Flockung und reine Koagulation. Die Sahnebildung erfolgt durch Bildung von Aggregaten von geringer Teilchenanzahl. Nach Abscheidung der Sahne läßt sich durch Umschütteln der ursprüngliche Latex anscheinend wieder herstellen, unter dem Mikroskop sieht man jedoch, daß das nicht der Fall ist, sondern daß die Teilchen kleine Gruppen gebildet haben, die keine brownsche Bewegung mehr zeigen. Bei der Flockung sind die Aggregate viel größer und erinnern an Flocken oder Gerinnsel. Normale Koagulation, wie sie in den Plantagen durch-

---

[1]) de Vries: Archief **3**, 183. 1919.
[2]) Le Caoutch. et la G. P. 1910, 4558.   [3]) de Vries: a. a. O.
[4]) Bull. R. G. A. **1**, 44. 1919.   [5]) Int. Cong. Appl. Chem. **9**, 35. 1912.

geführt wird, ist charakterisiert durch die Bildung eines kompakten Klumpens. Nach Schidrowitz[1]) bleibt die kugelige Gestalt der Teilchen im Kautschuk nach der Koagulation erhalten, was als Argument für das Vorhandensein von festem Kautschuk in dem Milchsaft benützt werden kann. Diese Ansicht erhält noch weitere Unterstützung durch die Beobachtung von Beadle und Stevens[2]), daß im Falle von Hevealatex die Aggregate unregelmäßig aussehen, während der Milchsaft von Ficus und Castilloa glatte Aggregate bildet, wie durch die Vereinigung von flüssigen oder plastischen Teilchen.

Die Koagulation wird sowohl durch Erhitzen als auch durch Sahnebildung, als auch durch Zusatz von geeigneten Reagenzien, als auch schließlich durch natürliche Veränderungen des Latex bewirkt, und jede dieser Methoden wird bei der Gewinnung des einen oder anderen Wildkautschuks verwendet.

Der Milchsaft der meisten Arten koaguliert beim Erhitzen, besonders wenn zwischen dem Zapfen und dem Erhitzen eine gewisse Zeit verstrichen ist. Die Sahnebildung, die ja eigentlich eine Trennung durch die Schwerkraft ist, tritt dagegen nur bei ganz bestimmten Arten ein und ist ganz analog der Abscheidung der Sahne der Kuhmilch. Der Latex von Castilloa elastica und von Ficus elastica neigt besonders leicht zur Sahnebildung, und dieser Prozeß kann durch Verdünnung oder durch Zentrifugieren beschleunigt werden. Die abgeschöpfte Sahne bildet dann eine weiche Paste, die zu einem transparenten Sheet eintrocknet.

Koagulation durch Zusatz von Reagenzien ist das allgemein gebrauchte Verfahren auf den Plantagen und wird auch von vielen Eingeborenen bei der Gewinnung von Wildkautschuk angewandt.

Merkwürdigerweise werden nicht alle Arten Milchsaft durch das gleiche Reagens zum Koagulieren veranlaßt. Z. B. wird Latex von Hevea brasiliensis durch Zugabe von kleinen Mengen Essigsäure (3 cm^2 pro Liter Latex) koaguliert, während der von Funtumia elastica, Ficus elastica und Castilloa elastica durch Säure nicht koaguliert wird. Dagegen wird z. B. Milchsaft von Funtumia elastica durch Zustaz von Formaldehyd koaguliert, während ein solcher Zusatz die Koagulation von Hevealatex verhütet[3]). Die Mehrzahl der Milchsaftsorten koaguliert beim Stehen, und wenn nicht besonders Vorsorge getroffen wird, tritt auch in gewissem Maße Fäulnis ein.

Über die Ursache der Koagulation sind verschiedene Ansichten laut geworden. Die Neutralisation der elektrischen Ladung der Partikel wurde als brauchbare Erklärung herangezogen. Doch zeigte Spence[4]), daß sowohl bei Funtumia- als auch bei Heveamilchsaft die elektrische

---

[1]) J. Soc. Chem. Ind. **28**, 6. 1909.   [2]) a. a. O.
[3]) Schidrowitz u. Kaye: J. Soc. Chem. Ind. **28**, 1264. 1907.
[4]) I. R. J. **36**, 233. 1908.

Ladung die gleiche sei, denn beim Hindurchleiten eines Stromes durch den Latex wandern die Teilchen in beiden Fällen zum positiven Pol. Trotzdem wird die eine Art durch Säure koaguliert, die andere nicht.

Nach der Ansicht von Fickendey[1]) sind die verschiedenen Milchsaftarten Emulsionen, die durch ein Schutzkolloid stabil bleiben. Dieses Schutzkolloid kann entweder ein Pepton oder ein Protein sein. Durch Verdünnung erzielt man eine Konzentrationsverringerung des Schutzkolloids und die Emulsion wird instabil. Es tritt Sahnebildung ein. Andererseits bewirkt ein Zusatz eines Fällungsmittels des Schutkolloids Koagulation. Daher nimmt Fickendey an, daß im Falle des Funtumiamilchsaftes, der durch Formalin koaguliert werden kann, Pepton anwesend ist, denn Formaldehyd ist ein Peptonfällungsmittel, während die Proteine des Hevealatex durch das Proteinfällungsmittel Essigsäure gefällt werden können und so in beiden Fällen Koagulation eintritt. Es muß bemerkt werden, daß sich die Resultate auf eine normale Koagulation beziehen, d. h. auf die Anwendung von geringen Mengen Koagulationsmitteln. Whitby zeigte nämlich, daß Hevealatex durch Salzsäure bis zu gewissen Konzentrationen koaguliert wird. Erhöht man die Konzentration der Säure, so tritt keine Koagulation mehr ein. Steigert man die Konzentration dann noch weiter, so erreicht man einen Punkt, wo die Koagulation wieder eintritt. Es ist leicht denkbar, daß eine solche Koagulation von einer normalen verschieden ist.

Das Vorhandensein von Protein oder verwandten Substanzen im Milchsaft ist schon lange bekannt. Schon Lüdersdorff beschrieb die Teilchen als in eine Eiweißhaut eingeschlossen. Eine ähnliche Ansicht äußerte Weber[2]), der die Koagulation dem Umstand zuschrieb, daß das Protien unlöslich werde und daß im Verlaufe dieses Vorganges die Kügelchen in dem gefällten Proteinmaschwerk eingeschlossen würden.

Auch Vernet[3]) hält die Eiweißfällung für die Ursache der Koagulation, wenn er auch nicht glaubt, daß die Eiweißhäutchen existieren.

Eine Anschauung, welche erst kürzlich viel Unterstützung erfuhr, ist die, welche die Koagulation der Wirkung eines Enzyms zuschreibt, ähnlich der des Rennins auf Kuhmilch. Diese Ansicht ist das Resultat einer Studie über die natürliche oder spontane Koagulation von Spence[4]). Spence ist der Ansicht, daß das Kohlenhydrat im Latex durch eine Oxydase in Säure übergeführt wird. Eine ähnliche Ansicht ist die von Eaton und Grantham[5]), die die Ursache der Koagulation in der Bildung von Milchsäure aus den Kohlenhydraten durch Bakterien sehen. Whitby zeigte jedoch, daß die Koagulation auch bei Luftabschluß

---

[1]) Koll. Zeit. **8**, 43, 1910.   [2]) B. **36**, 3108. 1903.
[3]) Le Caoutchouc et la G. P. **16**, 9835. 1919.
[4]) Lectures on India Rubber 1908 S. 198.
[5]) Agric. Bull. F. M. S. **4**, 28. 1915. — Eaton. Agric. Bull. F. M. S. **6**, 156. 1917.

stattfand und schloß, daß neben der Oxydase ein spezifisches koagulierendes Enzym anwesend sein müsse[1].) Auch durch Campbell wurde die Enzymtheorie gestützt[2]). Er fand nämlich, daß durch Zusatz von Calciumsalzen die Koagulation beschleunigt wird. Calciumsalze sind aber bekannt als Aktivatoren für Gerinnungsenzyme. Weiter wurde durch Zusatz von Calciumfällungsmitteln zum frischen Latex, die Koagulation verzögert. Barrowcliff[3]) sterilisierte Hevealatex, indem er ihn langsam in kochendes Wasser fließen ließ und zeigte, daß solcher Latex auch bei tagelangem Stehen nicht koagulierte, auch wenn er offen in einem Raume einer Pflanzung stand, wo er leicht bakterieller Infektion zugänglich war. Nach Zusatz einiger Tropfen frischen Milchsaftes trat binnen 24 Stunden Koagulation ein. Ferner wurde durch Zusatz von Toluol, einem stark bakterizid wirkenden Reagens, die Koagulation nicht verhindert, während Blausäure, welche im allgemeinen Enzyme unwirksam macht, die Koagulation verhinderte.

Diese Tatsachen, samt einigen, die Whitby[4]) entdeckte, sprechen eher für ein Enzym als für ein Bakterium. Gleichzeitig soll bemerkt werden, daß Vernet und Denier[5]) 27 verschiedene Arten von Mikroorganismen im Latex nachgewiesen haben, von denen nur eines anaerob ist.

Diejenigen, die das Vorhandensein eines spezifischen Koagulans im Latex annehmen, schreiben die Koagulation durch Säurezusatz demselben Enzym zu, das durch die Säure aktiviert werde. Umgekehrt müßte die Zugabe von Alkali die spontane Koagulation hintanhalten, und das ist in der Tat so. Alkalien werden als „Antikoagulantien" verwendet. Latex, welcher ausgeführt wird, wird stets mit Antikoagulantien versetzt, welche es erlauben, ihn auf große Entfernungen zu versenden, ohne daß er koaguliert. Infolgedessen müssen Versuche, die in Europa oder sonstwo außerhalb der Pflanzungsgebiete gemacht werden, mit solchem konserviertem Latex gemacht werden, und es ist darauf hingewiesen worden, daß solche Versuche irreführend sein können und nicht direkt mit Versuchen mit frischem Latex verglichen werden sollten[6]).

III. Kautschukgewinnung.
Wildkautschuk. Südamerika. Parasorten.

Obwohl gegenwärtig die überwiegende Menge des Rohkautschuks in Plantagen gewonnen wird, kommen doch immer noch beträchtliche Quantitäten auf den Markt, die in verschiedenen tropischen Ländern aus wildwachsenden Bäumen gewonnen werden.

---

[1]) I. R. J. **45**, 941. 1913.   [2]) J. Soc. Chem. Ind. **36**, 274. 1917.
[3]) I. R. J. **37**, 48 T. 1918.   [4]) Agric. Bull. F. S. M. **6**, 374. 1918.
[5]) Caout. et la G. P. **17**, 10491. 1920.
[6]) Beadle u. Stevens: Int. Cong. Appl. Chem. **9**, 17. 1919. De Vries: Archief **7**, 198. 1923.

Die wichtigste Wildkautschukbezugsquelle ist das Fluß- und Mündungsgebiet des Amazonenstromes in Südamerika. Die Bäume, aus denen die besten Sorten gewonnen werden, gehören der Gattung Hevea, im besonderen der Art Hevea brasiliensis an. Der Hauptverschiffungshafen Para an der Mündung des Amazonenstromes gab diesen Sorten den Namen Para-Kautschuk. Dieser Teil des Flusses ist mit Inseln übersät, und der dort gewonnene Kautschuk ist daher auch unter dem Namen „Islands-Para" bekannt. Wegen seines Aussehens beim Räuchern nach der Koagulation nennt man ihn auch „soft cure Para" oder kurz „Para soft". Der Para-Kautschuk, der aus dem oberen Stromgebiet kommt, wird auch „Upriver Para", „hard cure Para" oder „Para hard" genannt und manchmal wird diese Bezeichnung noch durch die des Gewinnungslandes Peruvian, Bolivian, Acre usw. vervollständigt. Wenn auch die Bäume, aus denen der Kautschuk gewonnen wird, wild im Urwald stehen, so wird die Gewinnung doch nach einem sorgfältig ausgearbeiteten System vorgenommen, nachdem die ausgesuchte Örtlichkeit durch ein Regierungsorgan vermessen worden ist.

Wenn die Bewilligung erteilt ist, errichten die Pächter für die Kautschuksammler Hütten, und durch den Urwald werden Pfade angelegt, die jeweils von einer Hütte ausgehen und dort wieder enden, und von denen jeder ein Terrain mit etwa 50 Bäumen, eine „estrada" umschließt.

Die im allgemeinen angewendete Methode, den Milchsaft zu gewinnen, besteht darin, den Baum anzuzapfen. Dies wird gewöhnlich von dem Arbeiter so vorgenommen, daß er mit einem, an ein kleines Handbeil erinnernden Instrument eine Anzahl von Einschnitten in die Rinde macht und gleich unter dem Einschnitt einen Zinnbecher anbringt, in den der ausströmende Latex hineinfließt. Der Zapfer geht von Baum zu Baum, bis er wieder bei seinem Ausgangsplatz anlangt und wiederholt dann seine Runde, um den inzwischen abgelaufenen Latex in einem größeren Gefäß zu sammeln. Der Milchsaft, der so während eines Tages gesammelt wird, wird dann koaguliert, indem er in dünnen Schichten dem Rauche eines Feuers ausgesetzt wird, welches durch Palmnüsse oder, wo solche nicht vorhanden sind, durch Holz genährt wird. Über dem Feuer ist ein Ton- oder Blechrohr angebracht, durch welches der Rauch abzieht. In den Milchsaft wird eine lange Stange oder ein ruderartig geformtes Holz, um dessen Ende ein Stück koagulierter Kautschuk gewunden ist, getaucht. Der Latex haftet daran fest und bildet einen Überzug, der nun in den Rauch gehalten wird, bis die Hauptmenge der Flüssigkeit entfernt ist. Das Eintauchen wird wiederholt, wobei die Kautschukmasse mit jedem Mal Eintauchen größer wird. Wenn die Masse schließlich so groß geworden ist, daß das Eintauchen Schwierigkeiten zu machen beginnt, so wird die Stange mit einem Seil, das um den Dachfirst der Hütte geschlungen ist, befestigt und sorgfältig Latex über den entstandenen Block gegossen. Der Prozeß wird so lange fortgesetzt, bis der Kautschukball, der gewöhnlich eine längliche Form hat, ungefähr 60 cm lang und 75 cm breit ist und etwa 40 bis 50 kg wiegt. In manchen Fällen sind die Blöcke auch viel größer und erreichen Größen bis 250 kg. Dann wird der Block von dem Holzkern entfernt und kommt als „Fine Hard Para" in den Handel. Diese Qualität galt jahrzehntelang als Standard. Der Prozeß ist eine Verdampfung, und der Kautschuk enthält den größten Teil der Bestandteile des Latex und stets etwa 16 bis 18 $^0/_0$ Wasser[1]).

Bei diesem Vorgang tropft immer eine gewisse Menge Latex von der Stange wieder ab und fällt an die Kesselwandungen und auch auf den Boden, wo er koaguliert. Diese Klümpchen, die auch oft durch Erde oder Holzsplitter verunreinigt sind, werden oft in den Block hineingebracht und trocknen, da sie ja viel dicker sind, als die einzelnen Kautschukschichten, nicht so vollständig aus. So entsteht eine nicht so hochwertige Qualität, in der die Klümpchen nasse Stellen bilden. Diese Art kommt unter der Bezeichnung „Para Entrefine" oder „Medium fine" in den Handel. Para Entrefine ist äußerlich von Fine hard Para nicht zu unterscheiden. Zerschneidet man jedoch ein solches „biscuit" der Länge nach, so fallen die nassen Stellen bzw. die Fremdkörper sofort ins Auge. In den Mittelpunkten des Kautschukhandels in Südamerika wird jeder Block, bevor er exportiert wird, aufgeschnitten, und deshalb kommen die Blöcke in dieser Form nach Europa. Bei fine hard Para kann man sehen, daß der Block aus regelmäßigen, etwa zolldicken Schichten besteht, deren jede die Ausbeute eines Tages darstellt. Jede dieser dicken Schichten besteht wiederum aus vielen dünnen Schichten, die aber mitunter nicht ganz leicht wahrgenommen werden können, während die dicken Lagen gewöhnlich sogar getrennt werden können. Der Kautschuk opalisiert gewöhnlich ein wenig infolge der zurückgehaltenen Feuchtigkeit. „Hard Entrefine" enthält meist weiße undurchsichtige feuchte Klumpen, die auch manchmal unangenehm riechen. Oft sind auch Fremdkörper eingeschlossen.

Klumpen, die in den Bechern oder Eimern von selbst koaguliert sind, werden an der Luft getrocknet und zu unregelmäßigen Bällen zusammengefügt, die unter verschiedenen Namen in den Handel kommen. „Sernamby", „Coarse Para", „Negroheads" usw. Sie besitzen nicht den charakteristischen Räuchergeruch. Der im Mündungsgebiet des Amazonenstromes gesammelte Kautschuk wird beim Räuchern gewöhnlich nicht so weit getrocknet wie der aus den oberen Stromgebieten, und die fertigen Blöcke sind daher etwas lockerer als fine hard Para.

---

[1]) Aus der relativ geringen Menge Asche und wasserlöslicher Anteile des ungewaschenen Para glaubt man schließen zu dürfen, daß ein Teil des Serums beim Aufbau des Blockes durch Abfließen verlorengeht.

Sie kommen unter der Bezeichnung Soft cure Para oder Para soft in den Handel.

„Weak fine Para" nennt man einen etwas geringwertigeren Kautschuk, der aus anderen Heveaarten als Hevea brasiliensis gewonnen wird.

Andere südamerikanische Sorten.

Andere Kautschuk erzeugende Bäume, die in Südamerika heimisch sind, gehören zur Gattung Castilloa. Der Kautschuk, der als „Centrals" in den Handel kommt, wird aus der Art Castilloa elastica gewonnen, welche in den nördlich des Amazonas liegenden Gebieten und auch in manchen Gegenden Mexikos vorkommt. Die Verfahren, die zum Sammeln des Latex und zur Gewinnung des Kautschuks daraus angewendet werden, unterscheiden sich von denen, die bei Hevea verwendet werden. Der Milchsaft wird nicht in Bechern gsammelt, sondern man läßt ihn am Stamm abwärts in eine Grube laufen, die auch mit einem Palmblatt umsäumt wird. Der Milchsaft wird dann durch eine Abkochung, die aus den Stielen der Amolapflanze oder einer anderen adstringierenden Pflanze bereitet wird, manchmal auch durch Seifenwasser koaguliert. Der Kautschuk scheidet sich in fladenförmigen Kuchen, „slabs", ab und kommt so auf den Markt. Auch jene Anteile, die in dem Einschnitt oder auf der Rinde des Stammes koagulieren, werden gesammelt und kommen als „strip" in den Handel.

Castilloa Ulei, welche in Bolivien, Peru und den meisten Kautschukgebieten Brasiliens vorkommt, liefert die Sorte „Caucho". Diese Art kommt in strip-, slab- oder Ballform in den Handel[1]). Ihre Gewinnung ist mit der Vernichtung des Baumes verbunden. Ein breiter V-förmiger Einschnitt wird an der Basis des Stammes angebracht und der Latex in einem geeigneten Kessel aufgefangen. Wenn der Milchsaft zu strömen aufgehört hat, so wird der Baum gefällt, und in den Stamm werden im Abstand von 2 Fuß Einschnitte gemacht. Auch die Latexmengen, die diesen Einschnitten entströmen, werden gesammelt und auf ähnliche Weise koaguliert wie Castilloa-Milchsaft. Die Teile, die in den Einschnitten und an der Rinde koagulieren, werden gesammelt, zu Bällen gerollt und kommen als „Cauchoballs" in den Handel.

Eine andere erwähnenswerte südamerikanische Pflanze, die Kautschuk liefert, ist Manihot glaziovii. Sie wächst im brasilianischen Staate Ceara und liefert den „Ceara" oder „Manicoba" Kautschuk. Der Baum wächst in ziemlich regenarmen Gebieten, und infolgedessen ist die Ausbeute an Latex ziemlich dürftig. Die Koagulation geht daher, da ja wenig Wasser vorhanden ist, sehr schnell vor sich, und tritt gewöhnlich schon während des Herabfließens am Stamme ein. Dabei scheidet sich

---

[1]) Pearson, H. C.: I. R. W. **43**, 7. 1910.

der Kautschuk auf der Rinde in Form von großen Tropfen von charakteristisch gelber Farbe aus. Der koagulierte Kautschuk wird samt der anhaftenden Rinde gesammelt und kommt als „Ceara Scraps" in den Handel. In regenreichen Bezirken ist der Latex flüssig genug, um den Boden zu erreichen. Dann wird er in Gruben gesammelt und koaguliert beim Stehen.

Afrikanische Sorten.

Augenblicklich wird verhältnismäßig wenig Wildkautschuk außerhalb Südamerikas gesammelt. Die Produktion beträgt demgemäß auch noch nicht einmal $1^0/_0$ der Weltproduktion (s. Tab. 4, S. 24).

Der meiste afrikanische Kautschuk wird aus Pflanzenarten gewonnen, die der Ordnung Apocynaceae angehören und deren wichtigste Gattungen Funtumia, Landolphia und Clitandra sind. Der Hauptvertreter der Gattung Funtumia ist die Funtumia elastica, welche bis 30 m hoch wird und in Sierra Leone, Togo, Nigeria, Kamerun, Kongo und in Ostafrika vorkommt. Der Milchsaft anderer Funtumia-Arten enthält wenig oder gar keinen Kautschuk.

Die übliche Methode, den Latex zu gewinnen, besteht im Anzapfen mit einem hohlmeißelartigen Instrument. Dabei werden die Zapfstellen bis zu einer ziemlichen Höhe angebracht, und der Arbeiter muß unter Zuhilfenahme von Schlingen usw. den Stamm erklettern. Der Latex wird zum Zwecke der Koagulation stehen gelassen oder auch erhitzt. Eine dritte Methode ist die Koagulation durch Zusatz gewisser Pflanzenaufgüsse, deren Wirkung vielleicht auf Gerbsäure zurückzuführen ist[1]).

Der aus Funtumia elastica gewonnene Kautschuk kommt in Form von Kuchen, Bällen oder Klumpen in den Handel und wird gewöhnlich nach dem Herkunftsland benannt. Z. B. „Cameroon Ball" (der auch aus Landolphia gewonnen wird) „Benin Lump" oder „Lagos silk rubber", der wegen eines eigenartigen Glanzes der Schnittfläche so genannt wird.

Immerhin stammt die Hauptmenge des afrikanischen Kautschuks von Landolphiaarten, Schlinggewächsen, die in einem großen Gebiet des tropischen Afrika, hauptsächlich in Franz.-Guinea, Angola, Senegal, Kamerun und den Kongostaaten heimisch sind. Die wichtigste Art ist Landolphia ovariensis, die den Kongo-Kautschuk liefert, der durch eine rötliche Farbe gekennzeichnet ist. Landolphia Hendelotti, aus der die Gambia-, Konakry- und Sudan-Kautschuke gewonnen werden, ist auch weit verbreitet. Von den weniger häufigen Arten mögen noch Landolphia Kirkii und Landolphia Klanei erwähnt werden.

Die Verfahren, um aus diesen Schlingpflanzen Kautschuk zu gewinnen, erinnern an die vorher erwähnten. Entweder läßt man den Latex in den Schnittwunden der Ranken spontan koagulieren, oder der

---

[1]) Christy: I. R. J. **37**, 400. 1909.

Latex wird gesammelt und durch Erhitzen oder mittels Pflanzenaufgüssen koaguliert. Auch werden bei manchen Arten die Pflanzen zerstört, die Ranken in Stücke von geeigneter Länge geschnitten, der Latex, der herausströmt, gesammelt und koaguliert. Handelt es sich um kleinere Pflanzen, so wird die Pflanze auch wohl ausgegraben und getrocknet. Der in den Gefäßen der Pflanze koagulierte Kautschuk wird hierauf von der Rinde durch eine Art Macerisieren getrennt.

Ostasiatische Sorten.

Die einzige Kautschuk liefernde Pflanze, die häufig in Asien gefunden wird, ist die, den Urticaceen angehörige, Ficus elastica. Sie wächst wild in Assam, Rangoon, Burma, Java, Straits Settlements und den Malayischen Staaten. Der aus diesem Gebiet stammende Kautschuk ist als Rambong bekannt. In manchen Fällen koaguliert der Latex sofort nach dem Ausfließen aus der Zapfwunde, und der Kautschuk, der von den Bäumen abgestreift wird, kommt samt der anhängenden Rinde in den Handel. Wenn der Milchsaft genügend dünnflüssig ist, um gesammelt werden zu können, koaguliert er beim Stehen schwer und muß daher mit einem Rührholz heftig gerührt werden. Doch kann die Koagulation durch Zugabe einer kleinen Menge auf diese Weise eingedickten Milchsaftes, auch „bibit" genannt, beschleunigt werden[1].

Ein minderwertiger Kautschuk, der in den Zeiten hoher Kautschukpreise industrielle Bedeutung erlangte, ist der „Jelutong", auch „Gutta Jelutong", „Pontianac", „Bresk" oder „Dead Borneo" genannt, der aus der Dyera costulata, einem großen in Borneo, Sumatra und Malaya wachsenden Baume, gewonnen wurde. Die Eingeborenen koagulieren den Latex durch Zusatz von Petroleum und Gips. Auf diese Weise wird ein weißes Material erhalten, welches nach dem Trocknen 75% Harz und 25% Kautschuk enthält. Das Rohmaterial kommt gewöhnlich ungereinigt in den Handel, doch wurde vor einer Anzahl von Jahren in Sarawak auf Borneo eine Fabrik errichtet, die das Harz durch Extraktion entfernt und einen verhältnismäßig reinen Kautschuk auf den Markt brachte[2]. Dieses entharzte Jelutong erzielte auf dem Markt Preise, die sehr wenig unter denen lagen, die für Para gezahlt wurden. Doch wurde mit dem Sinken der Kautschukpreise die Fabrikation unrentabel, und die Fabrik wurde 1913 geschlossen. Jedoch kommt noch immer eine geringe Menge des ungereinigten Materials in den Handel.

Mexikanische Sorten: Guayule.

Der als Guayule bekannte Kautschuk wird aus einem in Mexiko und Texas einheimischen Strauch, Parthenium argentatum, der zur Ordnung

---

[1] A. van Gelder, Tropenpflanzer 15, 651. 1911.
[2] Schidrowitz: I. R. W. 43, 130. 1911.

Compositae gehört, gewonnen. Die Guayulepflanze enthält den Kautschuk zum Unterschied von allen vorhergenannten nicht in langen Gefäßen, sondern in gesonderten Zellen, welche in den Stielen gelagert sind. Der Latex kann daher durch Zapfen nicht zum Abfluß gebracht werden[1]). Der Pflanze muß deshalb daher entweder ausgegraben oder knapp über der Wurzel abgeschnitten werden. Aus den getrockneten Sträuchern wird der Kautschuk dann auf zweierlei Weise gewonnen. Die wichtigste Methode besteht im Macerisieren der Sträucher mit Wasser in einer Mühle. Der Brei wird dann in eine Art Kugelmühle geschickt, in der sich der Kautschuk zusammenballt und das Fasermaterial weggewaschen wird. Der Kautschuk wird dann mit Natronlauge gekocht, die einen Teil des Harzgehaltes entfernt. Die zweite Methode, den Kautschuk aus den Sträuchern zu entfernen, besteht in der Extraktion mit geeigneten Lösungsmitteln und darauffolgender Verdampfung oder Fällung mit Alkohol. In der getrockneten Pflanze sind etwa 10 bis 15 $^0/_0$ Kautschuk enthalten. Obwohl man diese Kautschukquelle bereits um die Mitte des vorigen Jahrhunderts kannte, wurden erst 1902 Versuche gemacht, sie auszunützen. In diesem Jahre wurde eine Anlage in Jimulco errichtet, und 1905 kam Guayule-Kautschuk auf den Markt. Andere Fabriken folgten nach und die Industrie entwickelte sich sehr schnell bis zum Jahre 1910, von dem ab die Produktion zu sinken begann.

Tabelle 3.
Guayule-Importe nach New York

Jahr:	Tonnen:
1907	2992
1908	3850
1909	8674
1910	10656
1911	8091
1912	6105
1913	2756
1914	850
1915	2217
1916	1133
1917	140
1918	1329
1919	1501
1920	1037
1921	58
1922	281

Die abnehmende Produktion ist zum größten Teil auf den Raubbau zurückzuführen, wenn auch Versuche gemacht worden sind, den Strauch anzupflanzen[2]). Guayule-Kautschuk ist grünlichschwarz und hat einen ausgesprochen aromatischen Geruch, der von den Harzen herrührt. Entharzter Guayule ist geruchlos.

Andere Kautschukquellen.

Abgesehen von diesen Kautschukpflanzen, die in mehr oder minder großem Maße Kautschuk geliefert haben oder heute noch liefern, gibt es eine ganze Anzahl von Pflanzen, die Kautschuk zwar enthalten, aber industriell nicht verwertet werden. Von diesen soll der „rabbit Strauch", Chrysothamus nauseosus, der im Westen Nordamerikas vorkommt, erwähnt werden. Er enthält den sogenannten Chrysil-Kautschuk (etwa

---

[1]) Lloyd: I. R. W. 41, 115. 1910; 48, 563. 1913.   [2]) Lloyd: a. a. O.

2 bis 3 %$_0$ auf die trockene Pflanze)[1] in ähnlichen Zellen wie der Guayule-Strauch. Diese und andere ähnliche Pflanzen sind von der Regierung der Vereinigten Staaten sehr sorgfältig untersucht worden, im Hinblick darauf, daß eventuell die Zufuhr aus den überseeischen Bezugsländern abgeschnitten werden könnte.

IV. Plantagenkautschuk.

Nun bergen die südamerikanischen Urwälder zwar ungeheure Mengen von Kautschukbäumen, ihre Unzugänglichkeit ist aber ein großes Hindernis für die Ausbeutung und ist geeignet, die Kosten unter Umständen so zu steigern, daß die Produktion keinen Nutzen mehr abwirft. Zudem sind weite Gebiete ganz unbesiedelt, im Staate Matto Grosso z. B. verteilt sich eine Einwohnerzahl von 150000 auf ein Gebiet von mehr als einer Million Quadratmeilen, und die Verhältnisse sind für auswärtige Arbeitskräfte durchaus nicht lockend[2].

Es wurden auch von Zeit zu Zeit Versuche gemacht, in kleinerem Maßstabe Heveabäume in zugänglichen Gegenden des Amazonasgebietes anzupflanzen. Im Jahre 1883 wurde eine private Pflanzung in Santarem im Ausmaße von einigen 1000 Bäumen angepflanzt, welche 10 Jahre später mit zufriedenstellendem Erfolg gezapft wurden[3]. Die Möglichkeit, Kautschukbäume in Plantagen anzubauen, war schon beträchtliche Zeit vorher in Betracht gezogen wurden. Hancock selbst schrieb 1855[4], daß er schon auf die „Möglichkeit, die besten Kautschuk führenden Pflanzen in Ost- und West-Indien anzupflanzen" hingewiesen hatte. „Die besten Informationen, die ich erhalten konnte, lassen dem Erfolge jede Möglichkeit, und da diese Substanz jetzt ein Artikel ist, der in großem und steigendem Ausmaße verwendet wird, könnten sich Pflanzungen dieser Bäume in wenigen Jahren lohnen."

Ungefähr im Jahre 1870 erwog das India office mit Unterstützung von Sir Joseph Hookes, dem Direktor von Kew gardens, ernstlich den Vorschlag, Kautschuk anzupflanzen. Man entschied sich für Hevea brasiliensis als für die zur Anpflanzung geeignetste Art. Im Jahre 1873 verschaffte man sich eine kleinere Menge Heveasamen, von welchen in Kew ein Dutzend Pflanzen aufgezogen wurden, die aber Kalkutta nicht lebend erreichten. Hierauf wurde ein offener Auftrag an den späteren Sir Henry Wickham, einen Pflanzer in Santarem gegeben. Dieser sammelte 70000 Samen, schmuggelte sie unter der Deklaration „seltene botanische Arten" aus Para heraus und verschiffte sie nach Liverpool, wo sie im Juni 1876 in gutem Zustande eintrafen. Von dieser Ladung wurden 28000 Pflanzen in Kew gezogen und 2000 hiervon an den botanischen Garten in Paradeniya auf Ceylon geschickt. Ein Teil wurde von da

---

[1] Hall u. Goodspeed: I. R. W. **61**, 203. 1920.   [2] I. R. W. **43**, 5. 1910.
[3] I. R. W. **43**, 46. 1910.   [4] Hancock: S. 34.

Abb. 1. Einjährige Parakautschukbäume.

nach Perak geschickt, 7 wurden in Kuala Kangsar und 22 in Singapore angepflanzt. In beiden Fällen gediehen die Pflanzen und im Jahre 1881 wurden schon Samen geerntet. Diese wurden in verschiedenen Bezirken angepflanzt, und bald stand es fest, daß das Klima von Malaya für das Gedeihen der Hevea sehr geeignet war. Trotz dieser guten Erfolge schlug die Idee nicht recht ein, und 1902 waren in Ceylon nur 4500 acres (1 acres = ca. 40 a) und in Malaya nur 16000 acres mit Heveabäumen bepflanzt. Geringe Mengen Kautschuk wurden von Zeit zu Zeit nach London gesandt und erzielten dort Preise, die nur wenig unter denen von Para lagen. In der Zwischenzeit begann man auch in geringem Maßstabe in Niederländisch-Indien Pflanzungen anzulegen, die sich seither in Java und Sumatra beträchtlich entwickelt haben. Die Anpflanzung von Kautschuk wurde dann auch in Süd-Indien, Britisch Guiana, Belgisch Kongo, Nigeria, Kamerun und in anderen Regionen eingeführt, doch hat sich die Industrie dort nicht in dem Maße entwickelt, wie in anderen Ländern.

Die besten Resultate wurden in den meisten Fällen mit Hevea brasiliensis erzielt, auch in solchen Distrikten, wo die einheimischen Kautschukpflanzen einer anderen Gattung angehören. Doch ist auch Funtumia elastica und Castilloa mit Erfolg in Afrika und Mexiko angepflanzt worden. Die schnelle Entwicklung der Kautschukplantagen und ein Vergleich der Wild- und Plantagenkautschukproduktion geht aus Tabelle 4 hervor.

Tabelle 4[1]).

	Bepflanzte Fläche acres	Kautschukproduktion Tonnen			
		Plantagen-Kautschuk	Wildkautschuk		Gesamtmenge
			Brasilien	Sonstige Länder	
1905	116,500	145	35,000	27,000	62,145
1906	294,200	510	36,000	29,700	66,210
1907	506,550	1,000	38,000	30,000	69,000
1908	687,350	1,800	39,000	24,600	65,400
1909	861,150	3,600	42,000	24,000	69,600
1910	1,122,550	8,200	40,800	21,500	70,500
1911	1,505,350	14,419	37,730	23,000	75,149
1912	1,817,350	28,518	42,410	28,000	98,928
1913	2,021,750	47,618	39,370	21,452	108,440
1914	2,181,050	71,380	37,000	12,000	120,380
1915	2,293,750	107,867	37,220	13,615	158,702
1916	2,458,950	152,650	36,500	12,448	201,598
1917	2,611,350	213,070	39,370	13,258	265,698
1918	2,759,950	255,950	30,700	9,929	296,579
1919	2,910,750	285,225	34,285	7,350	326,800
1920	3,020,750	304,816	30,790	8,125	343,731
1921	3,069,750	271,233	19,837	2,890	293,960
1922	—	355,340	21,755	3,205	380,280

[1]) The Rubber Position Rickinson London.

Abb. 2. Zapfen — einfacher Schnitt.

Die verschiedenen Regierungen, die Pflanzerorganisationen und die Pflanzer selbst haben keine Mühe gescheut, einen, die kautschukverarbeitenden Industrien zufriedenstellenden Kautschuk zu produzieren. In

Ceylon und den Vereinigten Staaten von Malaya halten die Regierungen einen Stab von wissenschaftlichem Personal zur Verfügung der Pflanzer. Die Rubber Growers Association selbst, die einen großen Teil der englischen Plantagengesellschaften umfaßt, verfügt über einen eigenen Stab an wissenschaftlichen Mitarbeitern und über einen beratenden Chemiker in England. Die holländischen Pflanzer besitzen ähnliche Einrichtungen und außerdem in Buitenzorg auf Java eine Forschungsstation, die eine Zeitschrift herausgibt, in welcher die Arbeiten veröffentlicht werden. Infolgedessen ist eine ausführliche Literatur über die Anpflanzung und Gewinnung des Kautschuks entstanden, die sich mit den Einzelheiten dieses Zweiges der Kautschukindustrie beschäftigt.

An dieser Stelle soll eine kurze Übersicht über die Pflanzungsverfahren gegeben werden. Die Punkte, die mehr oder minder Einfluß auf die Ausbeute und den Charakter des produzierten Kautschuks haben, sollen etwas schärfer beleuchtet werden.

Wenn die für die Pflanzung geeignete Örtlichkeit ausgesucht und sorgfältig gerodet ist, werden etwa 6 Monate alte Stecklinge, in gewissen Fällen die Samen selbst, in passenden, regelmäßigen Abständen von 20 bis 30 Fuß in Reihen von ähnlicher Distanz eingepflanzt. Früher pflanzte man viel enger (10 Fuß), so daß etwa 400 Stämme auf das acre kamen, während jetzt nur 110 bis 130 auf ein acre gepflanzt werden.

Das Zapfen.

Die Bäume sind reif zum Zapfen zwischen dem vierten und sechsten Lebensjahr. In diesem Alter sind sie etwa 30 Fuß hoch, und haben 3 Fuß vom Boden etwa 18 bis 24 Zoll Umfang. Das Zapfen wird gewöhnlich so durchgeführt, daß mit einem besonderen Messer sorgfältig ein schmaler Streifen Rinde abgelöst wird, so daß der Einschnitt etwa um ein Viertel des Stammumfanges sich hinzieht. Der Milchsaft fließt allmählich entlang dem Schnitt über eine am Baume befestigte Metallrinne in ein Glas- oder Porzellangefäß. Der entfernte Rindenstreifen ist etwa 0,04 Zoll breit. Da dieselbe Operation täglich oder jeden zweiten Tag ausgeführt wird, und jedesmal unmittelbar an dem alten Schnitt ein neuer geführt wird, so ist nach 25maligem Zapfen ein etwa zollbreiter Rindenstreifen entfernt. Nachdem etwa 1 Jahr erfolgreich so gezapft wurde, wird das nächste Viertel des Baumumfanges, gewöhnlich das gegenüberliegende, in Angriff genommen, so daß die gleiche Stelle des Baumes erst nach 3jähriger Ruhezeit wieder an die Reihe kommt (siehe Abb. 2). Die Schnitte werden auch mitunter um ein Drittel oder um den halben Baumumfang geführt. Dieses ist das gebräuchlichste Zapfsystem, doch sind auch andere in Anwendung. Von denen ist das „basal V"-System das häufigste. Zwei schräge Schnitte in Form eines V werden nahe der Basis des Stammes angebracht und der

Latex auf normale Art gewonnen. Andere Systeme, die aber heute
verlassen sind, sind der Grätenschnitt, bei welchem eine Anzahl V-förmiger Schnitte, untereinander angebracht, durch einen gemeinsamen
Kanal verbunden sind (siehe Abb. 3), und der Halbgrätenschnitt, bei
welchem nur die Hälfte des V-förmigen Schnittes geführt wird (siehe
Abb. 4).

Der Latex, der aus den Einschnitten als sahneartige Flüssigkeit
herausströmt, fließt etwa 1 bis 2 Stunden, wobei die Menge sogar bei

Abb. 3. Zapfen — Grätenschnitt.   Abb. 4. Zapfen — Halbgrätenschnitt.

gleichaltrigen Bäumen der gleichen Pflanzung durchaus wechselt. Nicht
nur die Latexernte, sondern auch der Kautschukgehalt des Latex ist
verschieden. Whitby stellte fest, daß in einer Gruppe von 245 7jährigen Bäumen in Malaya der Latex von 23 bis 55 g Kautschuk, im Mittel
36,8 pro 100 cm^2 Latex enthielt[1]. Bei einer Gruppe von 1011 Bäumen,
ebenfalls in Malaya, schwankte die Kautschukernte eines Tages von
1 bis 43 g, im Mittel 7,12 g pro Tag. De Vries kam in Java zu ähnlichen
Resultaten[2]. Im Falle eines besonderen 11jährigen Baumes, der als
guter Lieferant betrachtet wurde, schwankte die Latexausbeute pro Tag
während eines Jahres von 46 bis 206 cm^2, der Kautschukgehalt von
33,7 bis 44,7% und die Kautschukernte von 20,6 bis 74,9 g. Die Ernte
ist auch vom Alter und von der Anzahl der Bäume pro acre abhängig.

---

[1] I. R. W. **58**, 895. 1919.
[2] Comm. Cent. Rubber-Station. Buitenzorg 1922, Nr. 29.

Koagulation.

Der Latex sammelt sich in den Bechern, wird in Eimer gegossen, und die letzten Reste werden mit Wasser herausgespült. Der ein wenig verdünnte Latex wird dann in große fahrbare Tanks übergeführt und zu der Zentralstation gebracht, wo er koaguliert wird. Um eine verfrühte Koagulation zu verhüten, pflegt man „Antikoagulantien" hinzuzusetzen, wie z. B. Natriumsulfit, Ammoniak, Formaldehyd oder Natriumcarbonat. Der Latex, der auf etwa $20^0/_0$ Kautschukgehalt ver-

Abb. 5. Koaguliertanks zur Sheetgewinnung.

dünnt ist, wird zuerst filtriert und dann in ein großes Sammelgefäß gebracht, damit die Produktion der Pflanzung einheitlich sei. Hier wird der Latex auf eine bestimmte Konzentration gebracht und nun in kleinere Tanks ablaufen gelassen, wo er durch Zugabe von $0{,}3^0/_0$ Essigsäure koaguliert wird.

Auch andere Koagulationsmittel sind verwendet worden, z. B. Ameisensäure, fermentierter Kokossaft, Fluorwasserstoffsäure (bekannt als purub), Schwefelsäure (Coagulatex) und Alaun. Dieser wurde seinerzeit viel auf den Pflanzungen der Eingeborenen gebraucht, seine Anwendung ist aber jetzt gesetzlich verboten. Seinerzeit behauptete man auch, daß ein Kohlensäurestrom, der durch den Latex geleitet werde,

Koagulation bewirke. Es zeigte sich aber, daß die fein versprühte Salzsäure, die von dem CO_2-Entwickler herrührte, das eigentliche Koagulationsmittel war[1]). Es wurde auch vorgeschlagen, die Koagulation durch den elektrischen Strom zu bewirken[2]); denn Henry hatte gezeigt, daß die Kautschukteilchen negativ geladen seien und zur Anode wandern[3]). In der Abwesenheit von besonderen Vorsichtsmaßnahmen koaguliert der Milchsaft von selbst, und wenn die Koagulation unter Luftabschluß vor sich geht, wird sie auch nicht von Fäulnis begleitet. Ein Verfahren, solche anaerobe Koagulation im Großen zu erzielen, der M.C.T.-Prozeß[4]), ist ausgearbeitet worden. Die Koagulation kann durch Zusatz von löslichen Calciumsalzen oder von Zucker beschleunigt werden[5]). Eine andere Methode von mehr theoretischem Interesse besteht darin, Latex einzufrieren und einige Stunden so zu erhalten. Beim Auftauen zeigte es sich, daß der Milchsaft koaguliert ist. Zentrifugieren ist beim Milchsaft gewisser Castilloaarten angebracht[6]), bei Hevealatex ist es nicht geeignet.

Der Ilcken-Down[7])-Prozeß, von dem behauptet wurde, durch Zugabe von Alkohol und Petroleum oder Kohlenteernaphtha höhere Kautschukausbeute zu erzielen, bringt keine Vorteile, denn es wurde erwiesen, daß die Behauptung nicht stimmt[8]).

Alle diese Methoden beruhen auf Koagulation, auf der Trennung des Kautschuks vom Serum, einer Flüssigkeit, die verschiedene organische und anorganische Substanzen gelöst enthält. Bei der Gewinnung von Para-Kautschuk jedoch ist die Trennung zum Teil eine Verdampfung und nur in gewissem Maße eine Koagulation, welche einen gewissen Verlust an Serum durch Abtropfen zur Folge hat[9]). In welchem Maße das vor sich geht, ist unsicher, aber der im Amazonasgebiet gewonnene Kautschuk enthält, wenn nicht die ganzen, so doch einen Teil der Bestandteile des Serums. Die unzweifelhaft hochwertige Qualität der Parasorten ist oft auf diesen Umstand zurückgeführt worden, und es existieren eine Anzahl von Verfahren, die für Plantagenlatex ausgearbeitet und auf den gleichen Prinzipien aufgebaut sind[10]).

---

[1]) Pahl, W.: E. P. 26173, 1910.
[2]) Cockerill, T.: E. P. 5854, 1910; 21441, 1908. — Clignett, P. S.: Le Caout. et la G. P. 1915, 8721.
[3]) Henry, V.: Compt. rend. **144**, 431. 1907.
[4]) Maude, Crosse u. Thomas: E. P. 104323, 1916; siehe auch Barrocliff: J. S. C. I. **37**, 95 T. 1918.
[5]) Eaton, B. J.: Bull. F. M. S. Nr. 27, S. 276.
[6]) J. R. J. **39**, 652. 1910.   [7]) E. P. 8487, 1915.
[8]) Eaton: a. a. O. De Vries Comm. Central-Rubberstation Buitenzorg Java 1921, Nr. 21.
[9]) Vgl. Fußnote S. 17. De Vries: Estate Rubber 1920, S. 415.
[10]) Wickham: E. P. 7371, 1907; 2672, 1914. — Freudweiler: E. P. 19784, 1911. — Derry: E. P. 6858, 1911. — ten Houte de Lange: E. P. 24342, 1913.

In den meisten Fällen wird der Milchsaft, um den Bedingungen bei der Paragewinnung möglichst nahe zu kommen, von einer sich drehenden Trommel oder einem Transportband durch eine heiße, rauchbeladene Atmosphäre geführt.

Doch zeigte es sich, daß dadurch gegenüber der Essigsäurekoagulation kein Vorteil erzielt wird[1]).

Abb. 6. Sammeln des Latex.

Es ist auch vorgeschlagen worden, den Latex erst teilweise zu verdampfen und dann Essigsäuredämpfen oder Rauch auszusetzen[2]). Keines von diesen Verfahren hat sich durchgesetzt, denn keines der Produkte war besser als der durch Essigsäurekoagulation erzeugte Kautschuk.

Trotzdem hat kürzlich der Hopkinson-Prozeß großes Interesse erweckt, bei dem auch alle Latexbestandteile im Kautschuk erhalten bleiben. Das Verfahren besteht im Versprühen von Latex in einer Kammer, durch die heiße Luft oder ein erhitztes inertes Gas geleitet wird[3]). Der versprühte Milchsaft verliert seine Feuchtigkeit sofort und fällt als feiner Schnee zu Boden. Solcher Kautschuk wird als

---

[1]) Whitby: J. S. C. I. **35**, 493. 1916. [2]) Barrit, N. W.: E. P. 3632, 1914.
[3]) Hopkinson: E. P. 157978, I. R. J. **65**, 89. 1923.

L. S. Rubber, (Latex sprayed), Sprüh-Kautschuk bezeichnet. Man kann heute noch nicht darüber urteilen, ob dieser Prozeß in großem Maßstabe durchgeführt werden wird. Doch liegt der Wert der Methode vielleicht nicht so sehr in der überlegenen Qualität des erzeugten Kautschuks, als vielleicht in der Ersparnis von Verarbeitungskosten, die dadurch erzielt werden kann, daß die Füllmittel dem Latex beigemischt werden können.

Obwohl die verschiedenen Koagulationsmethoden nicht ohne Interesse sind, werden doch heute etwa 90% allen Plantagenkautschuks durch Essigsäurekoagulation gewonnen.

Durch die Zugabe der Säure bildet sich in dem Tank, in dem die Koagulation vorgenommen wird, allmählich ein Klumpen, der als dicker schwammiger Kuchen von beträchtlichem Wassergehalt zu Boden fällt. Er ist infolgedessen weiß und undurchsichtig.

Dieses Koagulum wird dann, je nachdem in welcher Form der Kautschuk auf den Markt gebracht werden soll, einer verschiedenen Behandlung unterzogen.

Die verschiedenen Plantagenkautschuksorten.

Kautschuk, der unter Aufsicht aus filtriertem Latex koaguliert wird, heißt „First Latex" zum Unterschied von solchem, der aus Scraps oder zufällig koaguliertem Latex gewonnen wird. First Latex wird als smoked sheets oder als pale crepe gehandelt. Diese sind die hochwertigsten Plantagensorten, und nach ihnen besteht die meiste Nachfrage. In den Anfängen der Plantagenindustrie wurde der Kautschuk in Form von „biscuits" als runde Kuchen gewonnen, indem man den Milchsaft in flachen Pfannen koagulierte. Diese Sorte ist aber vom Markt verschwunden.

Slab Kautschuk. Wenn das Koagulum von der Hauptmenge der Feuchtigkeit dadurch befreit wird, daß es, ohne seine Dicke wesentlich zu vermindern, gewalzt und getrocknet wird, dann hat man jene Sorte vor sich, die als Slab bezeichnet wird. Diese Sorte ist hauptsächlich zu Versuchszwecken, und zwar erst kürzlich in größerem Maßstabe erzeugt worden. Doch scheint sie in neuester Zeit von der amerikanischen Industrie, und zwar besonders von jenem Teil, der über eigene Plantagen verfügt, und den Kautschuk in der zusagendsten Weise produziert, gern verwendet zu werden. Da Slab-Kautschuk immer einen Teil des Serums zurückhält, welcher in Fäulnis übergeht, pflegt er einen unangenehmen Geruch zu haben. Demgemäß sind auch nur die äußeren Schichten verhältnismäßig trocken und durchscheinend.

Smoked sheets. Bei der Herstellung von Smoked sheets verfahren die Plantagen ziemlich unveränderlich nach einem Räucherverfahren. Die Koagulation wird in abgeteilten Tanks vorgenommen (siehe Abb. 5), in denen man das Koagulum in Form von Platten bestimmter Größe erhält. Diese werden zwischen gleich schnell laufenden Walzen ausgewalzt und dadurch die Hauptmenge des Serums entfernt. Gleichzeitig wird die Dicke der Platten dadurch vermindert. Auf diese Weise werden Sheets von etwa $24 \times 15 \times 1/8$ Zoll Größe hergestellt. Manchmal bleiben die Sheets glatt, gewöhnlich werden sie aber zwischen Reliefwalzen ausgewalzt, wobei häufig eine Diamant- oder eine Rippenmusterung bevorzugt wird. Dadurch können die Sheets leichter wieder voneinander getrennt werden. Nach dem Walzen wird das nasse Koagulum in einem besonderen Räucherhaus dem Rauche eines Feuers ausgesetzt, welches mit Holz, Kokosschalen oder anderem Feuerungsmaterial unterhalten wird. Der Kautschuk wird so bei einer Temperatur von etwa 33^0 getrocknet. Bei dieser relativ hohen Temperatur vollzieht sich das Trocknen schneller als bei ungeräucherten Sheets und dauert nur ungefähr 10 Tage. Während des Räucherns nimmt der Kautschuk eine gelbe bis satt rotbraune Farbe an, und das fertige Sheet besitzt einen an brasilianischen Para erinnernden Geruch. Die braune Farbe soll durch Oxydationsprodukte des im Rauche enthaltenen Phenols mittels der Oxydase des Kautschuks entstehen.

Der Haupteffekt des Räucherns ist die Verhinderung der Schimmelpilzentwicklung, welche auch tatsächlich viel seltener als bei unsmoked sheets vorkommt. Bei dem normalen Räucherverfahren wird gleichzeitig getrocknet und geräuchert. Eine Modifikation davon ist der Byrne-Prozeß, bei dem das nasse Koagulum einige Stunden dem Rauche ausgesetzt wird und dann an der Luft bei gewöhnlicher Temperatur getrocknet wird. Der Rauch wird durch Auftröpfeln von roher Essigsäure oder Holzteer auf eine heiße Platte erzeugt. Solcher „Byrnecured" rubber wurde von gewissen Pflanzungen hergestellt, aber seine Fabrikation ist nicht überall aufgenommen worden, da er keine Überlegenheit gegenüber normalem smoked sheet zeigt[1]).

Unsmoked sheet. Die Produktion von unsmoked sheet beschränkt sich auf kleine Pflanzungen, die sich größtenteils im Besitz von Eingeborenen befinden. Diese Anlagen verfügen auch gewöhnlich nur über einen primitiven Maschinenpark und fabrizieren daher größtenteils Sheets mit glatter Oberfläche, während die großen Plantagen durch Reliefwalzen geriffelte Sheets herstellen. Das Trocknen wird gewöhnlich im Freien, seltener in gut gelüfteten Hallen bei der normalen Tropentemperatur durchgeführt. Daher geht der Trocknungsprozeß verhältnismäßig langsam vor sich und dauert normal bis 4 Wochen. Gegen die Produktion von unsmoked sheets wird eingewendet, daß der Kautschuk nicht gewaschen wird. Er enthält daher einen Teil der Serumbestandteile und schimmelt leicht an der Oberfläche.

---

[1]) Bull. Imp. Inst. **14**, 539. 1916. — Eaton: Bull. F. M. S. Nr. 27, S. 267.

Pale Crêpe. Der Ausdruck Crêpe wird für jene Sorten Kautschuk verwendet, die als nasses Koagulum zwischen verschieden schnell laufenden Walzen ausgewalzt werden. Hierbei strömt Wasser über den Kautschuk. Das Material erhält dadurch eine rauhe Oberfläche und erinnert in gewisser Beziehung an Kreppgewebe. Gewöhnlich läuft der Kautschuk durch mehrere Walzwerke, die ihn immer dünner auswalzen. Die Walzen sind gewöhnlich gefurcht, und zwar in abnehmendem Maße, so daß der Crêpe zuerst durch das Walzenpaar mit den am gröbsten gefurchten Walzen, die auch am weitesten auseinanderstehen, hindurchläuft und sodann Walzenabstand und Riffelung immer mehr abnehmen. Gewöhnlich sind die Crêpefelle etwa $1/16$ Zoll dick und bilden dann den „Thin Crêpe". Manchmal wird ein dickeres Material verlangt, welches dann als „Blanket Crêpe" in den Handel kommt. In der letzten Zeit ist ein noch dickeres Material verlangt worden, und zwar, um Schuhsohlen daraus zu fabrizieren. Dieser „Sole Crêpe" ist etwa $1/4$ Zoll dick. Crêpe wird, besonders die dünnen Sorten, bei gewöhnlicher Temperatur getrocknet, wobei der Trocknungsprozeß natürlich wesentlich weniger Zeit in Anspruch nimmt als bei Sheets. Das gewöhnliche, aus first latex hergestellte Produkt ist der weiße, opalisierende Pale Crêpe, den man durch Behandlung des Milchsaftes mit $NaHSO_3$ erhält. Unter normalen Umständen ist das Koagulum farblos, beim Trocknen jedoch dunkelt der Kautschuk infolge eines oxydierenden Enzyms, welches die Nicht-Kautschukbestandteile oxydiert, nach[1]).

Es wurde festgestellt, daß bei einer Zugabe von 1 Teil Natriumbisulfit auf 400 Teile Latex genügend Bisulfit zurückgehalten wird, um die Oxydationswirkung des Enzyms, und damit das Nachdunkeln zu verhindern[2]). Solcher Pale Crêpe enthält Spuren von Natriumbisulfit, welchem verschlechternde Eigenschaften zugeschrieben worden sind; doch ist von verschiedenen Forschern nachgewiesen worden, daß der Kautschuk in keiner Weise dadurch verschlechtert wird. Daß Kautschuk in dieser Weise hergestellt wird, hat seinen Grund darin, daß er nach der Farbe gewertet wird. Nun ist zwar die Farbe für die Weiterverarbeitung ziemlich unwichtig, doch ist es bei einem weißen Kautschuk viel leichter möglich, Unsauberkeiten und Fahrlässigkeiten in der Produktion zu erkennen als bei braunem Kautschuk.

Da beim Walzen des Crêpes ein Strom Wasser über den Kautschuk fließt, wird nahezu alles Serum herausgewaschen. Dadurch unterscheiden sich Crêpesorten von Sheets. Deshalb werden Crêpesorten auch viel weniger leicht schimmelig, und das Räuchern kann daher erspart werden. Außerdem würde der Crêpe durch das Räuchern

---

[1]) Spence: I. R. J. **41**, 93. 1911.
[2]) Beadle, Stevens u. Morgan: I. R. J. **46**, 222. 1913.

dunkel und wäre dann von den nachfolgend beschriebenen geringwertigen Sorten schwer zu unterscheiden.

Brauner Crêpe. Beim Sammeln des Milchsaftes, beim Überfüllen usw. koaguliert stets ein gewisser Teil, und auf diese Weise sammeln sich gewisse Mengen an, welche von selbst trocknen und daher dunkler werden. Diese Stücke werden zu Crêpe verarbeitet, der sich von Pale Crêpe nur in der Farbe unterscheidet.

Geringwertige Crêpesorten. Außer diesen Abfällen, welche eigentlich sehr selten verunreinigt sind, entstehen in den Einschnitten in der Baumrinde und in der Nähe der Tanks Abfälle, die mit Rinde oder Erde verunreinigt sind und die außerdem, da sie oft lange in der Sonne liegen, klebrig werden. Auch diese Abfälle werden gesammelt und in den Walzwerken gewaschen, wobei der größte Teil der Verunreinigungen entfernt wird. Solche Crêpesorten enthalten aber stets Verunreinigungen und erzielen daher nur einen geringen Preis. Obwohl die Entstehung dieser Abfälle nicht zu umgehen ist, sollte die Ernte einer gut geführten Plantage[1]) zu 80 bis 85°/₀ aus „first latex" Kautschuk bestehen, während der Rest aus braunem Crêpe (2 bis 4°/₀) Scraps und Rindenkautschuk (9°/₀) und Earth scraps (mit Erde verunreinigter Kautschuk 1°/₀) besteht.

V. Die Zusammensetzung des Rohkautschuks.

Der Rohkautschuk des Handels verdankt seine Eigenschaften dem Kohlenwasserstoff Kautschuk, der jedoch stets mit größeren oder geringeren Mengen von anderen, im Latex vorhandenen Substanzen verunreinigt ist. Diese bestehen aus:

Harzsubstanzen,
Stickstoffhaltiger Substanz,
Anorganischer Substanz und aus
Kohlehydraten.

Diese Substanzen werden, wenn sie nicht in anormalen Mengen vorhanden sind, nicht als unerwünschte Verunreinigungen angesehen. Ihre Anwesenheit verbessert sogar manchmal die Verarbeitbarkeit des Kautschuks.

Harzsubstanzen.

Wenn man fein geschnittenen Kautschuk mit Lösungsmitteln, die Kautschuk nicht lösen, extrahiert — gewöhnlich verwendet man Aceton —, so erhält man beim Verdampfen des Extraktionsmittels einen amorphen Rückstand, den man gewöhnlich als Harzsubstanz, auch als Acetonlösliches schlechthin bezeichnet. Die Harze schwanken

---

[1]) I. R. J. **61**, 286. 1921.

von einer weichen Masse (bei Para- oder Plantagenkautschuk) bis zu einem harten spröden Körper (Jelutong). Der Harzgehalt ist bei verschiedenen botanischen Arten verschieden hoch. Innerhalb der gleichen Art ist er aber recht konstant. Die folgende Tabelle gibt hierüber Aufschluß.

Tabelle 5.

Kautschuksorte	Harzgehalt in %
Plantation Sheet Smoked	2,5— 3,5
Plantation Sheet Unsmoked	2,5— 3,0
Plantation Pale Crêpe	1,8— 3,0
Hard Fine Para	3,0— 3,5
Verdampfter Milchsaft	5,0— 6,0
Ceara Scraps	3,0— 5,0
Cameroon Balls	7,0—10,0
Guayule (roh)	13,0—18,0
Jelutong (Pontianak)	70—80
Lagos Lump	10

Über die chemische Konstitution der Harze der besseren Kautschuksorten, besonders von Para- und Plantagenkautschuk, ist sehr wenig bekannt. Es gelang Cohen[1]) aus einem afrikanischen Kautschuk mit hohem Harzgehalt ein weißes Pulver zu isolieren, das aus Aceton in prismatischen Nadeln krystallisierte, F. = 235°, $[\alpha]_D$ — 83,7° in Chloroformlösung, und das er als β-Amyrinacetat identifizierte. Aus dem gleichen Harz wurde dann ein Stoff, der an das von Schulze aus Wollfett erhaltene Isocholesterol erinnerte, abgeschieden und die Identität dieser beiden Substanzen später[2]) festgestellt.

Bei einer Untersuchung von Jelutong-Harz zeigte Cohen[3]), daß die von Sack und Tollens[4]) als Alstol isolierte und beschriebene Substanz ein Gemisch von α- und β-Amyrinacetat war. Auch Lupeol wurde isoliert und dessen Benzoat (F. = 273°), Acetat (218°) und Cinnamat (249°) wurden hergestellt und untersucht. Später wurde die Anwesenheit von Lupeol und von Amyrin durch Hillen bestätigt[5]). Eine systematische Untersuchung der Harze verschiedener Kautschukarten wurde von Hinrichsen und Marcusson[6]) durchgeführt. Hierbei zeigte es sich, daß die Harze mit Ausnahme der aus Heveakautschuken optisch aktiv, und zwar rechtsdrehend sind. Guayule-Harz zeigte $[\alpha]_D$ + 12,5° und Jelutong-Harz $[\alpha]_D$ + 50,1°. Auch das Verhalten gegen halbnormales alkoholisches Kali wurde untersucht und hierbei gefunden, daß mit der zunehmenden optischen Aktivität ein zunehmender Gehalt an Unverseifbarem Hand in Hand ging. Para-

---
[1]) Arch. Pharm. **246**, 515. 1908. [2]) Arch. Pharm. **246**, 592. 1908.
[3]) Rec. Trav. Chim, Pays Bas **28**, 368. 1909. [4]) B. **37**. 4110. 1904.
[5]) Arch. Pharm. **251**, 94. 1913. [6]) Z. angew. Chem. **23**, 49. 1910.

Harz enthält 15%, Guayule-Harz 78,2% und Jelutong-Harz 100% Unverseifbares. Die Jodzahlen in der gleichen Reihenfolge sind 118, 94,1, 30,6. Das Verhalten verschiedener Harze bei der Verseifung wurde auch von Terry[1]), Schidrowitz und Kaye[2]) und von Ellis und Wills[3]) untersucht, die für Jelutong 95% Unverseifbares finden, und von Decker[4]), der für die Harze von fine hard Para 25,4%, Plantagensheets 48,3%, Plantagencrêpe 22% und Jelutong 83,2% Unverseifbares findet. Die Harze sind oft für Oxydationsprodukte des Kautschuks gehalten worden, doch ist die Konstanz des Harzgehaltes im Kautschuk ein gewichtiger Gegengrund. Außerdem neigt der Kautschuk unter normalen Bedingungen nicht zur Oxydation, und auch wenn die Oxydation herbeigeführt wird, zeigen die Oxydationsprodukte und die natürlichen Harze wenig Ähnlichkeit. Terry[5]) fand die Bromabsorptionszahl für oxydierten Kautschuk bei 129, eine Zahl, die wesentlich höher ist als die Bromabsorptionszahlen für Paraharze oder Harze aus afrikanischen Sorten, die bei 40 bzw. 80 liegen. Hinrichsen, Marcusson und Quensell[6]) zeigten, daß das Oxydationsprodukt von entharztem Kautschuk optisch inaktiv ist, während das extrahierte Harz rechtsdrehend war, so daß bei allen anderen Kautschuksorten als bei Hevea wenigstens ein Teil des Harzes, die optisch aktive Komponente, nicht Oxydationsprodukt sein könnte.

Diese Beobachtungen schließen die Möglichkeit, daß Heveakautschukharz doch ein Oxydationsprodukt sein könne, nicht völlig aus. Die Versuche Deckers[7]) jedoch zeigen, daß die Oxydationsprodukte des Kautschuks völlig verseifbar sind, während Plantagensheet 48,3 und Plantagencrêpe 22% Unverseifbares enthält. Nach des Autors eigener Erfahrung sind auch die Oxydationsprodukte des Kautschuks hart und spröde, während die Heveakautschukharze eine weiche Masse bilden.

Stickstoffhaltige Substanz.

Die Anwesenheit stickstoffhaltiger Substanz im Kautschuk wurde von Faraday beobachtet[8]) und ihre Anwesenheit im Parakautschuk später von Gladstone und Hibbert[9]) festgestellt, die fanden, daß der Kautschuk bei der Behandlung mit Chloroform sich langsam löse und eine Art Netzwerk von stickstoffhaltiger Substanz zurücklasse, die bei einem Versuch 4% des Gesamtgewichtes ausmachte. Spence[10]) stellte fest, daß dieses unlösliche Material vorwiegend aus Proteinen

---

[1]) I. S. C. I. 8, 173. 1889. [2]) I. S. C. I. 26, 129. 1907.
[3]) J. I. E. C. 7, 747. 1915. [4]) Delft Comm., S. 249.
[5]) a. a. O. [6]) Z. angew. Chem. 24, 725. 1911.
[7]) a. a. O. [8]) Quart. Journ. Science 21, 19. 1826.
[9]) Trans. Chem. Soc. 53, 679. 1888.
[10]) Inst. Comm. Res. in Tropics. Liverpool Univ. Reprint Nr. 13, 1907.

bestand und bis zu 5,4% Stickstoff enthielt. Seine Verteilung im Kautschuk in faserigen Fäden ist durch Mikrophotographien von Dünnschnitten, die mit Silbernitrat gefärbt wurden, sichtbar gemacht worden. Die Viscosität der Kautschuklösungen erschwert die Abtrennung der stickstoffhaltigen Substanz, und um diesem Übelstande abzuhelfen, sind verschiedene Verfahren vorgeschlagen worden. Beadle und Stevens[1]) erhitzen den Kautschuk in Phenetol oder Nitrobenzol, gießen die Lösung dann in ein großes Volumen Benzol aus und lassen absitzen. Frank[2]) erhitzt in Cymol, zentrifugiert, erhitzt wieder und wäscht dann mit Benzol und nachher mit Äther. Spence und Kratz[3]) fanden, daß 0,5% Trichloressigsäure die Viscosität einer Kautschuklösung stark vermindern, und daß Hitze diesen Prozeß beschleunigt. Ferner konnte Bernstein[4]) einen ähnlichen Effekt erzielen, indem er Lösungen in zugeschmolzenen Röhren unter Luftabschluß ultravioletten Strahlen aussetzte. Aus solchen weniger viscosen Lösungen kann die stickstoffhaltige Substanz leicht abgetrennt, durch Dekantation gewaschen und auf diese Weise vom anhaftenden Kautschuk befreit werden. Spence und Kratz fanden, daß das Unlösliche mehrerer Proben einen Stickstoffgehalt hatte, der von 9,83 bis 12,08% schwankte, und daß es aus Glucoproteinen bestand, da es sowohl Protein- als auch Kohlenhydratreaktionen gab. Im Hinblick darauf kam man zu der Ansicht, daß die normale Methode, um das stickstoffhaltige Material im Kautschuk zu bestimmen, nämlich eine Bestimmung des Stickstoffes und Multiplikation mit 6,25 — dem Proteinfaktor[5]) — zu unrichtigen Werten führe und schlug einen neuen Wert, 10, vor.

Die stickstoffhaltige Substanz aus fine hard Para enthält 7,75 bis 10,3% N. Sie ist sehr stabiler Natur, denn sie gibt Proteinreaktionen nur nach der Hydrolyse und unterscheidet sich in dieser Hinsicht von der aus Plantagenkautschuk erhältlichen. Trotzdem halten Spence und Kratz die beiden Substanzen für ähnlich und schlossen, daß keine ein einfaches Protein sei.

Der Proteincharakter der stickstoffhaltigen Substanz wurde schließlich auch von Frank[6]) betont, der zeigte, daß die Substanz die Biuret-, Xanthoprotein, Bleisulfid- und die Millonsche Reaktion gab, und daß durch Hydrolyse Monoaminocarboxylsäuren, aromatische Aminosäuren, Tryptophan und Cystin gebildet werden.

Inositolderivate.

Während der Milchsaft von Hevea brasiliensis und anderen Kautschuken Kohlenhydrate enthält, ist die Menge der Kohlenhydrate im

---
[1]) Analyst 37, 13. 1912.   [2]) Rubber Industry London 1914, 144.
[3]) Koll. Zeit. 14, 262. 1914.   [4]) Koll. Zeit. 15, 49. 1914.
[5]) Vgl. Schmitz: Gummi-Ztg. 27, 1085, 1131. 1913.   [6]) a. a. O.

Kautschuk vom Herstellungsprozeß abhängig. Im Falle der brasilianischen Kautschukgewinnung oder anderen Methoden, bei denen eine teilweise oder vollständige Verdampfung des Latex stattfindet, werden alle oder ein beträchtlicher Teil der im Milchsaft vorhandenen Substanzen im Kautschuk erhalten bleiben. Dort jedoch, wo normale Koagulationsmethoden angewendet werden, verbleibt die Hauptmenge des Wasserlöslichen im Serum und nur ein kleiner Teil gelangt ins Koagulum. Pickles und Whitfield[1]) haben aus brasilianischem und aus Plantagen-Heveakautschuk eine kristallinische zuckerähnliche Substanz (F. $= 191$ bis $192^0/_0$, $[\alpha]_D - 80^0$) isoliert. Diese wurde als $C_6H_{11}O_5OCH_3$ l-Methylinositol (Quebrachitol) identifiziert, dessen Vorhandensein im Latex bereits von de Jong[2]) festgestellt wurde.

Mineralische Bestandteile.

Gewöhnlich enthält der Kautschuk nur einen verhältnismäßig kleinen Teil der im Milchsaft vorhandenen anorganischen Bestandteile, doch schwankt ihre Menge je nach dem Gewinnungsverfahren. So enthalten Proben, die durch Verdampfungsprozesse gewonnen werden, alle Salze des Latex und außerdem noch die, die als Antikoagulantien zugesetzt wurden, z. B. Na_2SO_3. Solche Proben enthalten 1,2 bis $1,8^0/_0$ Mineralsubstanz als Verbrennungsasche bestimmt[3]).

Plantagensheets oder -crêpe enthalten gewöhnlich 0,2 bis $0,4^0/_0$ Asche, der Autor hat niemals Proben mit höherem Aschengehalt gefunden, auch nicht bei Slab-Kautschuk, der nach der Koagulation nicht gewaschen wird. Brasilianischer Para-Kautschuk enthält etwas mehr Asche, im Durchschnitt etwa $5^0/_0$. In Ausnahmefällen ist der Kautschuk mit Sand, Erde usw. verunreinigt, was man aber mikroskopisch nachweisen kann. Die Zusammensetzung der Asche ist bereits erwähnt worden (Tabelle II, S. 10).

VI. Physikalische Eigenschaften des Rohkautschuks.

Mit Ausnahme von besonderen Fällen werden Kautschukwaren nur aus vulkanisiertem Kautschuk verwendet, und daher sind die physikalischen Eigenschaften des vulkanisierten Kautschuks von größerer Bedeutung als die des Rohkautschuks und werden später noch in einem besonderen Kapitel behandelt. Die physikalischen Eigenschaften des Rohkautschuks sind demgemäß auch nicht so eingehend studiert worden, wie die des vulkanisierten Materials, außer dort, wo wechselseitige Beziehungen vorhanden sind.

Die hier angeführten Tatsachen beziehen sich außer, wo es ausdrücklich angegeben ist, auf ungereinigten Kautschuk, der also Harze

---
[1]) Chem. Soc. Proc. **27**, 54. 1911. [2]) a. a. O. [3]) Delft. Comm. **2**, 52.

usw. enthält. Gewöhnlich werden bei Experimentaluntersuchungen die reinen Sorten, Para- oder Plantagenkautschuk, verwendet und die Resultate dadurch denen, die mit reinem Kautschuk erhalten werden, sehr ähnlich.

Kautschuk ist eine dehnbare, durchscheinende Substanz, die farb- und geruchlos erhalten werden kann. Das spezifische Gewicht schwankt ein wenig, je nach der Art des Materials, und beträgt für Plantagen smoked sheets etwa 0,915 bis 0,930.

Die Einwirkung von Lösungsmitteln.

Kautschuk ist unlöslich in Alkohol und Aceton. Iu Schwefelkohlenstoff, Tetrachlorkohlenstoff, Chloroform und Benzol quillt der Kautschuk und verteilt sich schließlich unter Bildung einer viscosen kolloidalen „Lösung". Gewisse Sorten, besonders Para lösen sich nicht vollständig. Das Unlösliche besteht aus der stickstoffhaltigen Substanz. Es ist öfter behauptet worden, daß dieses Verhalten charakteristisch sei, doch gibt es gewisse Plantagensorten, welche sich in Benzol lösen, und klare, helle Lösungen geben, in denen nichts Unlösliches wahrzunehmen ist. Nach der Erfahrung des Autors gibt Kautschuk, der durch freiwilliges Verdunsten von konserviertem Latex, ferner solcher, der durch anaerobe Koagulation gewonnen wurde, und schließlich Slab-Kautschuk solche klare Benzollösungen. Doch bleibt bei der Verwendung von Petroläther auch hier ein Teil unlöslich. Caspari[1]) hat das Verhalten von Kautschuk in verschiedenen Lösungsmitteln studiert und stellt fest, daß eine anscheinend klare Lösung, wie sie z. B. mit Benzol erhalten werden kann, auch ungelöste Substanz enthält, die jedoch in dem betreffenden Lösungsmittel wegen ihrer Durchsichtigkeit nicht gesehen wird. Wenn Petroläther verwendet wird, wird das Material sichtbar. Dieses unlösliche Material betrachtet Caspari als einen kautschukähnlichen Körper und schließt daraus, daß Kautschuk kein einfacher Kohlenwasserstoff sei. Die eine Komponente sei in den meisten Kautschuklösungsmitteln löslich, während die andere, die er als Pektin-Form bezeichnet, in Tetrachlorkohlenstoff, Chloroform und Schwefelkohlenstoff stark, in Benzol weniger stark und am wenigsten beim Eintauchen in Paraffinkohlenwasserstoff quillt. Diese Form isolierte er aus verschiedenen Kautschuksorten und fand 88,1 % in einem Muster von Acre Para, 40,5 % in einem Muster Ceylon biscuits und 11,2 % in Malay Crêpe. Diese Resultate sind aber später von Stevens[2]) kritisiert worden. Seine Versuche legten den Schluß nahe, daß sich Petroläther nur graduell von den anderen Lösungsmitteln unterscheide, und sie zeigten, daß bei

---

[1]) J. S. C. I. **32**, 1041. 1913. [2]) J. S. C. I. **38**, 192 T. 1919.

Weiterbehandlung die Pektin-Anteile sich allmählich ganz lösen und nur einen kleinen Rest, die stickstoffhaltige Substanz zurücklassen.

Wenn es auch unmöglich ist, mit Hilfe von Lösungsmitteln eine Trennung des Kautschuks in zwei Kohlenwasserstoffe herbeizuführen, so ist die Möglichkeit ihrer Existenz nicht ausgeschlossen. Vielleicht besteht der Kautschuk aus einem emulsoiden System, in dem die homogene und die disperse Phase verschiedene Modifikationen desselben Kohlenwasserstoffes sind, die sich nur durch die Komplexität der Moleküle unterscheiden[1]).

Die Tatsache, daß bei gewöhnlicher Temperatur durchsichtiger und geschmeidiger Kautschuk beim Abkühlen hart und undurchsichtig wird, wird von Twiss für die Existenz von 2 Phasen ins Treffen geführt[2]).

Die Löslichkeit von Roh- und gereinigtem Kautschuk in verschiedenen Lösungsmitteln wurde von Ditmar[3]) untersucht. Ditmar stellte fest, daß das Lösungsvermögen verschiedener Flüssigkeiten sich nach abnehmender Intensität in folgende Reihe einordnen läßt: Schwefelkohlenstoff, Äther, Tetrachlorkohlenstoff, Benzol, Petroläther. Diese Resultate wurden so erhalten, daß gewogene Kautschukmengen in gemessenen Flüssigkeitsvolumen geschüttelt und in Intervallen Proben entnommen wurden, deren Kautschukgehalt durch Verdampfen bestimmt wurde. Vielleicht ist die Löslichkeit von weniger Interesse als der Quellungsgrad. Dieser Erscheinung wandte sich die Aufmerksamkeit deshalb zu, weil vermutet wurde, daß die Güte des Kautschuks mit der Quellung in einer Beziehung stehe.

Die Geschwindigkeit des Quellungsprozesses untersuchte Posnjak[4]). Er benutzte dabei eine Apparatur, die die Volumzunahme bei der Quellung direkt zu messen gestattete. Die Versuchsergebnisse für eine Reihe von Lösungsmitteln und für Drucke von 1 bis 6 Atmosphären zeigten, daß zwischen der Quellflüssigkeit und dem gequollenen Kautschuk bei einem bestimmten Druck ein Gleichgewicht besteht. Die Quellungsmittel sind unter sich verschieden und können bei sonst gleichen Verhältnissen nach der durch den Kautschuk aufgenommenen Menge in folgende Reihe eingeordnet werden. Tetrachlorkohlenstoff, Chloroform, Tetrachloräthan, Toluol, Benzol und Äthyläther. Durch Eintauchen von Para-Kautschukscheiben ermittelten Spence und Kratz[5]) eine ähnliche Reihe für dieselben Lösungsmittel und bemerkten, daß sowohl das Quellungsmaximum als auch der Quellungsgrad durch die Gegenwart von mehr als 1% Trichloressigsäure oder

---

[1]) Vgl. Ostwald: Koll. Zeitschr. **6**, 136. 1910. Potts: The Chemistry of the Rubber Industry, London, Constable, 1915, S. 39.
[2]) J. S. C. I. **38**, 489. 1919.　　　　　　　　[3]) Gummi-Ztg. **19**, 5/8, 608. 1905.
[4]) Koll. Chem. Beihefte **3**, 417. 1912.　　[5]) Koll. Zeitschr. **15**, 217. 1914.

mehr als $10^0/_0$ Essigsäure erhöht wird, während geringe Mengen ohne Einfluß sind.

Rohkautschuk zeigt deutliche Quellung. Je mehr der Kautschuk jedoch mastiziert oder auf Walzen bearbeitet wird[1]), desto geringer tritt die Quellung zutage. Schließlich wird ein Punkt erreicht, wo der Kautschuk direkt in Lösung geht, ohne vorher zu quellen. Durch das Mastizieren wird auch das unlösliche Material weniger sichtbar. Doch ist das keiner chemischen Veränderung, sondern nur der durch das Bearbeiten bewirkten feineren Verteilung zuzuschreiben. So ist dann nur mehr ein leichtes Opalisieren der Lösung wahrzunehmen.

Rohkautschuk quillt nicht nur in solchen Flüssigkeiten, in denen er sich schließlich löst, sondern auch in Wasser, Alkohol, Aceton usw. Allerdings verläuft der Prozeß hier viel langsamer und geht nicht soweit, als wenn Kautschuklösungsmittel verwendet werden.

Viscosität von Kautschuklösungen.

Lösungen von unbehandeltem Rohkautschuk besitzen sehr große Viscosität. Es ist vermutet worden[2]), daß zwischen der Viscosität von solchen Lösungen und den mechanischen Eigenschaften des Kautschuks nach der Vulkanisation eine Beziehung bestehe. Über die Viscositätsbestimmung ist viel gearbeitet worden, zuerst von Axelrod[3]), der das Verhalten von konzentrierten Lösungen mit einer ziemlich einfachen Apparatur untersuchte, die jedoch keine exakten Resultate gab. Schidrowitz und Goldsborough zeigten dann, daß durch Verwendung eines Ostwalds-Viscosimeters und beim Arbeiten mit verdünnten Lösungen (etwa um $1^0/_0$) recht große Genauigkeit erreicht werden konnte. Der Rohkautschuk wurde in Benzol gelöst, die Lösung durch Glaswolle filtriert und die Ausflußzeit bei einer Standardtemperatur bestimmt. Die Konzentration der Lösung wurde durch Verdampfung im Vakuum bestimmt, und durch Auftragen der Konzentration und der Ausflußzeit im Verhältnis zu der Ausflußzeit von Benzol aus dem gleichen Viscosimeter können Kurven erhalten werden. Bei der Untersuchung der Viscositäts-Konzentrationskurven von 0,25, 0,5 und 1 proz. Lösungen zeigte es sich, daß die Kurven unterhalb $1^0/_0$ sehr steil waren und dann zu Geraden wurden.

Aus zwei Punkten dieses linearen Teiles konnte die Viscosität einer 100 proz. Lösung, das ist des reinen Kautschuks, extrapoliert werden. Später schloß Schidrowitz aus der Beobachtung zahlreicher Kurven, daß dieselben nicht hinreichend durch die lineare Gleichung ausge-

---
[1]) Spence u. Kratz: a. a. O.
[2]) Axelrod: Gummi-Ztg. **19**, 1053. 1905; **20**, 105. — Schidrowitz u. Goldsborough: J. S. C. I. **28**, 3. 1909.
[3]) a. a. O.

drückt werden könnten und schlug vor, daß an einem bestimmten Punkt der Kurve, z. B. bei einer Konzentration von 1%, eine Tangente gelegt werden solle, und daß aus dem Tangens des Winkels, den sie mit der Abszisse einschloß, auf die Viscosität bei 100% geschlossen werden solle.

Seitdem sind verschiedene Methoden vorgeschlagen worden, um die Resultate von Viscositätsbestimmungen ausdrücken zu können. So verwendete Fol[1]) zu Vergleichszwecken die Fläche, die zwischen den Achsen, der Viscositätskurve und der Ordinate bei 1% Konzentration eingeschlossen wird, und nannte diesen Wert die Viscositätszahl. Diese Methode wurde von van Rossem[2]) vereinfacht. Aus einem Vergleich von über 500 Bestimmungen ergab es sich, daß sich die Kurven nicht schneiden. Alle Kurven, die durch einen bestimmten Punkt gehen, nehmen daher denselben Verlauf und schließen die gleiche Fläche ein. Anstatt nun die Kurve aus einer ganzen Anzahl von Bestimmungen zu konstruieren, ist es daher nur nötig, die relative Viscosität einer möglichst konzentrierten (z. B. 1%) Lösung zu bestimmen, woraus dann die Viscositätszahl abgeleitet werden kann.

Gorter[3]) schlug den Gebrauch des Viscositätsindex vor. Darunter versteht er den Logarithmus der relativen Viscosität (Benzol = 1) einer Lösung von 1 g Kautschuk in 100 cm^2 Benzol. Dieser Wert wurde seither von verschiedenen Forschern aufgenommen, ohne daß er der Viscositätszahl überlegen ist[4]). Wenn nur untereinander zu vergleichende Werte erhalten werden sollen, so pflegt man die Ausflußzeit aus dem gleichen Viscosimeter als hinreichend anzusehen. Allerdings sind in diesem Falle Vergleiche mit anderen Publikationen nicht möglich.

Die Frage der Bestimmung und des Ausdruckes der Viscosität ist von verschiedenen holländischen Forschern untersucht worden, die übereingekommen sind, eine einheitliche Bestimmungsmethode und einen einheitlichen Ausdruck zu wählen[5]). Man wählte die relative Viscosität einer Lösung von 1 Gewichtsprozent Kautschuk in Benzol bei 30°, bezogen auf Benzol als Einheit. Die Konzentration soll möglichst nahe bei 1% sein und durch Verdampfung eines aliquoten Teils bestimmt werden. Mit Hilfe einer Tabelle kann die äquivalente Viscosität für 1% abgelesen werden.

Über die Ausführung der Viscositätsbestimmungen ist eine große Zahl von Untersuchungen entstanden, da, wie bei allen Kolloiden, das Verhalten einer Kautschuklösung zum großen Teil von der Vorgeschichte des untersuchten Musters und von dem Lösungsverfahren

---

[1]) I. R. J. **45**, 679. 1913.   [2]) Delft Comm. **3**, 81.
[3]) Mededeelingen over Rubber Nr. IV, Buitenzorg 1915.
[4]) Van Rossem: a. a. O.   [5]) Archief **4**, 132. 1920.

abhängt. Beim Kautschuk liegt die Schwierigkeit im Vorhandensein des unlöslichen Materials, welches den Durchfluß durch die Capillare hindern kann. Aus diesem Grunde wurde die Filtration durch Glaswolle empfohlen. Dagegen ist eingewendet worden, daß die Filtration zu fiktiven Werten für die Viscosität führen könne, besonders, weil Kautschuk von anderer Viscosität als der gelöste zurückgehalten werden könne. Fol[1]) und Stevens[2]) haben gezeigt, daß bei fraktionierter Lösung in Benzol die ersten Fraktionen geringere Viscosität als die späteren besitzen, doch kann das von den Harzen, die hauptsächlich in den ersten Fraktionen gelöst sind, herrühren. Während und nach der Herstellung der Lösungen[3]) muß Licht möglichst ausgeschlossen werden, sonst zeigt sich eine merkliche Verminderung der Viscosität. Diese Wirkung wurde von Fol dem Schütteln und dem wiederholten Durchfluß der Lösung durch die Capillare zugeschrieben, doch zeigte van Rossem[4]), daß das beim Arbeiten im Dunkeln ohne Einfluß sei. Die Einwirkung des Lichtes wurde von verschiedenen Forschern untersucht[5]), die feststellten, daß selbst zerstreutes Tageslicht einen wahrnehmbaren Einfluß hat. Ultraviolette Strahlen beschleunigen den Prozeß ganz erheblich. Bernstein[6]) verminderte auf diese Weise die Viscosität einer 3 proz. Para-Lösung binnen einer Stunde von 180 auf 15. Unter gewissen Bedingungen verkehrt sich das aber ins Gegenteil. Porrit[7]) zeigte an einer unter Luftabschluß in ein verschlossenes Rohr gefüllten Gummilösung, daß bei Beleuchtung Gelbildung auftrat. Sowie aber wieder Luft zutreten konnte, wurde die Lösung rasch wieder flüssig.

Diese Verminderung der Viscosität tritt auch beim Erhitzen in Berührung mit inerten Gasen, wie Stickstoff, Wasserstoff und Kohlensäure ein. Durch Sauerstoff wird sie stark beschleunigt, sogar ohne daß Oxydation eintritt. Die Wirkung des Erhitzens ist ähnlich der der Belichtung, wenn auch ab und zu erst ein geringer Anstieg der Viscosität beobachtet wird. Der Einfluß von Säurespuren, besonders von Trichloressigsäure, ist schon früher erwähnt worden.

Der Wert der Viscositätsprüfungen.

Wenn auch die Versuche von Schidrowitz und Goldsborough und später die von van Heurns gezeigt haben, daß bei ein und derselben Art die Höhe der Viscositätszahl und gute Festigkeitszahlen des Rohkautschuks miteinander Hand in Hand gehen, zeigte es sich, daß später die Viscosität und die Eigenschaften des vulkanisierten

---
[1]) a. a. O.   [2]) I. R. J. 46, 345. 1913.
[3]) Van Rossem: Delft. Comm. 3, 90.   [4]) a. a. O.
[5]) Fol: a. a. O. Van Heurn: Delft Comm. 3, 86.
[6]) Koll. Zeitschr. 12, 194. 1913.   [7]) I. R. J. 60, 1161. 1920.

Kautschuk nicht so gesetzmäßig in Beziehung stehen[1]). Die ganze Frage ist von de Vries untersucht worden[2]). De Vries fand, daß bei fraktionierter Koagulation die ersten Fraktionen höhere Viscosität besitzen, die Festigkeitszahlen der Vulkanisate aber unter denen der späteren liegen. Ähnlich gab Behandlung mit Formaldehyd einen Kautschuk mit normalen Festigkeitseigenschaften und mit zu niedriger Viscosität. De Vries schließt daraus, daß noch verschiedene andere Faktoren auf die Festigkeit Einfluß haben außer der Viscosität, ebenso wie es Faktoren gibt, die bei normaler Festigkeit und normalen Vulkanisationseigenschaften die Viscosität herabsetzen. Bevor die Vorgeschichte der Probe nicht bekannt ist, bleibt die Ermittelung der Viscositätszahl ohne Nutzen.

Die Einwirkung von Wärme auf Rohkautschuk.

Wenn Kautschuk an der Luft erhitzt wird, wird er weich, etwa bei 160⁰ klebrig und schmilzt gegen 220⁰; doch ist dies keine genaue Angabe, da eine längere Einwirkung niedrigerer Temperatur die gleiche Wirkung hat wie kurzes Erhitzen auf höhere Temperatur.

Gladstone und Hibbert[3]) beobachteten, daß längeres Erhitzen die Löslichkeit des Kautschuks vermindert. Van Heurn[4]) zeigte, daß dieses nur dann geschieht, wenn der Kautschuk in Berührung mit inerten Gasen ist, wie z. B. mit Kohlensäure. Er konnte durch vierstündiges Erhitzen in einer Kohlensäureatmosphäre einen beträchtlichen Anteil des Kautschuks gegen Lösungsmittel widerstandsfähig machen. Andererseits hat das Erhitzen in Luft keinen Einfluß in dieser Richtung. In beiden Fällen fand van Heurn eine beträchtliche Verminderung der Viscosität nach dem Erhitzen. Beim Erhitzen der Lösung selbst ist die Wirkung weniger ausgesprochen, wenn sie auch bei Abwesenheit von Sauerstoff[5]) nicht vernachlässigt werden darf. Erhitzen unter 70⁰ bewirkt keine Viscositätsverminderung, weder bei An- noch bei Abwesenheit von Luft. Es soll auch angeführt werden, daß Kautschuk, wenn er in inerten Gasen erhitzt wird, nicht so klebrig wird[6]).

Die Einwirkung des Lichtes auf den Rohkautschuk.

Die Verminderung der Viscosität durch Belichtung ist schon erwähnt worden. Daß dieser Effekt durch Einschaltung passender Farbenfilter[7]), ja sogar durch Auflösung geeigneter Farbstoffe in der Kaut-

---

[1]) Van Heurn: a. a. O. [2]) Archief 1918, 481.
[3]) J. C. S. 1888, 680. [4]) Delft Comm. 4, 116.
[5]) Van Rossem: Rubber Industry 1914, 151. — Asano: Le Caout. et la G. P. 11, 11193. 1922.
[6]) Gladstone u. Hibbert: a. a. O. [7]) Fol: I. R. J. 45, 631. 1913.

schuklösung selbst, verhindert werden kann, ist von verschiedenen Forschern gezeigt worden[1]). Das Wesen der Lichtabsorption durch Kautschuk wurde von Henri[2]) untersucht, der für Wellenlängen oberhalb 3125 nur geringe Absorption feststellte. Ähnliche Resultate wurden von Lewis und Porritt[3]) erhalten, die geringe Absorption oberhalb 2700 feststellten.

Die Einwirkung von Licht, das an ultravioletten Strahlen reich ist, z. B. das einer Quecksilberdampflampe wurde von V. Henri[4]) untersucht, der Kautschukhäutchen in einer Entfernung von 20 cm von der Lichtquelle der Einwirkung der Strahlen aussetzte. Nach zwanzigstündiger Belichtung dehnte sich die Oberfläche und bekam Risse. Die Häutchen gaben, in Benzol gelöst, geringere Viscositäten und waren auch zum Teil in Alkohol löslich. Dies legte den Schluß nahe, daß Oxydation eingetreten sei. Es zeigte sich auch, daß Kautschuk, in einer evakuierten Quarzröhre belichtet, diese Erscheinung nicht zeigte.

Die Klebrigkeit.

Dieses Phänomen wurde von verschiedenen Forschern untersucht, und zwar anfänglich in der Absicht, die Ursache der bei gewissen Sorten von Rohkautschuk auftretenden Klebrigkeit zu finden.

Diese unerwünschte Eigenschaft wurde besonders bei gewissen afrikanischen und jenen entharzten Rohkautschuksorten angetroffen, mit denen man früher, vor dem Erscheinen des Plantagenkautschuks auf dem Markt, öfter arbeiten mußte. Die Oberfläche des Kautschuks wird oft derart klebrig und schmierig, daß ein Fell zu einer viscosen, halbflüssigen Masse zerfließt. Heutzutage tritt diese Erscheinung viel seltener auf.

Während Henris Untersuchung sich mehr auf den schädlichen Einfluß des Lichtes und der Luft erstreckte, beschäftigte sich Fickendey[5]) mit ähnlichen Arbeiten, die aber speziell die Klebrigkeit zum Gegenstande hatten. Auch hier zeigte es sich, daß bei der Einwirkung von Sonnenlicht auf Rohkautschuk, der in verschlossenen Gefäßen in verschiedenen Gasen dem Lichte ausgesetzt war, nur Luft und Sauerstoff die Klebrigkeit hervorriefen. Ähnliche Resultate erhielt Gorter[6]), der feststellte, daß ein sehr geringer Prozentsatz Sauerstoff genügt, um die Klebrigkeit hervorzurufen. Die Versuche Gorters wurden mit einem Kautschuk ausgeführt, der Neigung zum Klebrigwerden besaß. Da sterilisiertes Versuchsmaterial ähnliches Verhalten an

---

[1]) Wheatley and North British Rubber Co.: E. P. 5915, 1915. — Porritt I. R. J. **63**, 1159. 1920. — Vgl. Henri, V.: Le Caout. et la G. P. **7**, 4371. 1910.
[2]) a. a. O.   [3]) J. S. C. I. **43**, 18 T. 1921.
[4]) Le Caout. et la G. P. **7**, 4371. 1910.   [5]) Koll. Zeitschr. **9**, 81, 1911.
[6]) La Caout. et la G. P. **12**, 8724. 1915.

den Tag legte, konnte geschlossen werden, daß dieser Einfluß nicht auf ein Enzym, sondern auf reine Oxydation zurückzuführen ist. Im Anfangsstadium war die Oxydationsgeschwindigkeit gering, was als Anzeichen von Autoxydation gedeutet wurde.

Spence[1] vertrat die Ansicht, daß die Klebrigkeit eine Veränderung in dem physikalischen Aggregationsgrad oder dem chemischen Polymerisationsgrad sei. Seine Versuche stützten sich auf Ergebnisse, die er bei Versuchen erhalten hatte, bei denen die Klebrigkeit durch Aufbewahrung des Milchsaftes in Berührung mit Schwefelsäure vor der Koagulation hervorgerufen worden war. Der klebrige Kautschuk, der so erhalten wurde, unterschied sich chemisch von gewöhnlichem auf keinerlei Weise, doch war die Viscosität der Lösung viel geringer als normal. Eine ähnliche Ansicht wurde von Whitby ausgesprochen, der die Klebrigkeit auf „Desaggregation" des Kautschuks zurückführte und erst in zweiter Linie auf Oxydation. Die fortschreitende Oxydation macht sich durch Verschwinden der Klebrigkeit der Oberfläche und Entstehen einer harzigen Schicht bemerkbar. Die Ansicht, daß die Klebrigkeit nicht in erster Linie auf Oxydation zurückzuführen ist, erhält auch noch eine Stütze in den Versuchen van Rossems, der das Verhalten von Kautschuk beim Erhitzen in verschiedenen Gasen auf 130° untersuchte. Van Rossem bestimmte die Veränderungen des Kautschuks durch Messung der Viscosität der Lösung. Beim Erhitzen in Sauerstoff stellte er fest, daß trotz der schnellen Verminderung der Viscosität bis zu einem gewissen Punkt kein Sauerstoff absorbiert wurde. Diesen Punkt nannte er die „Kritische Viscosität". Beim Vergleich mit den Ergebnissen des Erhitzens in anderen Gasen zeigte es sich, daß Sauerstoff selbst in den Anfangsstadien des Erhitzens die Verminderung der Viscosität und vermutlich auch die „Desaggregation" katalytisch stark beschleunigt.

Die Einwirkung der mechanischen Bearbeitung.

Eine der ersten Operationen, denen der Rohkautschuk bei der industriellen Verarbeitung unterzogen wird, ist das Walzen, ein Mastizieren zwischen zwei verschieden schnell laufenden Stahlwalzen. Durch diese Behandlung wird dem Kautschuk der größte Teil der ihm eigenen Festigkeits- und Elastizitätseigenschaften genommen. Ein gedehnter Streifen mastizierten Kautschuks geht beim Nachlassen der Zugkraft nicht auf sein ursprüngliches Maß zurück und reißt schließlich. Ferner zeigte eine von Boutaric[2] durchgeführte Untersuchung, daß mit fortschreitendem Mastizieren des Kautschuks die Viscosität der daraus hergestellten Lösungen abnimmt. Diese Eigenschaft war, wie schon

---

[1] Koll. Zeitschr.. 4, 70. 1909.   [2] Le Caout. et la G. P. 8, 4965. 1911.

erwähnt, bereits von Hancock aufgefunden worden, war aber wieder in Vergessenheit geraten.

Diese Ergebnisse sind von verschiedenen Forschern nachgeprüft worden[1]), und man hat vorgeschlagen, die Viscosität einer Kautschuklösung als Kontrolle des Mastizierens zu verwenden[2]). Diese Veränderung, die der Kautschuk durch Erhitzen oder Mastizieren erfährt, wird oft als „Depolymerisation" bezeichnet. Gegen diese Bezeichnung ist eingewendet worden[3]), daß es sich hier nicht um einen chemischen Vorgang, nicht um eine Verringerung der Molekülgröße, sondern um einen physikalischen Vorgang, um einen Rückgang des Aggregationsgrades handle, für den daher von Whitby die Bezeichnung „Desaggregation" vorgeschlagen wurde. Nicht nur das Durchlaufen zwischen trockenen Walzen, das von Wärmeentwicklung begleitet ist, sondern auch das Durchlaufen unter Wasserberieselung wie beim Waschen des Kautschuks erzeugt eine, wenn auch weniger ausgesprochene Verminderung der Viscosität[4]).

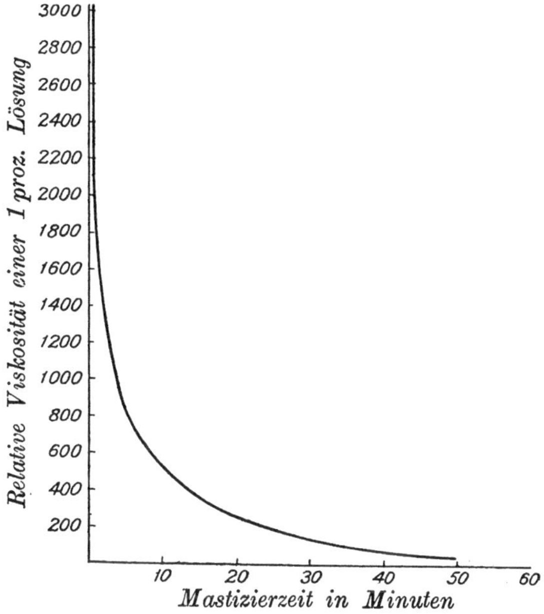

Der Effekt des Walzens ist aus der Abb. 7 ersichtlich. Die Verminderung der Viscosität ist besonders im Anfangsstadium des Walzens sehr groß.

Wenn der Kautschuk nicht allzu intensiv gewalzt wird, so nimmt die Viscosität wieder beim Lagern des Kautschuks zu, doch pflegt diese Zunahme selten erheblich zu sein. Diese Erscheinung wird durch Lagern an einem verhältnismäßig warmen Ort begünstigt.

Abb. 7.

---
[1]) Bernstein: Koll. Zeitschrift **12**, 194. 1913.
[2]) Takeuchi: J. S. C. I. **37**, 313 A. 1918.
[3]) Whitby: I. R. J. **45**, 1043. 1913.
[4]) Van Heurn: Delft. Comm. **4**, 113.

VII. Chemische Eigenschaften, Konstitution und Synthese des Kautschuks.

Um aus dem Rohkautschuk reinen Kautschuk präparativ darzustellen, sind verschiedene Methoden beschrieben worden. Als ein typisches Beispiel soll die von Heim und Marquis angegebene angeführt werden[1]). Der Rohkautschuk wird mit Wasser gewaschen, mit Aceton extrahiert, in Benzol gelöst, filtriert und mit Aceton oder Alkohol gefällt. So gereinigtes Material gibt Analysenergebnisse, die dicht bei C_5H_8 liegen. Frühere Resultate, die von Faraday, Ure und Greville Williams erhalten wurden, zeigten geringe Abweichungen von dieser Formel, doch wurde die Kohlenwasserstoffnatur des Kautschuks in jedem Falle betont. Es ist oft behauptet worden[2]), daß auch im gereinigten Kautschuk stets eine sauerstoffhaltige Substanz vorhanden sei, wenn sie auch nicht als charakteristischer Bestandteil des Kautschuks betrachtet wurde. Heute ist die empirische Kautschukformel C_5H_8 ziemlich allgemein anerkannt.

Von den chemischen Veränderungen, denen Kautschuk unterzogen werden kann, ist vom geschichtlichen Standpunkt die destruktive Destillation die interessanteste. Von den Chemikern, die sich in der ersten Zeit damit beschäftigt haben, mögen Gregory und Dalton erwähnt werden, ferner Himly, der bei der Destillation ölige Produkte erhielt, und Barnard, der im Jahre 1833[3]) ein Patent auf ein Verfahren erhielt, ein „bis dahin unbekanntes Lösungsmittel", welches durch Destillation des Kautschuks aus einer eisernen Retorte erhalten werden kann und Kautschuk zu lösen vermag. Einer systematischen Untersuchung wurden die Destillationsprodukte durch Bouchardat im Jahre 1837[4]) und später durch Williams[5]) unterzogen, der durch einen Reinigungsprozeß aus dem Rohdestillat folgende Fraktionen erhalten konnte:

1. Eine Flüssigkeit $K = 37^0$, die der Formel C_5H_8 entsprach, und die er Isopren nannte.

2. Einen großen Anteil eines Kohlenwasserstoffes $K = 170$ bis 173^0, mit einer Molekularformel $C_{10}H_{16}$, der identisch mit dem Kautschin Himlys war. Es ist seither festgestellt worden, daß die Kautschinfraktion aus Dipenten besteht.

3. Eine Fraktion, die über 300^0 siedet, und die den schon von Bouchardat gebrauchten Namen Heveen erhielt.

---

[1]) J. S. C. I. **34**, 1062. 1915.
[2]) Weber: J. S. C. I. **19**, 215. 1900. — Gladstone u. Hibbert: Trans. Chem. Soc. **53**, 679. 1888.
[3]) E. P. 6466. [4]) Journal de Pharmacie **23**, 457. 1837.
[5]) Proc. Roy. Soc. **10**, 516. 1860.

Andere Produkte waren die von dem Sohne Bouchardats, Gustav Bouchardat[1]) gefundenen Butylen, Äthylen und Methan. Später wurde Trimethyläthylen in der Isoprenfraktion von Ipatiew und Wittorf gefunden. Da einzelne von diesen Bestandteilen nur in ganz geringen Mengen entstehen, ist die Möglichkeit vorhanden, daß die aus den Harzen oder anderen Begleitsubstanzen der Kautschuks stammen. Weber[2]) erhielt, in Prozenten des angewendeten Kautschuks ausgedrückt, folgende Mengen an Fraktionen:

Isopren	6,2%
Dipenten	46,0%
Heveen	17,0%
Polyterpene	26,8%
Kohlenrückstand	1,9%
Mineralischer Rückstand	1,9%
Verlust (Wasser und Gase)	1,4%

Die synthetische Bildung des Kautschuks.

Bei der Fortsetzung seiner Untersuchung der Destillationsprodukte entdeckte Bouchardat, daß beim Erhitzen der Isoprenfraktion im zugeschmolzenen Rohr bei Anwesenheit von Kohlensäure auf 280° Polymerisation auftrat und eine viscose Masse gebildet wurde, die eine Substanz von der Zusammensetzung $C_{10}H_{16}$ enthielt (Dipenten) und einen hochsiedenden festen Körper, den er Colophen nannte, und der vielleicht Kautschuk enthalten hatte[3]). Dann fand er im Jahre 1879, daß beim Schütteln mit konzentrierter Salzsäure die Polymerisation viel schneller eintrat, daß in diesem Falle das Reaktionsprodukt nach dem Abdestillieren des unveränderten Isoprens eine feste Masse bildete, von der er schrieb, daß sie „die Elastizität und andere Eigenschaften des Kautschuks selbst" besäße. Sie ist unlöslich in Alkohol, quillt in Äther und auch in Schwefelkohlenstoff, in welchem sie sich so wie Kautschuk schließlich auflöst. Er definierte sein Produkt nur durch die Bemerkung, daß es bei der destruktiven Destillation dieselben Zersetzungsprodukte liefere wie Kautschuk[4]). Spätere Arbeiten von Tilden bestätigten diese Beobachtung. Tilden bemerkte eine ähnliche Polymerisation bei der Behandlung von Isopren mit Nitrosylchlorid[5]).

Wallach fand später[6]), daß sich Isopren polymerisierte, wenn es in verschlossenen Röhren belichtet wird. Tilden[7]) lenkte die Aufmerksamkeit auf diese Erscheinung, als er bemerkte, daß dieses Pro-

---

[1]) Bull. Soc. Chim. **24**, 108. 1875. [2]) Chemistry of India Rubber, S. 29.
[3]) Compt. rend. **89**, 361. 1879. [4]) Compt. rend. **89**, 1117. 1879.
[5]) Chem. News. **46**, 120. 1882. [6]) Ann. **238**, 88. 1887.
[7]) Chem. News. **65**, 265. 1892.

Luff-Schmelkes. Chemie des Kautschuks.

dukt mit Schwefel auf die gleiche Art wie natürlicher Kautschuk vulkanisiert werden konnte. Es ist von Interesse zu bemerken, daß Tilden sein Isopren durch pyrogene Reaktion des Terpentins erhalten hatte, und daß dadurch in dieser Richtung ein gewisser Schritt zur industriellen Auswertung der Kautschuksynthese gemacht wurde, da in früheren Fällen das Isopren aus Kautschuk selbst gewonnen worden war.

Weitere Beispiele von Autopolymerisation wurden von Weber[1]) und von Pickles[2]) aufgefunden. Pickles bewahrte Isopren 3 Jahre im Dunkeln auf, und auch dann war die Polymerisation noch nicht vollständig. Der Kautschuk konnte nur dadurch als fester Körper erhalten werden, daß die viscose Flüssigkeit in Alkohol gegossen wurde, welcher die Zwischenstufen der Polymerisation, die Vorstufen des Kautschuks löste. Pickles stellte auch die Brom- und Stickstofftrioxydderivate dar und erhielt in jedem Falle den Derivaten des natürlichen Kautschuks sehr ähnliche Substanzen.

So gewann die von Bouchardat zum ersten Male ausgesprochene Überzeugung, daß Kautschuk ein Polymeres des Isoprens sei, nach und nach Grund und Boden, und der Name Polypren wird in diesem Sinne auch heute noch häufig angewendet.

Die Konstitution des Isoprens.

Die Aufklärung der Konstitution des Kautschuks erforderte zuerst die Kenntnis der Konstitution des Isoprens. Die Arbeiten von Williams und Bouchardat ergaben die empirische Formel C_5H_8, und Tilden vermutete, daß, obwohl keine experimentellen Beweise für diese Behauptung vorgebracht werden konnten, das Isopren ein β-Methylbutadien $CH_2:C(CH_3).CH:CH_2$ sei. Die Richtigkeit von Tildens Ansicht wurde durch die Synthesen von Kondakow[3]), Ipatiew und Wittorf[4]) und von Euler[5]) bewiesen. Der bündigste Beweis ist die Synthese von Euler, der eine ähnliche Methode, wie Ciamician und Magnaghi[6]) für die Darstellung von Erythren verwendet haben, in Anwendung brachte. Er ging von β-Methylpyrollidin aus, dessen Jodmethylat gebildet wurde. Durch Abspaltung von Jodwasserstoff bildete sich eine Base, von der wiederum das Jodmethylat gebildet wurde. Aus diesem Derivat wurde neuerlich Jodwasserstoff abgespalten, und es bildete sich Isopren.

---

[1]) J. S. C. I. **13**, 11. 1894.
[2]) Trans. Chem. Soc. **97**, 1085. 1910.
[3]) Journ. Russ. Chem. Soc. **20**, 706. 1888; **21**, 39. 1889.
[4]) J. prakt. Chemie **55**, 1. 1897. — Ipatiew: daselbst 4.
[5]) B. **30**, 1989. 1897.
[6]) Gazz. Chim. Ital. **15**, 185. 1895.

$$\begin{array}{c}\text{CH}_3\cdot\text{CH}—\text{CH}_2\\|\quad\quad|\\\text{CH}_2\;\text{CH}_2\\\diagdown\;\diagup\\\text{NH}\end{array}\;\xrightarrow{+\,2\text{CH}_3\text{I}}\;\begin{array}{c}\text{CH}_3\cdot\text{CH}—\text{CH}_2\\|\quad\quad|\\\text{CH}_2\;\text{CH}_2\\\diagdown\;\diagup\\\text{CH}_3\overset{+}{\text{N}}\text{CH}_3\\|\\\text{I}\end{array}\;\xrightarrow{-\,\text{HI}}\;\begin{array}{c}\text{CH}_3\cdot\text{CH}—\text{CH}\\|\quad\quad\parallel\\\text{CH}_2\;\text{CH}_2\\\diagdown\;\diagup\\\text{CH}_3\text{NCH}_3\end{array}\;\xrightarrow{+\,\text{CH}_3\text{I}}$$

$$\begin{array}{c}\text{CH}_3\cdot\text{CH}—\text{CH}\\|\quad\quad\parallel\\\text{CH}_2\;\text{CH}_2\\|\\\text{CH}_3\overset{+}{\text{N}}\text{CH}_3\\\diagup\;\diagdown\\\text{I}\quad\;\text{CH}_3\end{array}\;\xrightarrow{-\,\text{HI}}\;\begin{array}{c}\text{CH}_3\cdot\text{C}—\text{CH}\\\parallel\quad\quad\parallel\\\text{CH}_2\;\text{CH}_2\end{array}+\;\text{N}(\text{CH}_3)_3$$

Die Konstitution des Kautschuks.

Die Struktur des Isoprens war nun ermittelt und der Beweis erbracht, daß Kautschuk ein Polymeres des Isoprens sei, wobei die Art und Weise der Polymerisation noch aufgeklärt werden mußte. Es war bekannt, daß Bromaddition das sogenannte Tetrabromid lieferte, das ein Beweis für das Vorhandensein einer Doppelbindung pro C_5H_8-Gruppe war. Das Tetrabromid lieferte aber keinen Anhaltspunkt zur Aufklärung der Konstitution des Kautschuks, und lange Zeit war das einzige Abbauprodukt, dessen Konstitution bekannt war, Isopren selbst.

Allerdings war auch Dipenten unter den Produkten der destruktiven Destillation des Kautschuks bekannt, seitdem jedoch Bouchardat gezeigt hatte, daß Dipenten durch Erhitzen von Isopren in einem verschlossenen Rohr erhalten werden konnte, schrieb man sein Vorhandensein nicht der Zersetzung des Kautschuks, sondern der Polymerisation des hierbei gebildeten Isoprens zu. Seine Bildungsweise ist leicht erklärt durch die Verbindung zweier Isoprenkerne.

$$\begin{array}{c}\text{CH}_3\\|\\\text{C}\\\diagup\;\diagdown\\\text{CH}\quad\text{CH}_2\\\parallel\quad\quad|\\\text{CH}_2\;\text{CH}_2\\\diagdown\;\diagup\\\text{CH}\\|\\\text{C}\\\diagup\;\diagdown\!\!\!=\\\text{CH}_3\quad\text{CH}_2\end{array}\qquad\qquad\begin{array}{c}\text{CH}_3\\|\\\text{C}\\\diagup\;\diagdown\\\text{HC}_2\quad\text{CH}_2\\|\quad\quad|\\\text{H}_2\text{C}\;\text{CH}_2\\\diagdown\;\diagup\\\text{CH}\\|\\\text{C}\\\diagup\;\diagdown\!\!\!=\\\text{CH}_3\quad\text{CH}_2\end{array}$$

So wurde das Dipenten, trotzdem es die Hauptfraktion bei der Destillation des Kautschuks bildet, stets als Produkt dieser sekundären Reaktion angesehen. Diese Ansicht ist unzweifelhaft von der Überlegung beeinflußt, daß die Bildung des Kautschuks aus Isopren erklärlich erscheint, für die Bildung von Dipenten aber keine Möglichkeit vorhanden ist.

4*

Weiteres Licht in die Konstitution des Kautschuks wurde von Harries durch die Ozonmethode gebracht. Beim Einleiten von Ozon in eine Kautschuklösung in Chloroform wird ein Ozonid gebildet, das beim Verdunsten des Lösungsmittels als glasige Masse erhalten wird. Nach der Reinigung durch Lösen in Äthylacetat und Fällen mit Petroläther hat es die Zusammensetzung $(C_{10}H_{16}O_6)_x$ ein weiterer Beweis für das Vorhandensein einer Doppelbindung pro C_5H_8-Gruppe im Molekül[1]. Beim Erwärmen mit Wasser wird das Ozonid aufgespalten, und es bilden sich Lävulinsäure und Lävulinaldehyd neben geringen Mengen Lävulinaldehydperoxyd. Keine anderen Spaltprodukte konnten erhalten werden[2]. Später wurde gefunden, daß das Molekulargewicht der einfachen Formel entsprach. Aus diesen Versuchen schloß Harries, daß die Struktur des Kautschuks die eines Kohlenwasserstoffes mit geschlossener Kette, und zwar

$$\left[\begin{array}{c} CH_3-C-CH_2-CH_2-CH \\ \| \\ CHCH_2-CH_2-C-CH_3 \end{array}\right]x$$

sei, das ist ein polymerisiertes Dimethylcyclooctadien. Die Bildung des Ozonids und seiner Spaltprodukte gehe folgendermaßen vor sich:

[structural formulas of ozonide and cleavage products: Lävulinaldehyd $CH_3 \cdot COCH_2CH_2CHO$ and Lävulinaldehydperoxyd]

Lävulinsäure wurde als sekundäres Reaktionsprodukt angesehen.

Es ist von Interesse zu bemerken, daß zu jener Zeit die Existenz von Stoffen, die einen 8-Ring enthielten, unbekannt war, aber daß kurz darauf eine solche Substanz von Willstätter aus einem Granatapfelalkaloid erhalten wurde. Willstätter stellte dann auch den Kohlenwasserstoff 1,5-Cyclooctadien dar. Harries' Versuche, das Kautschukozonid zu Dimethylcyclooctadien zu reduzieren, blieben jedoch ohne Erfolg.

Die 8-Ring-Formel von Harries wurde von verschiedenen Forschern als nicht ausreichend für die Erklärung der Konstitution des Kautschuks angesehen. In gewisser Hinsicht konnte sie mit dem chemischen Verhalten des Kautschuks in Einklang gebracht werden: Zum Beispiel wurden die Spaltungsprodukte der Ozonide und die Bildung von Isopren durch Zersetzungsdestillation hinreichend erklärt. Auf der anderen Seite konnte die Bildung eines Tetrabromids von dem

---

[1] B. **37**, 2708. 1904. [2] B. **38**, 3195. 1905.

Die Konstitution des Kautschuks.

einfachen Molekül wohl erwartet werden, doch mußte durch die Polymerisation die Anzahl der Doppelbindungen sich verringern und daher auch die Bildung eines Tetrabromids nicht mehr möglich sein. Harries legte dar, daß diese Schwierigkeit durch die Annahme Thielescher Partialvalenzen aus der Welt geschafft werden könne.

$$..-CH_2-CH...\overset{CH_3}{\underset{\parallel}{C}}-CH_2-CH_2-CH...\overset{CH_3}{\underset{\parallel}{C}}-CH_2-....$$
$$..-CH_2-\underset{CH_3}{\overset{\parallel}{C}}....CH-CH_2-CH_2-\underset{CH_3}{\overset{\parallel}{C}}....CH-CH_2-....$$

Diese lockere Verbindung könne, so folgerte Harries, leicht durch die Anlagerung von Ozon in Einzelmoleküle $C_{10}H_{16}$ aufgespalten werden. Dagegen führte Pickles[1]) ins Treffen, daß kein Grund vorhanden sei, warum andere Reagenzien z. B. Brom, welches mit Kautschuk das Tetrabromid der empirischen Formel $C_{10}H_{16}B_4$ bildet, das polymerisierte Kautschukmolekül nicht ebenso in substituierte Einzelmoleküle sollte spalten können wie Ozon. Die Eigenschaften des Tetrabromids lassen aber auf einen Stoff schließen, der ähnlichen Charakter hat wie Kautschuk selbst. Pickles nahm eine Struktur an, die der folgenden Formel entsprach:

$$\overline{-CH_2-\overset{CH_3}{\underset{|}{C}}=CH-CH_2-CH_2-\overset{CH_3}{\underset{|}{C}}=CH-CH_2-CH_2-\overset{CH_3}{\underset{|}{C}}=CH-CH_2-}$$

eine geschlossene Kette von C_5H_8-Gruppen, deren Anzahl unbestimmt sei. Die Polymerisation ist in diesem Falle eine rein chemische. Dabei ist die Bindung der C_5H_8-Gruppen von einer Wanderung der Doppelbindung begleitet.

Die Bildung des Ozonids gehe nach folgendem Schema vor sich:

$$\overline{-CH=O=O\overset{|}{=}O=\overset{CH_3}{\underset{|}{C}}-CH_2-CH_2-CH=O=O=O=\overset{CH_3}{\underset{|}{C}}-CH_2-CH_2-CH=O=O\overset{|}{=}O=\overset{CH_3}{\underset{|}{C}}}...$$

Dabei bewirkt die Einwirkung von Wasser Sprengung der Kette an den angedeuteten Punkten und Bildung von $C_{10}H_{16}O_6$, welches weiterhin Lävulinaldehyd, Lävulinaldehydperoxyd und Lävulinsäure liefert. Harries selbst verließ dann die 8-Ring-Formel, da er in späteren Arbeiten Spaltprodukte mit einer höheren Anzahl von Kohlenstoffatomen im Molekül isolierte[2]). Er ging von Parakautschuk aus und bereitete zuerst das Chlorwasserstoffadditionsprodukt. Dieses erhitzte er mit Pyridin, um dem Derivat Chlorwasserstoff zu entziehen und so den Kautschuk zurückzubilden. Das daraus gebildete Ozonid ergab bei der Hydrolyse Lävulinaldehyd, Heptandion, Undekantrion,

---
[1]) Trans. Chem. Soc. **97**, 1089. 1910.
[2]) Harries u. Fonrobert: Ann. **406**, 173. 1914.

54 Chemische Eigenschaften, Konstitution und Synthese des Kautschuks.

Pentadekantetron, Lävulinsäure, Bernsteinsäure (in manchen Fällen), Hydrochelidonsäure, Methylcyclohexanon, Essigsäure und eine Anzahl nicht identifizierter Produkte. Die Anwesenheit des Tri- und des Tetraketons kann nur durch die Annahme eines größeren Ringes als der des Octadienringes erklärt werden.

Weiter ergab sich das Molekulargewicht des Ozonids in Benzollösung als 535, während sich der Wert für $(C_5H_8O_3)_5$ zu 580 errechnet, und aus diesen Gründen wurde angenommen, daß das Kautschukmolekül aus 5 Isoprenen gebildet wird, welche einen C_{20}-Ring bilden. Olivier[1]) wandte dagegen ein, daß das Molekulargewicht des Ozonids nicht als Beweismittel verwendet werden dürfe, da er je nach der Behandlung mit Ozon schwankende Werte erhielt.

Spätere Experimente führten Harries[2]) zu der Ansicht, daß mehr als 5 Isoprengruppen den Kautschukring bilden. Bei der Reduktion des Chlorwasserstoffadditionsproduktes mit Zinkstaub erhielt er nämlich unzersetzt destillierbare Kohlenwasserstoffe der Formel $C_{35}H_{62}$ oder $C_{40}H_{70}$. Die Zusammensetzung des Ozonids und des Bromids brachten weitere Einblicke und weisen auf einen C_{35}- oder C_{40}-Ring, also auf 7 oder 8 Isoprene hin.

So nahm Harries schließlich selbst die von Pickles vorgeschlagene Ringformel mit 8 Isoprenen an. Jüngst publizierte Arbeiten über die katalytische Hydrierung des Kautschuks weisen auch darauf hin, daß das Kautschukmolekül von einer großen Anzahl von Kohlenstoffatomen gebildet wird.

Eine gänzlich andere Ansicht ist vor einiger Zeit von Boswell[3]) geäußert worden, der die Bildung von Terpenen (Dipenten) und Dinitrodihydrocuminsäure bei der Behandlung mit Salpetersäure zu erklären versucht.

Er nimmt an, daß Kautschuk die Molekularformel $C_{30}H_{48}$ habe, die durch folgende Konstitution dargestellt wird.

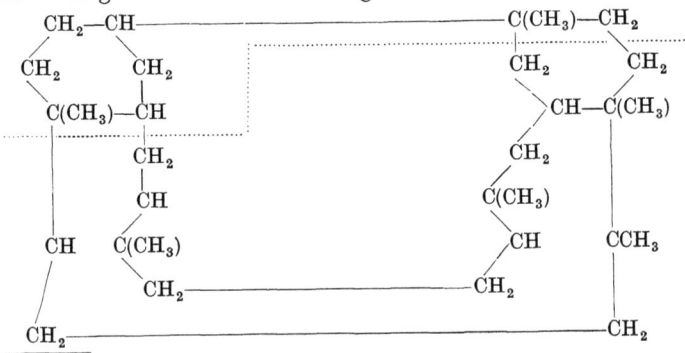

---

[1]) Rec. Trav. Chim. 40, 665. 1921.
[2]) Harries u. Evers: C. 92, 111, 1358. 1921.   [3]) I. R. J. 64, 983. 1922.

Die Konstitution des Kautschuks.

Diese Strukturformel besteht aus 5 Isoprenkernen und entspricht daher in dieser Hinsicht den bekannten Tatsachen. Auch die Bildung von Dipenten durch Spaltung in der Richtung der punktierten Linie wäre leicht möglich, ebenso die von Isopren durch Zersetzungsdestillation. Gleichzeitig könnten durch einfache Spaltung zahlreiche Kohlenwasserstoffe, z. B. Dimethylbutadien entstehen. Die Prüfung der Zersetzungsdestillationsprodukte nach dieser Richtung hin gäbe vielleicht interessante Aufschlüsse. Der eine der Reste kann auch als Dimethylcyclooctadien reagieren und auf diese Weise Lävulinsäure und Lävulinaldehyd, wenn auch nicht in großen Mengen (auf den angewendeten Kautschuk berechnet) ergeben.

Das Molekül ist aber vollkommen gesättigt und erklärt daher nicht die ungesättigte Natur des Kautschuks, der ein Tetrabromderivat durch einfache Addition von Brom ergibt $(C_{10}H_{16}Br_4)_x$.

Von weiteren Formeln sollen die von Barrow[1]) und Kirchhof[2]), welche eine lange spiralige Kohlenstoffkette annehmen, erwähnt werden. Kirchhof nimmt für den Parakautschuk eine offene Kette an, der empirischen Formel $C_{20}H_{34}$ entsprechend, also kein Multiples von C_5H_8. Dagegen betrachtet er den Kongokautschuk als Multiples von Isopren.

Die Möglichkeit, daß Kautschuk eine andere Formel als C_5H_8 haben könne, ist wegen der einfachen Bildung des Kautschuks durch Polymerisation von Isopren nicht in den Kreis der Betrachtungen gezogen worden. Deshalb sind, trotzdem stets kleine Differenzen von den theoretischen Werten erhalten worden, die Analysenresultate, die von sorgfältig gereinigtem Ausgangsmaterial erhalten wurden, stets als Beweis für die C_5H_8-Formel ausgewertet worden. Die große Schwierigkeit, Kautschuk von seinen üblichen Verunreinigungen zu befreien, ist stets als Grund dieser Differenzen angesehen worden. Kirchhofs Behauptung, daß Parakautschuk aus einem Polymeren von $C_{10}H_{17}$ bestehe, wäre nur dann stichhaltig, wenn das Polymerisationsprodukt von Isopren sich von natürlichem Kautschuk unterschiede. Während synthetischer Kautschuk aus Isopren in bezug auf seine physikalischen und mechanischen Eigenschaften sich von Parakautschuk nur wenig unterscheidet, ist die einzige chemische Analogie die der Zersetzungsprodukte des Ozonids. Wenn Parakautschuk durch die von Kirchhof vorgeschlagene Formel dargestellt würde,

$$\begin{array}{l} CH_2-C(CH_3)=CH-CH_3 \\ \quad | \\ \quad CH.C(CH_3)=CH-CH_2 \\ \quad \quad \quad \quad \quad \quad \quad \quad \quad | \\ CH_2-|-CH=C(CH_3)-CH_2 \\ \quad CH_2-CH=C(CH_3)-CH_3 \end{array}$$

---

[1]) I. R. J. **41**, 1354. 1911.   [2]) Koll. Chem. Beihefte **16**, 47. 1922.

dann sollten die Destillationsprodukte auch andere, niedrigsiedende Kohlenwasserstoffe neben Isopren enthalten, trotzdem dessen Bildung, sowie die von Dipenten auch möglich ist. Die Spaltung des Ozonids einer derartigen Verbindung sollte andere Produkte als die bisher erhaltenen ergeben, wenn auch Olivier und Boswell[1]) die quantitative Bildung des Ozonids so, wie Harries angibt, bezweifeln. Dadurch, daß diese durch Boswell und Kirchhof vorgeschlagenen Formeln gänzlich von den heute anerkannten abweichen, bilden sie vielleicht einen Ansporn zu weiteren Untersuchungen über die Konstitution der im natürlichen Kautschuk vorhandenen Verbindung.

Die technische Synthese des Kautschuks.

Während anfänglich die Synthese des Kautschuks nur zum Zwecke der Aufklärung der Struktur auszuführen versucht wurde, wurde doch die Möglichkeit der Synthese in technischem Ausmaße nicht gänzlich übersehen. Schon Tilden hat 1882[2]) darauf hingewiesen. Doch erst im Jahre 1909 trat man diesem Problem näher. In der Zwischenzeit hatte man beobachtet, daß nicht nur Isopren, sondern auch andere ungesättigte Kohlenwasserstoffe polymerisieren und in manchen Fällen elastische Substanzen liefern. So beobachtete Hofmann schon 1881, daß Piperylen, $CH_3 — CH = CH — CH = CH_2$, ein Isomeres von Isopren, während der Destillation teilweise polymerisierte[3]). Tilden nahm im Jahre 1884 an, daß auf dieselbe Weise wie Isopren sich zu Dipenten polymerisierte, andere Homologe des Isoprens sich zu einer Reihe von Terpenen polymerisieren würden[4]). Marintza erhielt 1890 ein öliges Polymeres aus Dimethyl-i-propenylcarbinol, von dem er annahm, daß es sich aus Diisopropenyl gebildet habe, das aus dem Ausgangsprodukt durch Wasserabspaltung entstanden sei.

$$CH_3-C(OH)(CH_3)-C(CH_3)=CH_2 \xrightarrow{-H_2O} CH_2=C(CH_3)-C(CH_3)=CH_2 \quad [5])$$

Couturier zeigte, daß durch Einwirkung von Hitze aus diesem Kohlenwasserstoff ein harziges Produkt entsteht[6]), und Kondakow zeigte, daß durch Erhitzen mit alkoholischer Kalilauge Polymerisation unter Bildung einer weißen elastischen, kautschukähnlichen Substanz erfolgte[7]). Kondakow zeigte weiter, daß die Polymerisation auch durch Belichtung herbeigeführt wurde und brachte so den Beweis, daß kautschukähnliche Substanzen auch aus anderen Kohlenwasserstoffen als aus Isopren erhalten werden konnten.

---

[1]) a. a. O.
[2]) Chem. News. **46**, 120. 1882.
[3]) B. **14**, 665. 1881.
[4]) Trans. Chem. Soc. **45**, 411. 1884.
[5]) Chem. Soc. Abs. 1, 728. 1890.
[6]) Ann. Chim. Phys. **26**, 485. 1892.
[7]) J. prakt. Chem. **63**, 113. 1901.

Elastische Polymerisationsprodukte wurden ferner von Thiele aus Piperylen[1]) von Klages aus Phenylbutadien[2]), von Kronstein aus Cyclopentadien[3]) und von Willstätter aus Cyclooctadien[4]) erhalten.

Nach der Zusammensetzung der Ausgangsprodukte konnten die Polymerisationsprodukte nicht in allen Fällen mit dem im Kautschuk vorhandenen Kohlenwasserstoff identisch sein. Das war von geringer Bedeutung, da ja aus anderen Kohlenwasserstoffen als Isopren vielleicht ein Polymerisationsprodukt erhalten werden konnte, dessen mechanische Eigenschaften denen des Kautschuks sogar überlegen sein konnten. Das technische Problem bestand demnach nur in der Auffindung gangbarer Wege zur Herstellung von Isopren oder dessen Isomeren oder Homologen und zur Herbeiführung der Polymerisation.

In jener Zeit war Isopren der einzige Kohlenwasserstoff, der aus verhältnismäßig reichlich vorhandenen Rohstoffen, nämlich dem Terpentin hergestellt werden konnte, doch war auch hier die Ausbeute relativ gering. Die Methoden der Polymerisation waren nicht befriedigend, denn das wirksamste Agens, Chlorwasserstoffsäure, führte neben Kautschuk zu Hydrochloriden und anderen Produkten. Die Autopolymerisation, ein Prozeß, der zu verhältnismäßig reinen Produkten führte, nahm aber Jahre oder zumindest Monate in Anspruch.

Die Darstellung von Isopren und seinen Homologen.

Es ist vielleicht natürlich, daß das erste Produkt, das als Rohmaterial für die Isoprengewinnung in Aussicht genommen wurde, Terpentin war, aus dem bereits Tilden den Kohlenwasserstoff gewonnen hatte. Heinemann leitete die Dämpfe über feinverteilte Metalle[5]) und Harries und Gottlob[6]) vermochten die Ausbeute durch Leiten der Dämpfe über eine elektrisch geheizte Platinspirale zn steigern. Doch wurde die Idee, Terpentin als Ausgangsmaterial zu verwenden, bald verlassen, da es wahrscheinlich erschien, daß die Terpentingewinnung früher mit Rohmaterialmangel zu kämpfen haben werde als die Kautschukgewinnung.

Andere in Vorschlag gebrachte Rohmaterialien waren Stärke, deren Gärung so geleitet werden kann, daß verhältnismäßig große Mengen an i-Amylalkohol entstehen. Durch Behandlung mit Chlorwasserstoff bildet sich i-Amylchlorid, welches chloriert wird und isomere Dichloride bildet. Aus diesen entsteht beim Leiten über erhitzte Soda Isopren, zusammen mit isomeren Kohlenwasserstoffen[7]),

$$(CH_3)_2CHCH_2CH_2OH \rightarrow (CH_3)_2CHCH_2CH_2Cl \rightarrow$$
$$\rightarrow (CH_3)_2CCl-CH_2-CH_2Cl \rightarrow CH_2=C(CH_3)CH=CH_2.$$

[1]) Ann. **319**, 226. 1901. [2]) B. **35**, 2650. 1902.
[3]) B. **35**, 4151. 1902. [4]) B. **38**, 1975. 1905.
[5]) E. P. 14 040, 14 041. 1910. [6]) Ann. **383**, 228. 1911.
[7]) Matthews u. Strange: E. P. 4572, 1910.

Die Dichloride können auch durch Chlorieren der Isopentanfraktion des galizischen Petroleums erhalten werden[1]).

Durch Leiten eines Dampfgemisches von Acetaldehyd und Isopropylalkohol über erhitztes Aluminium wird nach Ostromysslenski auf folgende Weise Isopren gebildet:

$$CH_3CHO + (CH_3)_2CH_2OH = CH_2:C(CH_3)CH:CH_2 + 2H_2O \ \ ^2).$$

Eigentümlicherweise waren die Bemühungen der verschiedenen Forscher stets eigentlich mehr auf die Darstellung von Homologen des Isoprens als auf dessen Synthese selbst gerichtet. Von diesen kommen als wichtigste in Betracht:

Erythren (Divinyl oder sym. Butadien) $CH_2=CH-CH=CH_2$
Piperylen (α-Methylbutadien) $CH(CH_3)=CH-CH=CH_2$ und
$\beta\gamma$-Dimethylbutadien $CH_2=C(CH_3)-C(CH_3)=CH_2$.

Erythren wurde erstmalig von Berthelot[3]) erhalten, der eine Mischung von Acetylen und Äthylen durch ein rotglühendes Rohr leitete.

$$CH\equiv CH + CH_2 = CH_2 = CH_2 = CH_2 - CH = CH_2.$$

Auch können Darstellungsmethoden für Isopren entsprechend für Butadien variiert werden. So kommt man durch Chlorierung von Butylalkohol anstatt von i-Amylalkohol und Leiten des Dichlorids über erhitzten Natronkalk zu Butadien.

$$CH_3CH_2CH_2CH_2OH \rightarrow CH_3CHClCH_2CH_2Cl \rightarrow CH_2=CH-CH=CH_2$$

Diese Methode ist deswegen interessant, weil durch eine von Strange und Fernbach[4]) entwickelte besondere Vergärung stärkehaltiger Materialien beträchtliche Mengen von Butylalkohol und Aceton gebildet werden. Im Weltkrieg, als Aceton und Butylalkohol für andere Zwecke sehr benötigte Produkte wurden, wurde von dieser Methode in großem Maßstabe Gebrauch gemacht[5]). Eine andere Methode, um Butadien darzustellen, wurde von Ostromysslenski vorgeschlagen, der Alkoholdampf über erhitztes Kupfer leitet. Hierbei oxydiert sich ein Teil zu Acetaldehyd, der dann mit dem weiteren Alkoholdampf über erhitzte Tonerde geleitet wird und dabei unter Wasserabspaltung in den Kohlenwasserstoff übergeht.

$$2CH_3CH_2OH \rightarrow CH_3CHO + CH_3CH_2OH \rightarrow CH_2=CH-CH=CH_2 \ ^6)$$

Eine andere mögliche Synthese aus einem Kohlenteerderivat ist die Reduktion von Phenol nach Sabatier und Senderens zu Cyclohexanol, welches dann pyrogen zu Erythren, Äthylen und Wasser zersetzt wird[7]).

---

[1]) E. P. 4189, 1910.   [2]) J. Russ. Phys. Chem. Soc. 47, 1472. 1915.
[3]) Ann. Chim. 9, 466. 1867.   [4]) E. P. 15 203, 15 204.
[5]) Einzelheiten hierüber siehe Speaksmann: J. S. C. I. 1919, 155 T., Reilly und andere, Biochem. J. 14, 229. 1920.
[6]) a. a. O.   [7]) Bayer: Fr. P. 425967. 1911.

Die Darstellung von Isopren und seinen Homologen.

$$\begin{matrix} & C(OH) & \\ CH_2 & & CH_2 \\ | & & | \\ CH_2 & & CH_2 \\ & CH_2 & \end{matrix} \longrightarrow CH_2{=}CH{-}CH{=}CH_2 + CH_2{=}CH_2 + H_2O$$

Durch einen ähnlichen Reaktionsverlauf, der von Kresol ausgeht, gelangt man über Methylcyclohexanol zu Methylerythren (Isopren). Die Darstellung des Erythrens aus Cyclohexanol, das durch Reduktion von Phenol erhalten wird, kann auch auf einem anderen Wege, der aber nur theoretisches Interesse hat, erzielt werden. In diesem Fall wird das Cyclohexanol zu Adipinsäure oxydiert, welche in das Diamid übergeführt wird. Durch Hoffmannschen Abbau erhält man hieraus Tetramethylendiamin, welches durch erschöpfende Methylierung in Butadien übergeht.

$$\begin{matrix} CH_2{-}CH_2{-}CH_2 \\ | \quad\quad\quad\quad\quad | \\ CH_2{-}CH_2{-}CHOH \end{matrix} \rightarrow \begin{matrix} CH_2CH_2COOH \\ | \\ CH_2CH_2COOH \end{matrix} \rightarrow \begin{matrix} CH_2CH_2CONH_2 \\ | \\ CH_2CH_2CONH_2 \end{matrix} \rightarrow$$

$$\begin{matrix} CH_2{-}CH_2NH_2 \\ | \\ CH_2{-}CH_2NH_2 \end{matrix} \rightarrow \begin{matrix} CH{=}CH_2 \\ | \\ CH{=}CH_2 \end{matrix}$$

Wenn man von p-Kresol ausgeht, so erhält man durch einen analogen Reaktionsverlauf über Methyladipinsäure Isopren. Ein besonders interessantes Homologes des Butadiens ist das 2,3-Dimethylderivat, das Diisopropenyl, welches zuerst von Couturier[1]) durch Dehydrierung von Pinakon mit Schwefelsäure erhalten wurde.

$$\begin{matrix} CH_3{-}C(CH_3){-}C(CH_3){-}CH_3 \\ \quad\quad\quad | \quad\quad\quad\quad | \\ \quad\quad\quad OH \quad\quad\quad OH \end{matrix} \longrightarrow \begin{matrix} CH_2{=}C{-}C{=}CH_2 \\ | \quad\quad | \\ CH_3 \, CH_3 \end{matrix}$$

Kondakow zeigte, daß erhöhte Ausbeuten erhalten werden konnten, wenn man vom Pinakondihydrochlorid ausging, aus dem das Dimethylbutadien durch Erhitzen mit alkoholischem Kali erhalten werden konnte[2]). Die Hauptmenge des während des Krieges in Deutschland gewonnenen synthetischen Kautschuks (Methylkautschuks) wurde durch Polymerisieren von Dimethylbutadien, das aus Pinakon durch Destillation unter Druck erhalten war[3]), hergestellt. Der Ausgangspunkt für diese Synthese war Acetylen, welches zuerst in Aceton übergeführt wurde, dieses wurde mit Aluminium und Natriumhydroxyd zu Pinakon reduziert[4]).

$$2(CH_3COCH_3) \xrightarrow{+H_2} \begin{matrix} OH \quad OH \\ | \quad\quad | \\ CH_3{-}C{-}C{-}CH_3 \\ | \quad\quad | \\ CH_3 \, CH_3 \end{matrix} \xrightarrow{-2H_2O} \begin{matrix} CH_3 \, CH_3 \\ | \quad | \\ CH_2{=}C{-}C{=}CH_2 \end{matrix}$$

---
[1]) Bull Soc. Chim. **33**, 454. 1880.   [2]) J. prakt. Chemie **59**, 293. 1899.
[3]) Staudinger: Schweiz. Chem. Zeit. **1**, 1—5 usw. 1919.
[4]) J. I. E. C. **11**, 819. 1919.

Die oben angeführten Beispiele sind nur die wichtigsten. Es scheint, als sei während des Krieges in Deutschland nur aus Dimethylbutadien Kautschuk hergestellt worden.

Polymerisationsmethoden.

Wenn auch durch Bouchardat und Tilden und später durch andere Forscher aus Isopren kautschukähnliche Substanzen erhalten wurden, so waren die Resultate, ausgenommen die der Autopolymerisation, doch sehr unbefriedigend. Erst im Jahre 1910 schien dieses Problem durch Entdeckungen, die ziemlich gleichzeitig in Deutschland und England gemacht wurden, gelöst zu sein. Es war tatsächlich die Entdeckung neuer Polymerisationsmethoden und nicht neuer Ausgangssubstanzen, die eigentlich die Basis der ,,Erfindung des künstlichen Kautschuks'' bildete. Im Jahre 1908 war eine Anzahl englischer Chemiker, darunter Perkin, Weizmann und Matthews, mit Versuchen beschäftigt, ein brauchbares Polymerisationsverfahren auszuarbeiten. Im Juli 1910 verschloß Matthews Isopren und metallisches Natrium in einer Röhre und bewahrte sie einige Zeit auf. Im September bemerkte er, daß die Flüssigkeit in eine kautschukähnliche Substanz[1]) übergegangen war und meldete dieses Verfahren am 25. Oktober 1910 zum Patent an[2]). In der gleichen Zeit war Harries in Deutschland mit den gleichen Problemen beschäftigt und entdeckte den gleichen Prozeß, den er im Juni 1911, zu einer Zeit, als das englische Patent noch nicht veröffentlicht war, publizierte[3]).

Harries hatte schon vorher entdeckt, daß Isopren durch Erhitzen mit Essigsäure auf ein wenig oberhalb 100^0 polymerisiert wurde[4]). Auch die Belichtung mit Röntgenstrahlen wurde als Polymerisation bewirkendes Mittel vorgeschlagen.

Die in Deutschland während des Krieges am häufigsten verwendete Methode bestand darin, daß der Kautschuk in Metallbüchsen verschlossen wurde und bei 60^0 C vier bis sechs Monate aufbewahrt wurde. Die Natriummethode gab nicht zufriedenstellende Ergebnisse, während die Polymerisation bei gewöhnlicher Temperatur erfolgreich war.

Vergleich zwischen synthetischem und Naturkautschuk.

Infolge der kolloidalen Natur des Kautschuks können die zur Kennzeichnung organischer Stoffe üblichen physikalisch-chemischen Methoden nicht auf ihn angewendet werden. Auch die Bereitung charakteristischer Derivate, wie z. B. des Tetrabromids, bietet keine ausreichende Handhabe. Die Untersuchung der Ozonide schien Harries

---

[1]) Perkin: J. S. C. I. **31**, 619. 1912.
[2]) Strange u. Graham: E. P. 24790, 1910.
[3]) Ann. **383**, 188. 1911. [4]) Chem. Zeit. **34**, 315. 1910.

die geeignetste Methode, Kautschukarten zu identifizieren. Bei seinen Untersuchungen über die Polymerisation durch Natrium und durch Essigsäure[1]) bereitete er eine Reihe von Kautschukarten aus Erythren, Isopren und Methylisopren und verwendete in jedem Falle beide Polymerisationsmethoden. Dabei konnten die Polymerisationsprodukte aus Butadien (Erythren) C_4H_6 und Dimethylbutadien (Methylisopren) C_6H_{10} aller Wahrscheinlichkeit nach nicht identisch sein mit natürlichem Kautschuk, dem Polymerisationsprodukt von Isopren C_5H_8. Nun zeigte es sich aber, daß sich der Natriumkautschuk in allen Fällen von dem mit Essigsäure polymerisierten unterschied. So kam Harries dazu, die eine Art normalen, die andere anormalen, Natriumkautschuk, zu nennen. Es hatte daher den Anschein, als sei es möglich, aus Isopren einen Kautschuk zu gewinnen, der mit Naturkautschuk nicht identisch ist. Eine Untersuchung der Bildung und Hydrolyse der Ozonide bestätigte dieses auch. Das Polymerisationsprodukt, das mit Hilfe von Essigsäure gewonnen wurde, gab die gleichen Ozonidspaltungsprodukte wie Kautschuk, während das Natriumpolymerisationsprodukt weder Lävulinsäure noch Lävulinaldehyd lieferte. Dieses wurde jedoch von Steinig bestritten, der annahm, daß auch in dem normalen synthetischen Kautschuk ein Körper vorhanden sei, der durch asymmetrische Polymerisation von Isopren gebildet wurde[2]). Als all diese Untersuchungen ausgeführt wurden, mangelte es an genügendem Material, um mechanische Prüfungen durchzuführen. Als aber während des Krieges die Not der Zeit die Zentralmächte zwang, synthetischen Kautschuk in großem Maßstabe herzustellen, wurden die verschiedenen Arten auch auf diese Weise untersucht. Aus Butadien, Isopren und Dimethylbutadien wurden die verschiedenen Kautschukarten durch Anwendung von Hitze, Kälte und nach der Natriumpolymerisationsmethode dargestellt. Die besten Ergebnisse wurden durch warme Polymerisation von Dimethylbutadien erhalten (Methylisopren), der so dargestellte Kautschuk wurde Methylkautschuk genannt. Der auf kaltem Wege polymerisierte Kautschuk wurde zur Fabrikation von Hartgummi verwendet. Im Jahre 1918 wurden allein 30000 kg monatlich für die Fabrikation von Akkumulatorenkästen für Unterseeboote verbraucht. Dazu kam noch ein Verbrauch von 10000 kg für die Herstellung von Reifen. Diese Kautschukart ist durch einen Mangel an Klebkraft ausgezeichnet und ist in den gebräuchlichen Lösungsmitteln unlöslich. Für Zwecke, bei denen speziell diese Eigenschaften notwendig sind, wurde das Wärmepolymerisat verwendet. Es wurden Autodecken, Kautschuksohlen, Packtücher und gummierte Gewebe aus diesem Produkt fabriziert. Ein weiterer synthetischer

---

[1]) Ann. **383**, 157. 1911. [2]) B. **47**, 350. 1914.

Kautschuk, der mit Natrium bei Anwesenheit von Kohlensäure polymerisiert wurde, fand auch in beschränktem Maße Anwendung[1]). Alle Arten synthetischer Kautschuk waren wesentlich empfindlicher gegenüber Oxydation als natürlicher Kautschuk. Auch waren die Eigenschaften bei Temperaturveränderungen nicht in dem Maße unveränderlich wie die des Naturkautschuks. So wurden besondere Bestimmungen erlassen, Reifen in frostgeschützten Räumen zu lagern. Die Methylkautschukarten erhielten auch, weil sie nicht immer leicht plastisch erhalten werden konnten, Zusätze, die ,,Elastikatoren" genannt wurden[2]). Von diesen seien Petroleum, pflanzliche Öle, Dimethylanilin, Toluidin und Diphenylamin, das letztere besonders für Unterseekabelisolierungen, erwähnt. Trotz dieser umfangreichen Anwendung, die der synthetische Kautschuk gefunden hat, kann man sagen, daß er die Eigenschaften des natürlichen Kautschuks nicht in hinreichendem Maße erreicht. Doch sind sehr beachtenswerte Erfolge in der Hartgummifabrikation und in geringem Maße in der Fabrikation von Vollreifen erzielt worden. Nur unter den besonderen Verhältnissen, die durch die Absperrung der Mittelmächte zustande kamen, konnte die Produktion von synthetischem Kautschuk ein solches Maß annehmen. Bei genügender Produktion an natürlichem Kautschuk und bei einem nicht allzu hohen Preisstand scheint eine Konkurrenz dieser beiden Artikel ziemlich ausgeschlossen zu sein.

Trotzdem es praktisch gewiß ist, daß natürlicher Kautschuk ein Polymeres des Isoprens ist, ist es ebenso gewiß, daß die Art und der Grad der Polymerisation wichtige Faktoren sind, bis zu deren näherer Erkenntnis man außerstande sein wird, außer durch Zufall, ein, dem natürlichen Kautschuk möglichst gleichwertiges Produkt zu fabrizieren.

Derivate des Kautschuks.
Einwirkung von Halogen.

Die Reaktionen des Kautschuks mit Halogen wurden von Gladstone und Hibbert[3]) studiert. Es wurde von ihnen festgestellt, daß Kautschuklösungen in Chloroform bei der Behandlung mit Chlor im zerstreuten Tageslicht Chlor addieren, daß jedoch, wie aus der gleichzeitigen Entwicklung von Chlorwasserstoff geschlossen werden konnte, auch Substitution von Chlor stattfindet. Das Reaktionsprodukt wurde in Form eines weißen Pulvers von der empirischen Formel $C_{10}H_{14}Cl_8$ erhalten, aus der ersehen werden kann, daß 6 Cl-Atome durch Addition, 2 durch Substitution aufgenommen wurden. Aus einer Untersuchung der optischen Eigenschaften des Kautschuks waren sie zu der Über-

---

[1]) Ostromysslenski, J. Russ. Phys. Chem. Ges. **47**, 1441. 1915.
[2]) D. R· P. 301757. 1915. Fr. Pat. 459005. 1913.   [3]) a. a. O.

zeugung gekommen, daß auf jede $C_{10}H_{16}$-Gruppe drei doppelte Bindungen entfielen. Doch gibt der Kautschuk bei Behandlung mit Brom in verdünnter Lösung nur ein Tetrabromid $C_{10}H_{16}Br_4$, und auch bei Anwendung eines Überschusses von Brom gelangt man höchstens bis zum Pentabromid $C_{10}H_{15}Br_5$, wobei aber Ströme von entwickeltem Bromwasserstoff die statthabende Substitution anzeigen. Bei der Einwirkung von Jod zeigt sich keinerlei Reaktion.

Die Reaktionsprodukte mit Chlor sind wenig untersucht worden, denn es ist schwer, die Reaktion unter Vermeidung von Substitution zu führen. Doch soll bemerkt werden, daß beim Arbeiten mit einer eisgekühlten Benzollösung ein nicht so weitgehend chloriertes Produkt wie das von Gladstone und Hibbert erhalten wurde[1]), wenn auch aus dessen Molekularzusammensetzung $C_{10}H_{14}Cl_6$ ersichtlich ist, daß die Substitution nicht ganz vermieden werden konnte. Chlorderivate des Kautschuks sind unter dem Namen ,,Duropren" als säurebeständige Lacke industriell verwendet worden, auch eine Verwendung als Zelluloidersatz ist vorgeschlagen worden[2]).

Die Additionsverbindung $C_{10}H_{16}Br_4$ ist Gegenstand zahlreicher Untersuchungen gewesen, denn die anscheinend konstante Zusammensetzung des Produkts unter gewissen Bedingungen ist als Mittel zur Bestimmung und Identifizierung des Kautschuks angesehen worden. Läßt man eine einprozentige Bromlösung in Chloroform oder Tetrachlorkohlenstoff zu einer sorgfältig gekühlten Lösung von Kautschuk in dem gleichen Lösungsmittel bis zum Aufhören der Bromabsorption zufließen und gießt die erhaltene Lösung dann in Alkohol oder Aceton, so wird das Tetrabromid als weiße, faserige Masse gefällt. Beim Erwärmen bildet sich allmählich Bromwasserstoff. Aus dem Bromid kann durch Behandlung mit alkoholischem Kali ein kautschukähnlicher Stoff erhalten werden, wobei die Hälfte des Broms bei 100°, der Rest bei höherer Temperatur abgespalten wird[3]). Die vom Brom befreite Substanz ist anscheinend isomer, aber nicht identisch mit Kautschuk. Weber suchte durch die Einwirkung von Phenol auf das Tetrabromid kristallisierte Verbindungen des Kautschuks zu erhalten. Diese Behandlung führte unter Abspaltung von Bromwasserstoff zu einem weißen amorphen Pulver, dessen Analysen mit der Formel $C_{10}H_{16}(OC_6H_5)_4$ übereinstimmten[4]).

Wenn auch Gladstone und Hibbert nicht imstande waren, ein Jodderivat zu erhalten, fand Weber[5]), daß Schwefelkohlenstofflösungen von Kautschuk und Jod binnen 12 Stunden ein Gel ergaben, welches bei der Behandlung mit überschüssigem Alkohol eine bräunliche feste

---
[1]) Hinrichsen, Quensell u. Kindscher: B. **46**, 1283. 1913.
[2]) Peachey: E. P. 1894/1915.   [3]) Kirchhof: Koll. Zeit. **15**, 126. 1914.
[4]) J. S. C. I. **19**, 219. 1900.   [5]) a. a. O.

Substanz von der empirischen Zusammensetzung $C_{10}H_{16}J_3$ ergab, die in allen gewöhnlichen Lösungsmitteln unlöslich ist. Diese Versuche konnten jedoch von Schwarz und Kempf[1]) nicht wiederholt werden. Diese beiden Forscher erhielten Substanzen, die nur geringe Mengen Jod enthielten. Sie stellten zwar fest, daß bei der Belichtung Jod aufgenommen wurde, doch wird in diesem Falle die Aufnahme von Jod von einer Oxydation begleitet; denn das weiße Pulver, das sie erhielten, entsprach einer Zusammensetzung von $C_{20}H_{27}O_7J$. Eine ähnliche Verbindung wurde dann noch von Boswell, Mc Laughlin und Parker[2]) bei der Reaktion von Kautschuk, Jod und Wasserstoffperoxyd erhalten. Bei zweiwöchentlichem Stehen in der Kälte liefert sie eine gelbbraune, harzartige Substanz, deren Zusammensetzung der empirischen Formel $C_{25}H_{40}O_8J$ entsprach.

Einwirkung von Halogenwasserstoff.

Durch Einleiten von feuchtem Chlorwasserstoff in eine Chloroformlösung von Kautschuk und nachheriges Ausgießen in Alkohol erhielt Weber[3]) eine weiße, flockige Masse, die beim Trocknen ein springhartes Harz bildete, und deren Zusammensetzung der Formel $C_{10}H_{18}Cl_2$ entsprach. Die analogen Brom- und Jodwasserstoffderivate sind von Hinrichsen, Quensell und Kindscher[4]) beschrieben worden, die sie durch Einleiten von Halogenwasserstoff in eine eisgekühlte einprozentige Lösung von Kautschuk in Benzol erhielten. Es wurde gefunden, daß auf $C_{10}H_{16}$ zwei Moleküle HBr oder ein Molekül HJ aufgenommen werden. Nach Harries kann auch eine Verbindung $C_{10}H_{18}J_2$ erhalten werden, welche aber sehr leicht ein Molekül HJ abspaltet.

Aus dem Hydrochlorid kann der Kautschuk durch Erhitzen mit Pyridin oder Piperidin im Rohr auf 125 bis 145° leicht wieder zurückgebildet werden[5]). Auch hier ist das erhaltene Produkt nicht identisch mit Kautschuk, wenn·es auch sehr daran erinnert. Dieser regenerierte „Kautschuk" kann durch eine gleiche Behandlung erneut in Hydrochlorid überführt werden. Nach neuerlicher Abspaltung von Halogenwasserstoff bleibt der Kautschukcharakter noch immer gewahrt[6]). Sogar nach längerem Kochen in Toluol oder Xylollösung bildet Kautschuk ein Hydrochlorid.

Einwirkung von Stickoxyden.

Der zerstörende Einfluß von gewissen Stickoxyden auf Kautschukschläuche und Kautschukstopfen war schon geraume Zeit bekannt. Systematisch untersucht wurden die dieser Erscheinung zugrunde

---

[1]) B. **46**, 1287. 1913.
[2]) I. R. J. **64**, 986. 1922.
[3]) a. a. O.
[4]) B. **46**, 1283. 1913.
[5]) Harries: B. **46**, 733. 1913.
[6]) Lichtenberg: Ann. **406**, 227. 1914.

Derivate des Kautschuks.

liegenden Vorgänge aber erst von Harries[1]). Bei Versuchen mit Stickstofftrioxyd erkannte er, daß die Reaktion sehr von dem Feuchtigkeitsgehalt der Reagentien beeinflußt wird[2]). So erhielt er beim Einleiten von sorgfältig getrocknetem Stickstofftrioxyd in eine sorgfältig getrocknete Kautschuklösung eine Verbindung, die er „Nitrosit A" nannte, von der empirischen Zusammensetzung $C_{10}H_{16}N_2O_3$. Diese Verbindung ist in den üblichen Lösungsmitteln unlöslich und zersetzt sich bei etwa 80 bis 100⁰. Beim weiteren Einleiten bildete sich das „Nitrosit B" von der Zusammensetzung $C_{20}H_{30}N_6O_{16}$. Dieses ist löslich in Äthylacetat, Aceton und in Alkalien, zersetzt sich bei 130⁰ und reduziert Fehlingsche Lösung. Wenn feuchtes N_2O_3 in eine feuchte Benzollösung eingeleitet wird, bildet sich das „Nitrosit C" $C_{20}H_{30}N_6O_{14}$, welches in Alkalien löslich ist und ebenfalls Fehlingsche Lösung reduziert.

Später schrieb Harries die Bildung des Nitrosits B dem Nitrosylchlorid zu, das sich durch das Trocknen des N_2O_3 über Chlorcalcium bildet. Das Nitrosit C betrachtete er dagegen als definierte Verbindung, da auch das Molekulargewicht 561 dem berechneten Wert ziemlich nahe kommt[3]).

Wenn anstatt des Stickstofftrioxyds das Peroxyd, das durch Erhitzen von $PbNO_3$ erhalten werden kann, angewendet wird, erhält man nach Weber[4]) ein Nitrosat $C_{10}H_{16}N_2O_4$. Harries[5]) und Alexander[6]) sind der Ansicht, daß das durch Stickstoffperoxyd gebildete Produkt eher dem Nitrosit C von Harries entspricht.

Einwirkung von Salpetersäure.

Wenn trockener Kautschuk mit konzentrierter HNO_3 (d = 1,4) behandelt wird, so tritt unter Temperaturerhöhung eine heftige Reaktion ein, so daß das Gemisch manchmal zu brennen beginnt. Eine gelbliche, spröde Masse von der angeblichen Zusammensetzung $C_{10}H_{12}N_2O_6$ wird gebildet[7]), deren Schmelzpunkt bei 142 bis 143⁰ gefunden wurde. Sie ist löslich in Äthylacetat, Benzaldehyd und Nitrobenzol und besitzt die Eigenschaften einer einbasischen Säure. Aus späteren Untersuchungen schloß Ditmar auf Dinitrodihydrocuminsäure $C_3H_7C_6H_4(NO_2)_2COOH$[8]).

Einwirkung von Schwefelsäure.

Vor einiger Zeit gelang es Kirchhof[9]) bei einer Untersuchung der Einwirkung von konzentrierter Schwefelsäure auf Lösungen von Roh-

---

[1]) B. **34**, 2991. 1901.   [2]) B. **35**, 3256. 1902.
[3]) B. **35**, 4429. 1902.   [4]) B. **36**, 3103. 1903.
[5]) B. **38**, 87. 1905.   [6]) B. **38**, 181. 1905.
[7]) Ditmar: B. **35**. 1401. 1902.   [8]) J. S. C. I. **23**, 794. 1904.
[9]) Koll. Zeit. **27**, 311. 1920; **30**, 176. 1922.

Luff-Schmelkes, Chemie des Kautschuks.

kautschuk in Tetrachlorkohlenstoff, Produkte zu erzielen, die den Oxydationsprodukten ähnlich sind. So ergab pale Crêpe, auf diese Weise behandelt, 93,5% der angewendeten Menge eines weißen, spröden Pulvers, welches bei der Extraktion mit Aceton in ein rotbraunes Oxydationsprodukt und einen nichtoxydierten Kohlenwasserstoff der Zusammensetzung $C_{10}H_{15}$ getrennt wurde. Wenn eine Benzollösung von Parakautschuk längere Zeit mit konzentrierter Schwefelsäure behandelt wird, so bilden sich 47,4% einer rotbraunen, acetonlöslichen Substanz, die eine der Formel $C_{20}H_{30}O_3$ entsprechende Zusammensetzung hat. Beim Lösen in alkoholischem Kali, Ausfällen mit verdünnter Schwefelsäure und Umkristallisieren ändert sich die empirische Zusammensetzung nicht. Die Verbindung schmilzt nach dieser Reinigung bei 95 bis 96°. Die Verseifungszahl in alkoholischer Lösung beträgt 174, in ätherischer 181. Die Substanz reduziert Fehlingsche Lösung und gibt ein kristallisiertes, in Alkohol, Aceton und Benzol lösliches Phenylhydrazon, das bei 90° zu sintern beginnt und zwischen 120 bis 121° schmilzt.

Einwirkung von Reduktionsmitteln.

Durch Erhitzen von Kautschuk mit konzentrierter Jodwasserstoffsäure auf 180° erhielt Berthelot[1]) Paraffinkohlenwasserstoffe, die oberhalb 350° siedeten. Verschiedene Versuche sind gemacht worden, um den Kautschuk bei Anwesenheit von Katalysatoren direkt zu hydrieren; doch ist dies erst in allerneuester Zeit gelungen. Staudinger und Fritschi erhielten bei Anwesenheit von Platin durch Erhitzen auf 270° mit Wasserstoff unter 100 at Druck einen Hydrokautschuk von der Zusammensetzung $(C_5H_{10})_n$[2]). Die so erhaltene Substanz ist eine farblose, unelastische Masse, mit den Kolloideigenschaften des Kautschuks, und ist löslich in Benzol, Äther und Chloroform, aber unlöslich in Aceton und Alkohol. Im Dunkeln wird kein Brom absorbiert, was auf die gesättigte Natur des Kohlenwasserstoffes hinweist. Wenn auch die empirische Zusammensetzung einer ungesättigten Verbindung entspricht, ausgenommen für den Fall, daß ein Ring vorläge, so wird doch angenommen, daß das Molekül so groß ist, daß C_nH_{2n} sich C_nH_{2n+2} nähert.

Hydrierung unter weniger extremen Bedingungen zu erzielen gelang Pummerer und Burkard[3]). Pummerer und Burkard arbeiteten mit sehr verdünnten Kautschuklösungen (0,2 bis 0,6%) bei Gegenwart von Pt-Schwamm als Katalysator. Unter diesen Bedingungen geht die Reaktion bei 70 bis 80° vor sich und liefert einen Hydrokautschuk mit ähnlichen Eigenschaften wie der Staudingers und Fritschi.

---

[1]) Bull. Soc. Chim. 11, 33. 1869.
[2]) Helv. Chim. Act. 5, 785. 1922.   [3]) B. 55, 3458. 1922.

Kautschuk wird von ihnen als Ringsystem oder äußerst lange Kette von wenigstens 20 Isoprenen betrachtet.

Einwirkung von Oxydationsmitteln.

Wenn Rohkautschuk der Einwirkung der Luft unter normalen Bedingungen ausgesetzt wird, so zeigt er wenig oder gar keine Neigung, sich zu oxydieren, wenn auch unter den minderwertigen Sorten diese Erscheinung ab und zu vorkommt. Diese Widerstandsfähigkeit gegen Oxydation ist bei mastiziertem Kautschuk nicht so ausgesprochen. So fand Spiller[1]), daß die unvulkanisierte Gummierung eines Gewebes nach 6 Jahren ihre ursprünglichen Eigenschaften verloren hatte und hart und spröde geworden war. Gleichzeitig war ein Teil des Kautschuks alkohollöslich geworden, wobei die empirische Zusammensetzung dieses löslichen Anteils zu ungefähr $C_{30}H_{48}O_{10}$ bestimmt wurde. Offensichtlich war der Kautschuk unter Bildung einer harten, harzartigen Substanz oxydiert worden, die als „Spillers Harz" öfter beschrieben worden ist. Die Einwirkung von Sauerstoff ist ferner von Herbst studiert worden, der einen Luftstrom während 140 Stunden durch eine kochende einprozentige Kautschuklösung in Benzol leitete. Der Verdampfungsrückstand hatte 12% an Gewicht zugenommen und bestand aus einem Sirup. Es ließen sich daraus gewinnen: Eine klare, sirupöse, bräunliche Masse der Zusammensetzung $C_{10}H_{16}O$, die in Petroläther löslich war, eine hellgelbe, bröcklige feste Substanz $C_{10}H_{16}O_3$ und ein hartes sprödes Harz ähnlicher Zusammensetzung. Die Frage wurde ferner von Peachey studiert, der dünne Kautschukhäutchen in einem Kolben einer feuchten Sauerstoffatmosphäre aussetzte und die Absorption des Gases volumetrisch ermittelte. Nachdem die Volumabnahme des Gases zum Stillstand gekommen war, zeigte es sich, daß auf je $C_{10}H_{16}$ vier Atome Sauerstoff absorbiert werden.

Die Oxydation wird durch Extraktion der Harze stark beschleunigt, geht jedoch nicht weiter als bei nicht entharztem Kautschuk[2]). Ferner zeigte es sich[3]), daß CO_2 ebenfalls ein Produkt der Oxydation sei, und in dem restlichen Sauerstoff im Verhältnis von 1 : 4 $C_{10}H_{16}$-Gruppen vorhanden war. So war die verbrauchte Sauerstoffmenge noch größer als anfänglich beobachtet wurde, doch entfiel auf die Absorption die gleiche Menge, da das gebildete CO_2 den gleichen Raum einnimmt, wie der hierfür verbrauchte Sauerstoff. Bei späteren Versuchen wurde die Behandlung auf 6 Monate ausgedehnt und das Material in Intervallen extrahiert, um die Oxydationsprodukte zu entfernen, und der Einwirkung des Sauerstoffs neue Angriffsflächen zu bieten. Durch fraktionierte Kristallisation des oxydierten Materials

---

[1]) Trans. Chem. Soc. **18**, 44. 1865.   [2]) J. S. C. I. **31**, 1103. 1912.
[3]) Peachey u. Leon: J. S. C. I. **37**, 55. 1918.

wurden 4 Verbindungen erhalten: a) ein zähes Harz, das neutral reagierte, in den meisten organischen Lösungsmitteln löslich war und der Zusammensetzung $C_{16}H_{26}O_3$ entsprach, b) ein amorpher, fester Körper von schwach saurer Reaktion, löslich in organischen Lösungsmitteln, von der Zusammensetzung $C_6H_9O_2$, c) eine amorphe braune Substanz, die in den meisten organischen Lösungsmitteln unlöslich, dafür in Alkalien löslich war und die Zusammensetzung $C_{11}H_{16}O_4$ hatte, d) eine rotbraune, amorphe, feste Substanz, die in Wasser, Alkalien und allen organischen Lösungsmitteln mit Ausnahme von Ameisensäure, mit der sie aber reagiert, unlöslich ist und der molekularen Zusammensetzung $C_6H_9O_2$ entspricht.

Wie bei den meisten Derivaten des Kautschuks kann nicht mit Sicherheit gesagt werden, daß eine von den gebildeten Substanzen ein chemisches Individuum ist. Es ist daher nicht möglich, Schlüsse auf die Natur des Kohlenwasserstoffes zu ziehen.

Der Einfluß der Oxydation an der Luft auf entharzten Kautschuk unter Sonnenbestrahlung wurde kürzlich von Boswell, Mc Laughlin und Parker[1] untersucht. Nach drei Monaten war etwa 30% des Kautschuks verharzt, wie durch das Auftreten acetonlöslicher Substanz bestätigt wurde. Diese wurde durch CS_2 in einen löslichen und einen unlöslichen Anteil getrennt. Der lösliche Anteil besaß noch immer Kautschukeigenschaften und entsprach der Formel $C_{10}H_{16}O$. Der unlösliche Anteil war eine harte, spröde Masse von der Zusammensetzung $C_{25}H_{40}O_9$. Der Einfluß des Lichtes in Verbindung mit dem von Sauerstoff ist schon besprochen worden (S. 44), ebenso der von Ozon (S. 52).

Es ist auch die Ansicht ausgesprochen worden, daß die Oxydation des Kautschuks ein Fall von Autooxydation sei, bei der es zur intermediären Bildung eines Zwischenproduktes, vielleicht eines Peroxyds kommt, das dann als Katalysator wirkt[2].

Da die Ozonide des Kautschuks durch Wasser unter Bildung von Lävulinaldehyd zersetzt werden, so kann das Vorkommen dieser Verbindung unter den Produkten der normalen Oxydation vermutet werden. Die Bildung einer Aldehydsubstanz, vermutlich Lävulinaldehyd, in klebrigem Kautschuk, die die Pyrrolreaktion beim Erhitzen mit Ammonacetat gibt, wurde auch von Gorter[3] beobachtet, dessen Angaben von Bruni und Pelizzola[4] bestätigt wurden. Noch stichhaltigere Beweise wurden von Whitby geliefert, der das Pyridazinderivat des Aldehyds darstellte.

Die Einwirkung von Kaliumpermanganat wurde von Harries[5]

---

[1] J. R. J. **64**, 986. 1922.
[2] Ostwald: J. S. C. I. **32**, 179. 1913. — Kirchhof: Koll. Zeit. **13**, 49. 1913.
[3] Le Caout. et la G. P. **12**, 8724. 1915. [4] I. R. J. **63**, 415. 1922.
[5] B. **37**, 2708. 1904.

und van Rossem untersucht, die aber keine Oxydationsprodukte isolieren konnten, wenn auch der Kautschuk in eine ölige Modifikation übergeführt wurde. Kürzlich wurde von Boswell und Hambleton[1]) durch 5tägiges Schütteln einer Tetrachlorkohlenstofflösung von Kautschuk mit Kaliumpermanganat eine pastenähnliche Masse von der Zusammensetzung $C_{25}H_{40}O$ erhalten. Diese in Alkohol und Aceton unlösliche, in Tetrachlorkohlenstoff, Äther und Petroläther lösliche Substanz nahm ein weiteres Atom Sauerstoff beim Stehen an der Luft auf und entsprach dann der Formel $C_{25}H_{40}O_2$.

Wasserstoffsuperoxyd gab ähnliche Resultate[2]). Das primäre Oxydationsprodukt war $C_{30}H_{48}O$. Dieses gab beim Stehen an der Luft eine Verbindung $C_{25}H_{40}O_2$. Dieser Vorgang scheint das Vorhandensein eines C_{30}-Ringes anzudeuten, der unter Verlust eines Isoprens und unter Aufnahme eines Sauerstoffatoms in die höher oxydierte Verbindung übergeht.

Einwirkung von Chromylchlorid.

Wenn Chromylchlorid zu einer Lösung von Kautschuk in CS_2 zugegeben wird, so bildet sich eine Verbindung von der empirischen Zusammensetzung $C_{10}H_{16} 2 (CrO_2Cl_2)$. Diese Verbindung, die eine in organischen Lösungsmitteln unlösliche Substanz ist, absorbiert Feuchtigkeit beim Stehen an der Luft und zersetzt sich dabei zu einer braunen Masse, die bei der Extraktion mit Äther einen löslichen Stoff von Aldehydcharakter ergibt, dessen kristallisiertes Phenylhydrazon bei 92^0 schmilzt[3]).

Einwirkung von Metallen und Metallsalzen.

Der zerstörende Einfluß von Kupfer und seinen Salzen auf Roh- und vulkanisierten Kautschuk ist schon geraume Zeit bekannt. Dewar bemerkte den Effekt an einem Waschwalzwerk mit Kupferdüsen, und später beobachteten Thomson und Lewis[4]) die Veränderung, die eintritt, wenn Häutchen von Kautschuk, die mit Metallfeilspänen bestreut waren, 10 Tage auf 60^0 erhitzt werden. Es zeigte sich, daß Kupfer die intensivste Wirkung hat, und bei weiteren Versuchen zeigte sich auch die zerstörende Wirkung von Kupfersalzlösungen. Auch Vanadiumchlorid, Silbernitrat und Manganoxyde bewirkten vollkommene Zerstörung. Die zerstörende Wirkung von Kupfersalzen, die im Gewebe vorhanden sind, wurde von Weber[5]) betont. Weitere Tatsachen sind von Morgan[6]) erbracht worden, der zeigte, daß Kautschuk, der aus

---

[1]) I. R. J. **64**, 984. 1922.
[2]) Boswell, Parker u. McLaughlin: I. R. J. **64**, 985. 1922.
[3]) Spence u. Galletly: J. Amer. Chem. Soc. **33**, 190. 1911.
[4]) Chem. News. **64**, 169. 1891.   [5]) J. S. C. I. **19**, 546. 1900.
[6]) Preparation of Plantation rubber, S. 164.

Latex koaguliert war, welcher 0,01 g $CuSO_4$ pro Liter Latex enthält, sehr schnell klebrig und hierauf oxydiert wird. Der Effekt von Kupfersalzen auf die Zersetzung von Rohkautschuk ist auch von Eaton[1]), Fox[2]) und Whitby[3]) studiert worden.

Die Beobachtungen von Thomson und Lewis bezüglich der Zersetzung von Kautschuk durch Manganoxyde wurden von Weber[4]) und später von Bruni und Pellizola[5]) bestätigt, welche fanden, daß ein Gehalt von 1% an kolloidalem Mangandioxyd den Kautschuk binnen wenigen Wochen zersetzt. Bruni und Pellizola haben auch in einigen Fällen in klebrig gewordenem Plantagenkautschuk anormale Manganmengen nachgewiesen und sind der Ansicht, daß dieses in gewissem Maße der Grund der Zersetzung von Rohkautschuk ist.

VIII. Die Vulkanisation.

So interessant die im vorhergehenden Kapitel beschriebenen Reaktionen des Kautschuks von einem rein chemischen Standpunkt auch sein mögen, die größte Bedeutung vom technischen Standpunkt aus haben die Veränderungen, die der Kautschuk durch die Vulkanisation erleidet.

Mit sehr wenigen Ausnahmen sind die heute fabrizierten Kautschukwaren auf die eine oder andere Art und Weise vulkanisiert, und es ist kaum zuviel behauptet, wenn man sagt, daß dem Durchschnittsmenschen der Rohkautschuk ein durchaus unbekanntes Material ist. Sogar wissenschaftliche Untersuchungen sind mit ,,schwarzem'' oder ,,rotem'' oder ,,Schlauchgummi'' ausgeführt worden, der als Kautschuk schlechthin bezeichnet worden ist[6]).

Unter den chemischen Agentien, welche die Vulkanisation herbeiführen, werden zwei technisch angewendet — der Schwefel und der Chlorschwefel S_2Cl_2 —, die schon seit mehr als 70 Jahren für diesen Zweck benutzt werden. Bis vor verhältnismäßig kurzer Zeit wurde die Vulkanisation so ausgeführt wie in den frühesten Zeiten der Kautschukindustrie, doch sind während der letzten 10 Jahre große Fortschritte in der Vulkanisation mit Schwefel erzielt worden. Andererseits vulkanisiert man heute noch mit Chlorschwefel auf die gleiche Weise wie zu der Zeit, als das Verfahren aufkam.

Von der Gesamtmenge der Kautschukwarenproduktion sind etwa 95% mit Schwefel vulkanisiert. Die allgemein gebräuchliche Methode

---

[1]) Dept. Agric. F. M. S. Bull. Nr. 17, 1912. 27.
[2]) J. I. E. C. **9**, 1092. 1917.   [3]) Plantation Rubber, 1920, S. 105.
[4]) a. a. O.   [5]) I. R. J. **62**, 101. 1921.
[6]) Erst ganz kürzlich kommt Rohkautschuk für Besohlungszwecke in die breitere Öffentlichkeit.

Die Vulkanisation.

besteht im Erhitzen des mit Schwefel gemischten Kautschuks unter geeigneten Bedingungen. Das gleiche wird durch Arbeiten bei gewöhnlicher Temperatur nach Methoden der neueren Zeit erzielt, doch ist heute noch die „Warmvulkanisation" die im überwiegendsten Maßstabe angewendete Arbeitsweise.

Infolgedessen soll diese Art der Vulkanisation an erster Stelle betrachtet werden und soll sich, außer wo ausdrücklich von Hartgummi, Ebonit oder Vulkanit gesprochen wird, auf die „Weichgummi"-Herstellung beziehen.

Wenn eine Mischung von 90 Gewichtsteilen Kautschuk und 10 Gewichtsteilen Schwefel in einer Form zwischen den Platten einer Presse 3 Stunden auf 140° C erhitzt wird, so hat sie nach dem Erhitzen andere Eigenschaften als vorher. Diese Veränderung ist nicht nur physikalischer, sondern auch chemischer Natur. Solcher „vulkanisierter" Kautschuk ist gegen Temperaturveränderungen nahezu unempfindlich. Auf 0° abgekühlt, wird er nicht hart, auf 100° erhitzt nicht klebrig. Er löst sich nicht mehr in den Kautschuklösungsmitteln, und auch die Quellung in diesen ist sehr verringert. Zugbeanspruchungen erzeugen eine wesentlich geringere Deformation, und nach dem Aufhören des Zuges oder Druckes kehrt der Kautschuk fast völlig in seine alte Form zurück. Mit anderen Worten: Vulkanisierter Kautschuk zeigt keine wesentliche bleibende Dehnung. Noch geraume Zeit nach der Entdeckung der Vulkanisation waren mangels geeigneter Analysenmethode die zugrundeliegenden Erscheinungen unaufgeklärt.

Allgemein wurde angenommen, daß eine geringe Menge des angewendeten Schwefels chemisch gebunden werde und der Rest unverändert bleibe. Diese Annahme gründete sich nicht auf quantitative Analysen, sondern lediglich darauf, daß beim Kochen mit Alkali ein Teil des Schwefels entfernt werden konnte. Andere wieder betrachten die Vulkanisation als eine Absorption des Schwefels, ohne sich über die Natur dieser Absorption klar auszusprechen, noch darüber, wie sie sich den dem Wechsel in den Eigenschaften zugrundeliegenden Prozeß vorstellen.

Die Arbeiten von Henriquez[1]) über die Auffindung geeigneter Analysenmethoden und von Weber[2]) über die Anwendung dieser zum Studium der Veränderungen, lieferten bald weitere Einblicke in die Natur dieser Vorgänge.

Weber bereitete eine Mischung von 100 T. Parakautschuk und 10 T. Schwefel und stellte daraus 3 mm starke Streifen her. Eine Anzahl davon hängte er in einen mit Wasser gefüllten Porzellanbecher und erhitzte das Ganze in einem Autoklaven auf 120°, 125°, 130°, 135° und 140°.

---
[1]) Chem. Zeit. **16**, 1595, 1623, 1644. 1892; **18**, 41, 442, 701. 1894.
[2]) J. S. C. I. **13**, 11, 476. 1894; **14**, 436. 1895.

Die Vulkanisation.

Auf jede dieser Temperaturen wurde eine Anzahl Streifen erhitzt, und in Abständen von einer halben bzw. einer ganzen Stunde immer je ein Streifen entfernt. Diese wurden dann 3 Tage lang mit Aceton extrahiert, und der im Kautschuk verbleibende Schwefel nach Carius bestimmt.

Die vom Kautschuk gebundenen bzw. zum mindesten zurückgehaltenen Schwefelmengen sind aus folgender Tabelle zu ersehen[1]).

Tabelle 6.

Zeit in Minuten	Vulkanisationstemperatur				
	120º C	125º C	130º C	135º C	140º C
30	0,71	0,71	0,99	1,76	—
90	1,18	1,32	1,44	2,17	—
90	1,31	1,67	2,04	2,36	—
120	1,62	1,91	2,32	3,92	5,07
180	1,78	2,11	2,94	4,18	6,05
240	1,93	2,22	5,00	5,50	—
300	2,25	2,35	5,27	6,74	—
360	2,60	3,80	5,82	6,88	—
420	3,71	4,04	6,04	6,97	—
480	3,94	4,31	6,33	7,13	—

Bei einer gegebenen Temperatur wächst die Menge des Schwefels, der festgehalten wird, mit der Dauer des Erhitzens, bei einer gegebenen Erhitzungsdauer mit der Temperatur. Die Veränderung in den Eigenschaften wurde nicht untersucht, doch mag hier gesagt sein, daß bei einer Heiztemperatur von 135º der Streifen, der 180 Minuten erhitzt wurde, vom technischen Standpunkt als vulkanisiert zu bezeichnen gewesen wäre.

Die nächste Untersuchung erstreckte sich darauf, ob es eine Grenze für die Schwefelaufnahme gebe.

Drei Mischungen mit 50, 75 und 100 Teilen Schwefel auf 100 Teile Parakautschuk wurden hergestellt und im Autoklaven längere Zeit erhitzt (Tab. 7). In allen Fällen war das erhaltene Produkt Hartgummi oder Ebonit. Die Stücke wurden fein geraspelt, und das Pulver mehrere Tage extrahiert. Der Schwefel im Kautschuk wurde ebenfalls nach Carius bestimmt.

Tabelle 7.

	I.	II.	III.
Kautschuk	100	100	100
Schwefel	50	75	100
Heizzeit	12 Std.	9 Std.	8 Std.
Temperatur	138º C	140º C	140º C
Schwefel im extrahierten Material	33,08%	33,11%	32,46%

---

[1]) Gummi-Zeit. **16**, 561. 1902.

Daraus schien es wahrscheinlich, daß die maximale Menge gebundenen Schwefels die Grenze von 33% nicht überschritt, auch wenn ein großer Überschuß an Schwefel vorhanden war.

Vulkanisationskoeffizient.

Da viele technische Mischungen andere Bestandteile als Kautschuk enthalten, schlug Weber vor, den gebundenen Schwefel in Prozenten auf den Kautschuk zu berechnen. So beträgt zum Beispiel der Vulkanisationskoeffizient einer 90% Kautschuk und 10% Schwefel enthaltenden Mischung, die nach dem Vulkanisieren 4,5% gebundenen Schwefel enthält, $\frac{4,5 \cdot 100}{90} = 5,0$. In einem anderen Falle, in dem auf 50% Füllmaterial 45% Kautschuk und 5% Schwefel kommen und der gebundene Schwefel 2,25% beträgt, ist der Vulkanisationskoeffizient $\frac{2,25 \cdot 100}{45} = 5$. Der Vulkanisationskoeffizient stellt somit eine bessere Vergleichsgrundlage für verschiedene Mischungen dar.

Theorie der Vulkanisation.

Auf Grund der Ergebnisse seiner Untersuchungen war Weber imstande, eine Theorie der Vulkanisation zu formulieren, die sich als erste auf hinreichendes Versuchsmaterial stützte. Die Tatsache, daß Schwefel aufgenommen wird, der durch Lösungsmittel nicht mehr extrahierbar ist, wurde als Beweis für chemische Bindung angesehen. Da ferner die Reaktion nicht unter Schwefelwasserstoffentwicklung vor sich geht, wurde sie als Addition und nicht als Substitution, wie von Payen[1]) angenommen wurde, betrachtet. Die Grenze der Schwefelaufnahme wurde bei der Bildung einer Verbindung $C_{10}H_{16}S_2$ gefunden, dem Polyprendisulfid, deren Schwefelgehalt von 32,00% in ziemlicher Übereinstimmung mit dem in Tabelle 7 gezeigten Maximum steht.

Diese Verbindung wurde als höchstes Glied einer Kette von Polyprensulfiden betrachtet, als deren niedrigstes Glied $(C_{10}H_{16})_{10}S$ angesehen wurde. Diese Ansicht fand eine Unterstützung in der Beobachtung, daß die Charakteristika der Vulkanisation bei einem Gehalt an gebundenem S von 2 bis 2,5% zum erstenmal wahrnehmbar wurden[2]). Es wurde erkannt, daß kein anderer Beweis für die Existenz einzelner Glieder erbracht werden kann, da der Übergang von unvulkanisiertem Kautschuk in Weichgummi und von da in Hartgummi ein gradueller ist und durch keine Unstetigkeiten gekennzeichnet ist. Zwar zeigte die Kurve, die Webers Analysenzahlen, graphisch dargestellt, bilden, hier und da Knicke, doch wurde später gezeigt, daß dieses auf Versuchs-

---

[1]) Compt. rend. 34, 2. 1852. [2]) Weber: a. a. O., S. 91.

fehler bei der Zeitmessung, durch das Öffnen und Schließen des Autoklaven und bei der Temperaturmessung durch die Notwendigkeit, zeitweise frisches Wasser nachzufüllen, zurückzuführen ist.

Während diese Untersuchungen anzeigten, daß das Fortschreiten der Vulkanisation von einer chemischen Reaktion begleitet ist, schien doch die Bildung einer chemischen Verbindung kein hinreichender Beweis für die ausgesprochene Veränderung in den Eigenschaften des Kautschuks, die durch Aufnahme einer verhältnismäßig so geringen Schwefelmenge hervorgerufen wurde, zu sein. Weber selbst schien die Reaktion als Ursache einer Pektisation des Kautschukkolloids zu betrachten in einer Art, wie das Eialbumin von gewissen Reagentien koaguliert wird.

Es ist interessant zu bemerken, daß die erste Vulkanisationstheorie rein physikalischer Natur war. Brande sagte in einer Vorlesung vor den Mitgliedern der Royal Institution[1]: „Dürfen wir daher nicht annehmen, daß unter dem Einfluß von Schwefel und Hitze der Kautschuk seine neuen und besonderen Eigenschaften annimmt, nicht durch tatsächliche chemische Bindung einer geringen Menge Schwefel, sondern durch Übergang in einen neuen molekularen Zustand; daß er, so wie Phosphor, in eine allotrope Modifikation übergeht?"

Später nahm Höhn eine ähnliche Haltung ein, indem er annahm, daß die Vulkanisation nicht eine Folge einer direkten chemischen Einwirkung sei, sondern daß der Schwefel in geschmolzenem Zustande von den Kautschukzellen absorbiert werde und eine Art Legierung mit dem Kautschuk bilde[2]. Die von Brandl und Höhn ausgesprochenen Gedankengänge können als Vorläufer der von Wolfgang Ostwald im Jahre 1910 ausgesprochenen Adsorptionstheorie angesehen werden[3]. Nach einer zusammenfassenden Übersicht über die Ergebnisse früherer Forschungen sucht Ostwald zu zeigen, daß die verfügbaren Daten eher mit der Adsorption des Schwefels durch den Kautschuk als mit der chemischen Bindung in Einklang zu bringen seien.

Die Hauptpunkte, auf die er seine Ansicht stützte, waren folgende:

1. In vulkanisiertem Kautschuk ist immer freier Schwefel vorhanden, welcher nicht erwartet werden könne, wenn eine chemische Reaktion statthabe.

2. Nach Höhn kann vulkanisierter Kautschuk durch genügend lange Extraktion wieder schwefelfrei erhalten werden.

3. Die Schwefelaufnahme ist stets eine Addition, Substitution findet niemals statt.

4. Es wird eine kontinuierliche Reihe von Additionsverbindungen

---

[1] Hancock: S. 60.   [2] Gummi Zeit. 14, 17, 33. 1899.
[3] Koll. Zeit. 6, 136. 1910.

gebildet, deren erstes und letztes Glied keine definierte stöchiometrische Zusammensetzung hat.

5. Die aufgenommene Schwefelmenge wächst mit vorhergehender mechanischer Behandlung[1]). Dieses konnte durch die Annahme eines 2-Phasensystems erklärt werden, bei dem der Dispersionsgrad der dispersen Phase und daher auch die Adsorptionsfähigkeit vergrößert wurde.

6. Die Schwefelaufnahme wächst mit zunehmender Temperatur, und der Temperaturkoeffizient ist annähernd mit einer Adsorption in Übereinstimmung.

7. Die Bindung des Schwefels bei einer gegebenen Temperatur geht nicht kontinuierlich vonstatten, wie die Knicke in Webers Kurven zeigen. Dieser Erscheinung begegnet man oft bei der Adsorption von Wasser durch gewisse Gele wie z. B. durch Kieselsäuregel.

8. Die Adsorption geht in Übereinstimmung mit der Exponentialgleichung vor sich: $\frac{x}{a} = kc^m$ in welcher x die Menge des adsorbierten, a die Menge des Adsorbens, c die Anfangskonzentration und k und m Konstanten sind.

Diese Gesichtspunkte, die von Ostwald aufgestellt wurden, führten zu einem intensiveren Studium des Vulkanisationsprozesses, und bald wurden wichtige Ergebnisse gezeitigt, die sich mit jedem einzelnen Punkte von Ostwalds Theorie auseinandersetzten.

Ad 1. Es ist richtig, daß im vulkanisierten Kautschuk stets freier Schwefel vorhanden ist, doch zeigten Spence und Young[2]), daß nach dem Erhitzen einer Mischung von 100 Teilen extrahierten Kautschuks mit 10 Teilen Schwefel 30 Stunden auf 130° oder 10 Stunden auf 145° kein Schwefel mehr extrahierbar war[3]).

Ad 2. Die Behauptung von Höhn, daß bei genügend langer Extraktion sämtlicher Schwefel extrahiert werden könne, war durchaus nicht in Übereinstimmung mit den Ergebnissen anderer Forscher. Zwar haben Harries und Fonrobert[4]) aus einem Vulkanisat aus Parakautschuk mit 10% Schwefel, das 30 Minuten bei 145° C vulkanisiert war, durch 60 tägige Extraktion allen Schwefel extrahieren können und glauben, den Rest von 0,29 vernachlässigen zu können. Das Material besaß dann nicht mehr die gleiche Elastizität wie vorher und gab auch bei neuerlicher Vulkanisation keine befriedigende Produkte mehr. Es ist aber Stevens[5]) nicht gelungen, die Ergebnisse von Harries und Fonrobert zu reproduzieren. Proben von Parakautschuk und Schwefel in ähnlichen Verhältnissen wie sie Harries und Fonrobert anwen-

---
[1]) Vgl. Axelrod: Gummi Zeit. 24, 352. 1909.
[2]) Koll. Zeit. 11, 28. 1912. [3]) Vgl. auch Spence: Koll. Zeit. 10, 299. 1912.
[4]) B. 49, 1196, 1390. 1916. [5]) J. S. C. I. 38, 192 T. 1919.

deten, wurden 19 und 30 Minuten bei 145° C vulkanisiert. Die Vulkanisate wurden dann mit Aceton extrahiert, und am Ende der ersten, zweiten, vierten und sechsten Woche wurden Anteile des Extraktionsgutes analysiert. Die Ergebnisse sind in folgender Tabelle zusammengestellt:

Tabelle 8.

Extraktionsdauer	Schwefelgehalt in Prozenten nach einer Vulkanisation von:	
	30 Minuten	19 Minuten
1 Woche	1,54	0,94
2 Wochen	1,54	0,96
4 ,,	1,47	0,95
9 ,,	1,55	0,96

Andere Proben wurden in ähnlicher Weise behandelt, doch war in allen Fällen, selbst nach 9 wöchiger Extraktion, Schwefel im Vulkanisat vorhanden.

Auch wurden Versuche gemacht, den gebundenen Schwefel auf chemischem Wege zu entfernen. So haben Hinrichsen und Kindscher[1]) in Benzol gequollenen Kautschuk bei Anwesenheit fein verteilter Metalle, von Zink oder Kupfer, mit alkoholischer Kalilauge im Autoklaven erhitzt. Dabei wurde der gebundene Schwefel in einer auf 10 Atmosphären erhitzten Probe von 4,35% auf 1,47% vermindert. Alexander[2]) wies darauf hin, daß ihre Resultate aus Mischungen stammten, deren Zusammensetzung sie nicht kannten. Er wiederholte daher die Untersuchungen mit Mischungen, die er selbst dargestellt hatte. Proben mit verschiedenen Vulkanisationskoeffizienten wurden in einem eisernen Autoklaven mit Kupfer, Zink, Calcium und Magnesium erhitzt. In keinem Falle wurde eine Reduktion des Vulkanisationskoeffizienten beobachtet. Allerdings weist Alexander darauf hin, daß bei der verhältnismäßig hohen Versuchstemperatur auch die Gefahr besteht, daß sich der Kautschukgehalt durch Zersetzung und Übergang in acetonlösliches Material vermindere. Schließlich kommt er zum Schluß, daß die Entfernung des gebundenen Schwefels durch Metalle oder Alkalien bewirkt werden kann. Zu einem ähnlichen Ergebnis kam später Porrit[3])

Ad 3 und 4. Die additive Natur der Reaktion wurde, seit Weber die Abwesenheit von Schwefelwasserstoff feststellte, nie mehr eingehend untersucht. Auch ist eine chemische Erklärung absolut nicht fernliegend, da der Schwefel durchaus eine Additionsverbindung durch Anlagerung an eine der Doppelbindungen des Kautschukmoleküls zu bilden in der Lage ist. Die Feststellung, daß keine der Verbindungen Schwefel in stöchiometrischen Verhältnissen enthielte, ist nicht mit der

---
[1]) Koll. Zeit. **10**, 146. 1912; **11**, 38. 1912.
[2]) Chem. Zeit. **36**, 1289, 1340, 1358. 1912.
[3]) The Chemistry of Rubber 1914. Gurney u. Jackson, S. 63.

Webers im Einklang, der zeigte, daß das höchste Glied mit der Formel $C_{10}H_{16}S_2$ annähernd übereinstimmte. Allerdings bewies er nicht endgültig, daß die Bindung des Schwefels hier ihre Grenze hatte. Doch wurde dieses durch eine Untersuchung von Spence und Young[1]) bewiesen, die Mischungen von extrahiertem Parakautschuk (63 Teile) und Schwefel (37 Teile) bei 135° in Zeiträumen von einer bis zu 30 Stunden vulkanisierten. Am Ende von

	$18\frac{1}{2}$,	20,	25	und	30	Stunden
wurden	$31{,}75\%$,	$31{,}97\%$,	$31{,}91\%$,	$31{,}97\%$		gebundener

Schwefel nach der Extraktion mit Aceton von ihnen gefunden.

Die 20 Stunden erhitzte Probe enthielt immer noch $3{,}8\%$ freien Schwefel, so daß das Ende der Reaktion nicht auf Mangel an freiem Schwefel zurückzuführen war. Die Bildung einer definierten Verbindung wurde auch von Hinrichsen und Kindscher[2]) betont. Sie erhitzten Kautschuk in Cumol mit Schwefelmengen, die bis zur 4fachen Menge des Kautschuks gesteigert wurden. In allen Fällen erhielten sie eine braune, pulverige Substanz von niemals mehr als 32% Schwefelgehalt.

Ad 5. Bezüglich der Feststellung von Axelrod, daß mechanische Bearbeitung die Schwefelaufnahme beeinflusse, hatte schon Weber festgestellt, daß Kautschuk, dem eine bestimmte Schwefelmenge zugemischt ist, bei gleichen Vulkanisationsbedingungen dasselbe chemische Ergebnis liefert, was immer für eine mechanische Bearbeitung er vorher auch mitgemacht hat, d. h. gleichviel, ob der Kautschuk normal- oder totmastiziert war[3]). Die physikalischen Resultate können dabei weitgehend differieren.

Daß dieses tatsächlich der Fall war, wurde auch von Spence und Ward[4]) bewiesen. Allerdings muß man, wenn man Produkte von gleicher Festigkeit erhalten will, den übermastizierten Kautschuk länger vulkanisieren als den normal mastizierten, und so entsteht in diesem Falle ein größerer Vulkanisationskoeffizient.

Ad 6, 7 und 8. Die Schwefelaufnahme bei einer bestimmten Temperatur ging nach Webers Ergebnissen nicht stetig vor sich, und die Knicke in Webers Kurve waren allerdings eine Stütze der Adsorptionstheorie. Spence und Young[5]) wiederholten daher einige von Webers Versuchen und bemühten sich, alle Fehlerquellen zu vermeiden. So konnte die Unstetigkeit von einer Reaktion des Schwefels mit der Nichtkautschuksubstanz der Probe herrühren, und deswegen arbeiteten sie mit extrahiertem Kautschuk. Dann schalteten sie die Ungenauigkeit, die durch das Öffnen und Schließen des Autoklaven entstand, durch Verwendung eines mit Xyloldämpfen geheizten Glycerinbades aus[6]).

---

[1]) Koll. Zeit. 11, 28. 1912.   [2]) Koll. Zeit. 11, 191. 1912.
[3]) The Chemistry of India Rubber, S. 94.   [4]) Koll. Zeit. 11, 274. 1912.
[5]) Koll. Zeit. 11, 28. 1912.   [6]) Spence u. Young: Chem. Zeit. 36, 1162. 1912.

Der Kautschuk wurde in dünnen Streifen an Klammern in das Glycerinbad gehängt. So konnten jederzeit Streifen, ohne das Erwärmen zu unterbrechen, entfernt, und die Heizdauer und Temperatur genau kontrolliert werden. So wurden Proben einer Mischung von 100 Teilen hellen Ceylon-Kautschuks mit 10 Teilen Schwefel auf 135° erhitzt und in Intervallen entfernt. Die erhaltenen Resultate lieferten eine stetige Kurve. Das gleiche Resultat zeigte sich bei einer Reihe, die bei 155° vulkanisiert war. Die Ergebnisse sind in der nachfolgenden Tabelle zusammengestellt:

Tabelle 9.

Temperatur 135°			Temperatur 155°		
Heizzeit in Stunden	gebundener Schwefel	$K = \dfrac{x}{t}$	Heizzeit in Stunden	gebundener Schwefel	$K = \dfrac{x}{t}$
0,5	0,22	0,440	0,5	1,62	3,24
1,0	0,44	0,450	1,0	3,35	3,35
2,0	0,91	0,455	1,5	5,46	3,64
3,0	1,40	0,466	2,0	6,97	3,48
4,0	1,90	0,475	2,5	7,62	3,05
5,0	2,38	0,476	3,0	7,97	—
6,0	2,89	0,481	3,5	8,16	—
7,0	3,19	0,478	5,0	8,27	—
8,0	3,82	0,477	9,0	8,29	—
9,0	4,48	0,477	10,0	8,29	—
10,0	4,86	0,480			
15,0	7,20	0,480			
20,0	8,46	—			
30,0	8,46	—			

K, der Koeffizient der Geschwindigkeit, wurde nach der Gleichung $K = \dfrac{x}{t}$ berechnet, in der x der Prozentsatz von Schwefel ist, der in einer gegebenen Zeit (in diesem Falle 30 Minuten) gebunden wird. Der Durchschnittswert für 135° wurde so zu 0,477 und für 155° zu 3,352 gefunden. Der Temperaturkoeffizient der Reaktionsgeschwindigkeit nach der Gleichung von Van 't Hoff errechnet sich zu 2,65° für 10° Temperatursteigerung ein Wert, der mit dem einer chemischen Reaktion in Übereinstimmung ist. Bei einer Ausdehnung der gleichen Versuche auf niedrigere Temperaturen kamen die beiden Autoren zu folgenden Resultaten:

Tabelle 10.

Zeit in Tagen	50°	55°	60°	65°	70°	75°
5	0,04	0,08	0,098	0,197	0,384	0,495
15	—	—	—	0,564	1,13	1,71
25	0,15	0,36	0,57	—	—	—
35	—	—	—	1,46	2,60	3,80
50	0,25	0,65	1,03	—	—	—
65	—	—	—	2,55	4,91	7,42
80	0,45	1,10	1,86	3,37	6,05	8,81
90	—	—	—	—	—	9,36

Der bei diesen Versuchen verwendete Kautschuk war mit Aceton extrahiert, nachträglich wurde ihm 1% an Acetonextrakt wieder zugemischt. Es kann aus diesen Versuchen ersehen werden, daß bei Temperaturen über 50^0 Vulkanisation, soweit sie durch die Bindung von Schwefel charakterisiert wird, stattfindet, und daß die Menge des gebundenen Schwefels mit der Zeit zunimmt[1]). Der Temperaturkoeffizient der ganzen Versuchsreihe ergab einen Mittelwert von 2,84, der wie der vorhin erwähnte durchaus in den Grenzen eines Temperaturkoeffizienten einer chemischen Reaktion liegt. Versuche, die Skellon anstellte, stimmen auch mit der chemischen Natur der Reaktion überein[2]). Skellon vulkanisierte Mischungen mit steigenden Schwefelmengen und stellte seine Ergebnisse graphisch dar, indem er auf dem Achsenkreuz die Menge gebundenen Schwefels, bezogen auf 100 Teile Kautschuk, und die Ausgangsschwefelmenge auftrug. So erhielt er für verschiedene Heizzeiten Kurven. Diese Kurven zeigten einen steigenden Verlauf, bis ein gewisser Punkt erreicht war, an dem sich die Kurve verflachte. Dieser Punkt zeigte die Sättigung des Kautschuks mit Schwefel an. Bis zu diesem Maximum nahmen die Kurven einen der Gleichung $\frac{y}{m} = ac$ entsprechenden Verlauf, wobei y der gebundene Schwefel, m die reagierenden Mengen, a eine Konstante und c die Konzentration des Schwefels im Kautschuk bedeuten. Auch diese Kurve entspricht einer chemischen Reaktion und nicht einem Adsorptionsphänomen.

Weitere Beweise für das Stattfinden einer chemischen Reaktion, einer chemischen Bindung des Schwefels, wurden durch die Versuche von Spence und Scott[3]) geliefert, die fanden, daß das Bromadditionsprodukt von vulkanisiertem Kautschuk weniger als 4 Atome Brom pro $C_{10}H_{16}$ aufnahm, daß also die fehlende Menge durch Schwefel abgesättigt war. Ähnlich werden bei zunehmender Vulkanisation abnehmende Mengen an nitrosen Gasen für die Bildung von Nitrosit verbraucht. Harries[4]) stellte fest, daß der Schwefel nicht in das aus vulkanisiertem Kautschuk dargestellte Hydrochlorid übergeht. Allerdings war die Kautschukprobe, die er dazu verwendete, so vulkanisiert, daß der ganze Schwefel sich durch Extraktion wieder entfernen ließ. Harries sagt, daß beim Lagern an einem warmen Ort der Schwefel unextrahierbar wird und dann auch in das Hydrochlorid übergeht. Daher kann geschlossen werden, daß im gebräuchlichen Sinne vulkanisierter Kautschuk ein Hydrochlorid gibt, welches den Schwefel in che-

---

[1]) Spence hatte vorher gezeigt, daß bei Temperaturen bis 40^0 keine Vulkanisation stattfindet. Koll. Zeit. 10, 299. 1912.
[2]) The Rubber Industry S. 172, 1914.   [3]) Koll. Zeit. 8, 304. 1911,
[4]) B. 49, 1190. 1916.

mischer Bindung enthält. Es ist ebenfalls interessant zu bemerken, daß sich der von Staudinger und Fritschi dargestellte Hydrokautschuk nicht vulkanisieren läßt, was verständlich ist, wenn man bedenkt, daß die Doppelbindungen durch Wasserstoff abgesättigt sind. Allerdings wurde der Hydrokautschuk bei einer Temperatur von 270° dargestellt, und es ist zweifelhaft, ob bei dieser Temperatur das Kautschukmolekül intakt bleibt. Von größerem Interesse wäre es festzustellen, ob der von Pummerer und Burkard bei niederer Temperatur dargestellte Hydrokautschuk sich vulkanisieren läßt, doch ist das noch nicht untersucht worden.

Trotzdem das verfügbare Beweismaterial überwiegend für das Stattfinden einer chemischen Reaktion spricht, kann man nicht sagen, daß die Möglichkeit einer physikalisch-chemischen Adsorption völlig ausgeschlossen ist. Spence[1] kam bei einer Untersuchung über die Extraktionsgeschwindigkeit zu dem Schlusse, daß ein Teil des freien Schwefels adsorbiert wird, und daß die Adsorption vielleicht der chemischen Reaktion vorangeht. Die Schwierigkeit, die letzten Anteile des Schwefels zu entfernen, kann jedoch sehr leicht daher rühren, daß das Aceton nur langsam in das Innere der Kautschukpartikel eindringt, so daß die Extraktionsgeschwindigkeit von der Oberfläche nach dem Inneren zu abnimmt. Wenn es als Tatsache hingenommen wird, daß durch Erhitzen mit genügenden Schwefelmengen eine definierte Verbindung gebildet wird, so ist kein Grund vorhanden anzunehmen, daß diese Reaktion nicht stattfindet, wenn Schwefelmengen wie in der Weichgummiwarenfabrikation, das heißt bis zu 10 %, angewendet werden. Die Bindung des Schwefels bis zu 32 % geht gleichförmig vor sich, und es ist kein Anzeichen dafür vorhanden, daß bei irgendeinem Punkt die Reaktionsweise sich ändert. In welcher Weise der Vulkanisationseffekt durch die Bindung von kleinen Schwefelmengen an den Kautschuk erfolgt, bleibt aufzuklären. Beim heutigen Stande der Kenntnis kann eine hinreichende Erklärung nicht gegeben werden. Die Annahme, daß eine Reihe von Schwefelverbindungen gebildet werden, erklärt nicht, warum die Eigenschaften des Kautschuks generell sogar durch kleinere Schwefelmengen geändert werden, als sie bei der Fabrikation von Gummiwaren verwendet werden.

Es ist bekannt, daß sich vulkanisierter Kautschuk nicht so „löst" wie Rohkautschuk. Daß ganz kleine Schwefelmengen genügen, um den Kautschuk unlöslich zu machen, wurde von Stevens gezeigt[2], der Proben von 90 Teilen Kautschuk und 10 Teilen Schwefel 30, 40, 50 und 60 Minuten auf 125° erhitzte. Nach erschöpfender Extraktion mit Aceton wurde der gebundene Schwefel bestimmt und 0,27 bzw. 0,39,

---

[1] Koll. Zeit. 9, 300. 1900.   [2] J. S. C. I. 38, 195 T. 1919.

0,45 und 0,54 % gefunden. Die Widerstandsfähigkeit gegen Lösungen steigerte sich mit der Heizzeit. Die 30 Minuten erhitzte Probe löste sich noch leicht auf, während die 60-Minuten-Probe zwar quoll, doch sich beim Schütteln nicht mehr verteilte, allerdings löste sie sich nach längerem Stehen. Diese Kautschukproben waren aber nicht im technischen Sinne vulkanisiert, und deswegen wurde eine weitere Versuchsreihe ausgeführt, die zu Kautschukschwefelmischungen mit einem Gehalt an gebundenem Schwefel von 3,8 und 8,64% führte. Diese Proben wurden 1 Woche lang mit Benzol extrahiert und die Menge des im Benzol Gelösten bestimmt. Der Schwefel wurde in dem Extrahierten bestimmt, folgende Resultate wurden erhalten:

Menge des in Benzol Gelösten	Schwefelgehalt	
	vor der Extraktion	nach der Extraktion
30,8%	3,8%	3,85%
13,7%	8,64%	8,35%

Daher steigt die Resistenz des vulkanisierten Kautschuks gegen Lösungsmittel mit dem Gehalt an gebundenem Schwefel. Ferner sind die gelösten Anteile von annähernd gleichem Schwefelgehalt wie die ungelöst zurückbleibenden.

Die Wirkung fortschreitender Vulkanisation ist daher zunehmende Unangreifbarkeit durch Lösungsmittel; doch kann eine scharfe Grenze zwischen Löslichkeit und Unlöslichkeit nicht gezogen werden. Nichtsdestoweniger ist es nicht möglich, mit Hilfe von Lösungsmitteln vulkanisierten Kautschuk in Fraktionen von verschiedenem Schwefelgehalt zu zerlegen. Löslichkeitsversuche geben daher keinen Aufschluß darüber, ob im vulkanisierten Kautschuk, der Schwefel in anderen als stöchiometrischen Verhältnissen enthält, eine definierte Verbindung vorliegt, die entweder mit unverändertem Kautschuk oder mit Kautschuk von geringerem Vulkanisationsgrad assoziiert ist. Andererseits ist die Möglichkeit, daß ein solches System tatsächlich vorhanden ist, durchaus nicht ausgeschlossen. Tatsächlich sieht Ostromysslenski[1] die Vulkanisation als einen Prozeß an, bei dem nur ein kleiner Teil des Kautschuks mit dem Schwefel eine Verbindung bildet, in der der unveränderte Kautschuk gequollen oder adsorbiert ist.

Auch das umgekehrte Verhältnis könnte den Tatsachen entsprechen, bei dem die gebildete Verbindung durch den unveränderten Kautschuk adsorbiert sein könnte. Gegen eine solche Theorie konnte eingewendet werden, daß ausvulkanisierter Kautschuk, der in unvulkanisiertem Kautschuk dispergiert wird, diesem keinerlei Eigenschaften vulkanisierten Kautschuks, auch nicht nach dem Erhitzen, verleiht.

[1] J. Russ. Phys. Chem. Ges. 47, 1453. 1915.

Die Vulkanisation.

Die Vermutung, daß eine Art Polymerisation die Grundlage dieser Erscheinungen sei, wurde von Axelrod[1]) ausgesprochen. Die Vulkanisation sei ein Prozeß, bei dem eine Depolymerisation durch die Einwirkung der Hitze einer Polymerisation durch die Einwirkung des Schwefels, bei gleichzeitiger Bildung eines Schwefeladditionsproduktes zuzuschreiben sei. Es ist nicht klar daraus zu ersehen, ob eine rein chemische Polymerisation gemeint ist, oder eine, der „Depolymerisation" durch mechanische Bearbeitung entgegengesetzt gerichtete Erscheinung, wie sie durch Viskositätsbestimmungen verfolgt werden kann.

Eine Erklärung, die sich auf chemische Polymerisation oder physikalische Aggregation oder beide Erscheinungen stützt, ist nicht unmöglich, um so mehr, als ja Kautschuk selbst als Polymerisationsprodukt des Isoprens betrachtet werden kann. Hier geht eine bewegliche Flüssigkeit, die in allen organischen Lösungsmitteln löslich ist, von selbst in eine elastische Masse über, die in vielen Lösungsmitteln unlöslich ist, sich aber in dem einfachen Kohlenwasserstoff löst. Es wäre durchaus verständlich, wenn man annähme, daß Kautschuk selbst weiter polymerisiert werden kann zu einem Kohlenwasserstoff, der noch elastischer und noch unlöslicher in Lösungsmitteln ist. Dabei ist es zweifelhaft, ob solche Polymerisation durch Reagenzien hervorgerufen wird, von denen man mit Sicherheit sagen kann, daß sie keine chemische Verbindung eingehen. Einzelne synthetische Kautschukarten quellen und lösen sich allerdings nicht so bereitwillig wie natürlicher Kautschuk, und es könnte sein, daß in diesem Falle die Polymerisation weiter getrieben worden ist, als zur Gewinnung von normalem Kautschuk notwendig gewesen wäre. Schwefel wirkt allerdings nicht als Polymerisationsmittel bei dem Übergang von Isopren in Kautschuk, doch kann das nicht als unbedingter Gegenbeweis angesehen werden gegen die Annahme, daß er eine ähnliche Veränderung beim Kautschuk selbst hervorrufe.

Es liegen zahlreiche Beweise dafür vor, daß, wie schon Axelrod angenommen hatte, bei der Heißvulkanisation zwei gegenläufige Veränderungen stattfinden. Die eine wird durch die Hitze hervorgerufen und verschlechtert den Kautschuk, während die andere durch Schwefel verursacht wird, der die Eigenschaften des Kautschuks verbessert.

Kirchhof nimmt an, daß die Vulkanisation im wesentlichen ein Übergang des Kautschuks aus einer instabilen in eine stabile Form sei, bei der die Bindung des Schwefels als Hilfsprozeß betrachtet wird[2]).

Harries schlug eine einigermaßen ähnliche Hypothese vor, indem er den Kautschuk im Rohkautschuk als „metastabile" Modifikation auffaßt, die in Gegenwart von Schwefel in die stabile, „das Vulkanisat", übergeht. Die Vulkanisation gehe in zwei Abschnitten vor sich. Der

---
[1]) Gummi Zeit. **24**. 352. 1909.
[2]) Koll. Zeit. **13**, 49. 1913; **14**, 35. 1914; **26**, 168. 1920.

erste Abschnitt, „die Primärvulkanisation"[1]), bestehe in dem Übergang in die stabile Form und sei von der Schwefeladsorption begleitet. Dieser Schwefel könne quantitativ extrahiert werden; wenn aber vor der Extraktion die Probe einige Zeit in der Wärme gelagert hat, so werde ein Teil des adsorbierten Schwefels gebunden und sei dann durch Aceton nicht mehr extrahierbar. Der zweite Teil des Prozesses sei die Nachvulkanisation. Die Primärvulkanisation ergebe ein Produkt, das sich von Rohkautschuk nur dadurch unterscheide, daß es weniger leicht von Ozon angegriffen werde und nicht in befriedigender Weise von neuem vulkanisiert werden könne. Es geht nicht daraus hervor, ob dieses Produkt der Primärvulkanisation in dem gebräuchlichen Sinne des Wortes vulkanisiert war, denn es sind keine mechanischen Prüfresultate erwähnt.

Die Lage der Dinge ist heute die, daß mit Schwefel gut vulkanisierter Kautschuk bis heute noch nie auf einem Wege erhalten wurde, der nicht die Bindung des Schwefels auf irgendeine Weise in sich schlösse, die schwerlich anders als chemische Bindung aufgefaßt werden kann.

Die Aktivität der verschiedenen Schwefelformen.

Die Existenz der vielen Modifikationen des Schwefels führte zu der Annahme, daß eine von ihnen die aktivste sei, und daß es daher für die Vulkanisation zweckmäßig sei, jene Bedingungen einzuhalten, unter denen diese Modifikation entsteht.

So stellt Erdmann[2]) fest, daß geschmolzener Schwefel beim Abkühlen auf 160° C eine sehr reaktionsfähige, instabile, dem Ozon analoge Schwefelform Trithioozon $S=S=S$ enthalte. Die Vulkanisation bestehe daher nur in der Bildung des Kautschukthioozonids. Da dieses Thioozonid nur bei hoher Temperatur beständig ist, liefert es keine Erklärung für die Vulkanisation bei Temperaturen unterhalb seines Existenzgebietes. Auch ist dieses hypothetische Thioozon nicht isoliert worden.

Eine Form des Schwefels, von der man annimmt, daß sie Trithioozon sei, wurde kürzlich von Bedford und Sebrell[3]) dargestellt. Schwefeldioxyd und Schwefelwasserstoff wurden unter Kühlung in Benzol eingeleitet. Die Temperatur wurde auf 10° oder niedriger gehalten. Unter diesen Bedingungen erhält man eine leuchtend gelbe Fällung, die allmählich in plastischen Schwefel übergeht, der jenem ähnelt, den man erhält, wenn man geschmolzenen Schwefel in Wasser gießt. Beim Stehen kristallisiert das Produkt. Wenn das frisch dargestellte Präparat mit kaltem Lösungsmittel gewaschen und dann zu einer Gummilösung hinzugegeben wird, so findet die Vulkanisation bei gewöhnlicher Tempe-

---

[1]) B. 49, 1196. 1916. — Harries u. Fourobert: B. 49, 1196, 1390. 1916.
[2]) Ann. 362, 133. 1908.   [3]) J. I. E. C. 14, 29. 1922.

ratur statt. Da diese Modifikation nur bei niedriger Temperatur stabil ist, ist die Möglichkeit seiner Bildung bei der Heißvulkanisation ausgeschlossen.

Die relative Aktivität der verschiedenen tatsächlichen Modifikationen ist von Twiss[1]) studiert worden. Twiss zeigte, daß, obwohl Verschiedenheiten in der Aktivität von S_λ, S_μ, S_π vorhanden sind, diese nur klein sind.

Daß Vulkanisation mit Hilfe von Schwefel bei gewöhnlicher Temperatur bewerkstelligt werden kann, wurde von Peachey gezeigt[2]). Peachey setzte Kautschuk abwechselnd der Einwirkung von Schwefelwasserstoff und Schwefliger Säure aus.

Der Schwefel, der durch die wechselseitige Einwirkung der beiden Gase gebildet wird, vulkanisiert unmittelbar. Das Produkt hat die normalen Eigenschaften heiß vulkanisierten Kautschuks, die Festigkeiten sind wesentlich vergrößert, und ein Teil des Schwefels wird vom Kautschuk gebunden. Die gesteigerte Wirksamkeit des Schwefels wird im allgemeinen dem Status nascendi zugeschrieben, in dem er sich befindet, wenn das auch von Bedford und Sebrell[3]) bestritten wird. Diese schreiben sie der Bildung von Trithioozon zu.

Es wurde die Vermutung ausgesprochen, daß bei der gewöhnlichen Heißvulkanisation das Erhitzen eine Reaktion zwischen dem Schwefel und den Nichtkautschukbestandteilen (Harz, Eiweiß usw.) bewirke, in der Weise, daß schließlich der Schwefel in eine aktive Form übergeführt wird.

So hat Dubosc[4]) angenommen, daß während der Vulkanisation die Kautschukharze mit dem Schwefel H_2S bilden. Andere sauerstoffhaltige Substanzen reagieren unter Bildung von Schwefeldioxyd, welches mit dem Schwefelwasserstoff „kolloidalen Schwefel" bildet. Obwohl die Bildung von Schwefelwasserstoff aus den Kautschukharzen und Schwefel bekannt ist, ist die Reaktion, die unter Bildung von Schwefeldioxyd verläuft, unbekannt und nicht bewiesen. In bezug auf den Hinweis, daß kolloidaler Schwefel die Vulkanisation herbeiführt, muß gesagt werden, daß Schwefel, auch in kolloidaler Form, Latex unter normalen Bedingungen nicht vulkanisiert, sondern daß auch hier dieselben Methoden verwendet werden müssen, wie bei der Heißvulkanisation von gewöhnlichem Kautschuk, nämlich Erhitzen unter besonderen Bedingungen[5]).

Vulkanisation in Lösung.

Der Kautschuk ist nicht nur in der plastischen Form vulkanisierbar, sondern auch in Lösung. Hinrichsen und Kindscher (siehe S. 77)

---

[1]) Ann. Rep. Appl. Chem. 4, 327. 1919. — Vgl. Twiss u. Thomas: J. S. C. I. 40, 48 T. 1921.
[2]) E. P. 129 826 Peachey u. Skipsey: J. S. C. I. 40, 5 T. 1921.
[3]) J. I. E. C. 14, 29. 1922. [4]) I. R. J. 49, 667. 1915.
[5]) Schidrowitz: E. P. 193 451.

erhielten durch Erhitzen von Kautschuk und Schwefel auf 170° in Cumollösung Verbindungen von Schwefel mit Kautschuk. Auch fanden Heilbronner und Bernstein[1]), daß beim Belichten einer Kautschukschwefellösung mit ultravioletten Strahlen bei gewöhnlicher Temperatur Vulkanisation eintritt. Auf diese Weise wurde beim Verdampfen ein Häutchen erhalten, das ganz die Eigenschaften von vulkanisiertem Kautschuk besaß. Es wurde vorgeschlagen, solche Lösungen von vulkanisiertem Gummi „technisch zu verwenden", wobei die damit behandelten Oberflächen mit einer Haut vulkanisierten Kautschuks statt unvulkanisierten überzogen wären.

Beim Eintauchen von vulkanisiertem Kautschuk in geeignete Lösungsmittel können Gele erhalten werden. Solche Gele sind aber sehr steif und können als Lösungen nicht verwendet werden. Bei längerem Erhitzen in einem Überschuß des Lösungsmittels verteilt sich der vulkanisierte Kautschuk schließlich, doch erleidet er dabei eine Art Zerstörung, und das durch Eindunsten zurückbleibende Häutchen besitzt ungenügende mechanische Festigkeit.

Beim Erhitzen von Kautschuklösungen mit Schwefel auf Temperaturen ähnlich den bei der Heißvulkanisation verwendeten erhielt Stevens[2]) bewegliche Sole, welche beim Eindunsten Häutchen von vulkanisiertem Kautschuk lieferten. Diese Häutchen besitzen genügende Festigkeit und können genau wie normal vulkanisierter Kautschuk nicht wieder in den gebräuchlichen Lösungsmitteln gelöst werden, wenn der Vulkanisationskoeffizient genügend hoch ist. Die Menge des gebundenen Schwefels ist bei der Vulkanisation in Lösung geringer, als wenn der Kautschuk in Mischung mit Schwefel im ungelösten Zustand erhitzt wird. Bei einer gegebenen Menge Kautschuk und Schwefel nimmt der Vulkanisationskoeffizient mit der Abnahme der Konzentration gleichförmig ab. Die Vulkanisation kann durch organische Beschleuniger beschleunigt werden[3]).

Die Hauptschwierigkeit, Sole von vulkanisiertem Kautschuk zu erhalten, liegt in der Vermeidung der Gelbildung, welche eintritt, wenn die Kautschukkonzentration im ursprünglichen Sol zu hoch ist. Solche Gele wären z. B. zum Gummieren von Gewebe ungeeignet. Andererseits verhindert eine zu geringe Konzentration die Vulkanisation so weit, daß beim Verdampfen ein mechanisch weiches Häutchen resultiert. Abgesehen davon hätte eine sehr stark verdünnte Lösung von vulkanisiertem Kautschuk kein technisches Interesse.

Sole von vulkanisiertem Kautschuk können auch mit Hilfe des Peachey-Prozesses erhalten werden dadurch, daß eine gesättigte Lösung von SO_2 in Benzol einer mit H_2S gesättigten Kautschuklösung zu-

---
[1]) Rubber Industry 1914, S. 156.   [2]) J. S. C. I. **40**, 186. 1921.
[3]) E. P. 164 770.

gesetzt wird. Bei der Verwendung dieser Methode tritt sofort Gelbildung ein, wenn die Kautschukkonzentration verhältnismäßig hoch ist. Die Gelbildung wird verlangsamt durch Zugabe von Pyridin[1]), beschleunigt durch Zugabe von Chinon[2]).

Die Vulkanisation in Lösung liefert unter günstigen Bedingungen ein bewegliches Sol, welches beim Verdampfen ein Häutchen von vulkanisiertem Kautschuk ergibt. Gewebe, welches mit solch einer Lösung gummiert wird, braucht nach dem Gummieren in keiner Weise weiter behandelt zu werden. Auf diesem Wege konnten empfindliche oder mit vulkanisierunechten Farbstoffen gefärbte Gewebe in zufriedenstellender Weise gummiert werden. Ein Verfahren, das die Verwendung organischer Lösungsmittel vermeidet, das „Vultex"-Verfahren, ist vor kurzem von Schidrowitz ausgearbeitet worden[3]). Es besteht in der Vulkanisation des Kautschuks im Latex unter solchen Bedingungen, daß er nicht koaguliert. Der Latex, der ein geeignetes Antikoagulans, z. B. Na_2SO_3, enthält, wird entweder mit gefälltem oder mit kolloidalem Schwefel oder mit einem Polysulfid versetzt. Schutzkolloide, wie z. B. Casein, können zugefügt werden. Die Vulkanisation kann auch durch Zugabe von organischen Beschleunigern bewerkstelligt werden. Füllmittel und Farbstoffe können hinzugesetzt werden. Das Ganze wird im Autoklaven erhitzt und dadurch vulkanisiert, ohne daß der Latex sein Äußeres ändert. So wird eine wässerige Suspension von vulkanisiertem Kautschuk erhalten, die zum Imprägnieren von Geweben verwendet werden kann, oder der vulkanisierte Kautschuk kann durch Zugabe von Essigsäure oder einer anderen Säure koaguliert werden.

Wässerige Suspensionen von vulkanisiertem Kautschuk sind auch von Alexander hergestellt worden. Der Kautschuk wurde gequollen und mit wässerigen Alkalilaugen unter Druck erhitzt[4]).

Die Vulkanisation mit Chlorschwefel.

Chlorschwefel, S_2Cl_2, ist neben Schwefel das wichtigste Vulkanisationsmittel. In diesem Falle wird bei gewöhnlicher Temperatur gearbeitet, weswegen der Prozeß als Kaltvulkanisation bezeichnet wird, und dieses Verfahren unterscheidet sich daher von der Heißvulkanisation wesentlich.

Der Kautschuk in Form dünner Platten oder dünnwandiger Gegenstände wird einer Atmosphäre von Chlorschwefeldämpfen ausgesetzt oder in eine verdünnte Lösung von S_2Cl_2 in einem geeigneten Lösungsmittel, z. B. Naphtha oder Tetrachlorkohlenstoff, getaucht. Da der Effekt sich am stärksten an der Oberfläche zeigt, ist das Verfahren nur für verhältnismäßig dünne Platten geeignet. Die Wirkung des Chlorschwefels

---

[1]) E. P. 129 826. [2]) E, P. 190 051.
[3]) E. P. 193 451. [4]) E. P. 14 681. 1905.

Die Vulkanisation mit Chlorschwefel.

ist mit der des Schwefels durchaus vergleichbar insofern, als eine geringe Menge des Reagens einen ausgesprochenen Wechsel in den Eigenschaften hervorruft.

Seinerzeit nahm man an, daß die Wirkung des Chlorschwefels nur auf dem Schwefel desselben beruhe. Andere wiederum waren der Meinung, das Chlor sei der reagierende Bestandteil.

Weber zeigte[1]), daß Kautschuk, der in eine Lösung von Chlorschwefel in Schwefelkohlenstoff getaucht wurde, ein Kaltvulkanisat ergebe, das Schwefel und Chlor in dem S_2Cl_2 entsprechenden Verhältnis enthalte. Weber zeigte auch, daß, wie im Falle des Schwefels, das Produkt mit dem höchsten S_2Cl_2-Gehalt, das S_2Cl_2 im stöchiometrischen Verhältnis enthalte. Bei der Durchführung seiner Versuche verwendete Weber eine Lösung aus gereinigtem Kautschuk in trockenem Benzol, zu der ein Überschuß einer Lösung von Chlorschwefel in Benzol zugefügt wurde. Die Lösung wurde allmählich dickflüssiger und bildete eine Gallerte, welche aufgebrochen und so lange mit Benzol gewaschen wurde, bis sie frei von überschüssigem Chlorschwefel war. Der Rest wurde im Soxhlet mit CS_2 extrahiert, nach dem Trocknen analysiert und entsprach dann einer Verbindung der Zusammensetzung $C_{10}H_{16}S_2Cl_2$. Andere Forscher haben dieses Resultat nicht bestätigen können, da niemals ein Produkt mit mehr als einem halben Molekül S_2Cl_2 pro $C_{10}H_{16}$ erhalten werden konnte. So nahmen Hinrichsen und Kindscher[2]) gewogene Mengen von in Benzol gelöstem Kautschuk und fügten gemessene Volumina von S_2Cl_2-Lösung von bekannter Konzentration hinzu. Der nach 3 wöchiger Einwirkung noch in der Lösung vorhandene Schwefel wurde bestimmt und entsprach der Verbindung $(C_{10}H_{16})_2S_2Cl_2$. Bernstein[3]) ahmte Webers Versuche nach und erhielt ein feines weißes Pulver mit ähnlicher Zusammensetzung wie das von Hinrichsen und Kindscher. Selbst beim Arbeiten mit sehr verdünnten Lösungen und mit großem S_2Cl_2 Überschuß enthält die gebildete Substanz nie mehr als ein halbes Molekül S_2Cl_2 pro $C_{10}H_{16}$.

Es ist möglich, daß der hohe Prozentsatz, den Weber beobachtete, herrührt von einer Zersetzung des Schwefelchlorids durch Feuchtigkeit, unter Bildung von Schwefel, der mit C_2S_2 nicht mehr extrahierbar ist.

Der gleichzeitig in Freiheit gesetzte Chlorwasserstoff bildet mit Kautschuk das Dihydrochlorid, so daß auch dann Schwefel und Kautschuk im Verhältnis S_2Cl_2 im Kautschuk enthalten sind.

Die Frage nach der Natur des Prozesses ist eine Streitfrage geblieben, und wie im Falle der Heißvulkanisation mit Schwefel existieren sowohl chemische Bindungs- als auch Adsorptionstheorien.

Weber betrachtete die Einwirkung von Chlorschwefel auf Kaut-

---

[1]) J. S. C. I. **13**, 14. 1894.   [2]) Koll. Zeit. **6**, 202. 1910.
[3]) Koll. Zeit. **11**, 185. 1912.

schuk als Analogon zu anderen Kohlenwasserstoffen, so wie sie von Guthrie beschrieben wurden[1]).

Es ist schwer anzunehmen, daß mit Chlorschwefel vulkanisierter Kautschuk den Chlorschwefel anders als in chemischer Bindung enthalte. Es ist kein Anzeichen vorhanden, daß diese stechend riechende Flüssigkeit, die an der Luft raucht, noch vorhanden ist. Beim Eintauchen des Kautschuks in Wasser findet keine Zersetzung statt.

Ein Versuch, den Weber[2]) ausgeführt hat, zeigt, daß chemische Bindung tatsächlich stattfindet. Eine verdünnte Kautschuklösung wurde mit einer Chlorschwefellösung in Überschuß versetzt. Die Konzentration war so, daß keine Gallertbildung eintrat. Dann wurde eine Kautschuklösung hinzugegeben und das Ganze gemischt. Der durch Fällung erhaltene Kautschuk wurde mit einem Lösungsmittel behandelt, und es zeigte sich, daß ein Teil löslich war. Bei einem Gegenversuch, bei dem die gleiche Chlorschwefelmenge von Anfang an zu der Summe der Kautschukmengen gegeben wurde, war das durch Fällung erhaltene Produkt unlöslich. Wenn der Prozeß ein Adsorptionsprozeß wäre, dann müßte man erwarten, daß bei Zugabe einer Lösung von Kautschuk zu einer Lösung von Kautschuk und Chlorschwefel der Chlorschwefel sich auf den ganzen Kautschuk verteilen würde und daher auch der gesamte Kautschuk vulkanisiert wäre.

Bysow[3]) stellte eine Reihe von Versuchen an, um zu sehen, ob einer Lösung von S_2Cl_2 durch Kautschuk vollkommen der Chlorschwefel entzogen werden könne. Die Konzentration war 1,8 g S_2Cl_2 in 100 cm² Petroläther.

In je 100 cm² wurde ein Streifen gereinigten Kautschuks von 0,5 mm Dicke gehängt, der 0,5 g wog. In Intervallen wurden Streifen herausgenommen, gewaschen, extrahiert und der Schwefel bestimmt.

Die Versuche zeigten, daß der Chlorschwefel vom Kautschuk allmählich aufgenommen wird, und daß nach 90 Minuten ein Gleichgewicht sich einstellt, bei dem sich noch immer Chlorschwefel in der Lösung befindet. An diesem Punkt enthielt die Kautschukprobe nur 0,45% S, obwohl auf die vollkommen abgesättigte Verbindung 15,7% Schwefel kommen. Also konnte die Absättigung nicht der Grund sein, daß keine weitere Aufnahme mehr eintrat. Dieser Versuch ist auch als Beweis für die Adsorption herangezogen worden, doch ist es durchaus möglich, daß die äußerste Schicht, die natürlich zuerst vulkanisiert wird, das Eindringen ins Innere des Kautschuks verhindert.

Der gleiche Einwand kann gegen Versuche erhoben werden, die beweisen sollen, daß die Menge des gebundenen Schwefels von der Konzentration der Lösung abhängt.

---

[1]) Ann. **113**, 270. 1860.   [2]) J. S. C. I. **13**, 14. 1894.
[3]) Koll. Zeit. **6**, 281. 1910.

Beim Gebrauch sehr verdünnter Lösungen von 0,0125 bis 0,1 g S_2Cl_2 in 100 cm² Petroläther stellt sich nämlich nach 2 Stunden ein Gleichgewicht ein. Es zeigte sich, daß die Menge des aufgenommenen Schwefels von der Konzentration und nicht von der absoluten Menge des vorhandenen Chlorschwefels abhängig ist, und daß die relativen Schwefelmengen, die bei verschiedenen Konzentrationen aufgenommen werden, im allgemeinen mit der Adsorptionsgleichung im Einklang sind.

Wenn der Chlorschwefel in chemische Bindung mit dem Kautschuk tritt, kann die Kaltvulkanisation doch ein Adsorptionsvorgang sein, bei dem dieses Additionsprodukt im Augenblicke, wo er entsteht, vom unveränderten Kautschuk adsorbiert wird, so wie es schon bei der Heißvulkanisation angenommen wurde.

Andere Vulkanisationsmittel.

Vulkanisierter Kautschuk, dessen mechanische Eigenschaften zufriedenstellend sind, ist bis jetzt nur durch einen Prozeß erhalten worden, der die Verwendung von Schwefel oder Chlorschwefel in sich schließt. Immerhin wird von Zeit zu Zeit von anderen Agentien berichtet, die dem Kautschuk in gewissem Maße die Eigenschaften vulkanisierten Kautschuks verleihen.

In manchen Fällen ist die Wirkung nur eine Oberflächenerscheinung, wie z. B. bei den Halogenen und gewissen Hypochloriten, die häufig vorgeschlagen wurden. Die Wirkung beschränkt sich jedoch nur auf die Beseitigung des Klebens, während die mechanischen Eigenschaften nicht verbessert wurden.

Antimonjodid wurde von Fawsitt[1]) als besonders geeignet für die Vulkanisation mittels trockener Hitze vorgeschlagen, doch wurde die Methode niemals im großen verwendet.

In Anbetracht der Tatsache, daß Schwefel und Chlorschwefel mit ungesättigten Kohlenwasserstoffen reagieren, schloß Ostromysslenski, daß andere Verbindungen, die ähnlich reagieren, Vulkanisation zu bewirken imstande seien.

Als solche kamen z. B. organische Nitroverbindungen in Betracht, und es wurden Versuche gemacht, Kautschuk mit Hilfe solcher Verbindungen zu vulkanisieren. Es wurde gefunden, daß sogar bei Abwesenheit von Schwefel Mischungen von Kautschuk mit gewissen Metalloxyden, wie MgO und PbO und mit Verbindungen wie 1,3,5-Trinitrobenzol, Mononitrobenzol, Tetranitronaphthalin nnd Pikrylchlorid nach dem Erhitzen Eigenschaften eines Vulkanisates zeigten. Gewisse andere Substanzen, die mit ungesättigten Kohlenwasserstoffen Additionsverbindungen geben, bewirkten jedoch keine Vulkanisation, und es wurde

---

[1]) J. S. C. I. **11**, 332. 1892.

angenommen, daß die Wirkung eine Folge des oxydierenden Einflusses der Nitrogruppe sein könnte. Ostromysslenski nahm daher an, daß andere Oxydationsmittel ähnliche Resultate geben würden, und dehnte seine Versuche auf organische Superoxyde aus. Benzoylperoxyd wurde als sehr aktiv befunden. Es ergab bei einer Heizung von 5 Minuten auf 114° C ein Produkt, welches als ausvulkanisiert beschrieben wird. Wenn das Benzoylperoxyd durch BaO_2 ersetzt wurde, zeigte sich gar keine Wirkung.

Diese Resultate sind aber nicht durch die Prüfung der Festigkeitseigenschaften ergänzt. Nur das Verschwinden der Klebrigkeit wurde als Kriterium der Vulkanisation betrachtet, und die Proben wurden nur als vollständig oder unvollständig vulkanisiert bezeichnet.

Stevens[1]) hat jedoch die Eigenschaften der Vulkanisate untersucht und die Ergebnisse Ostromysslenskis bestätigt. Er vulkanisierte eine Grundmischung von 100 Teilen Kautschuk und 8 Teilen Glätte mit verschiedenen Mengen von m-Dinitrobenzol und 1:3:5-Trinitrobenzol an Stelle von Schwefel.

Bei einer Heizung von nur 5 Minuten auf 135° C zeigte die Mischung mit 4 Teilen Trinitrobenzol eine Bruchfestigkeit von 95,4 kg und war beim Bruch auf die 8,5fache Ursprungslänge gedehnt. Obwohl diese Werte beträchtlich unter denen von Mischungen mit Schwefel liegen (siehe S. 113), zeigen sie doch einen ausgesprochenen Vulkanisationseffekt an.

Es ist interessant zu bemerken, daß diese Verbindungen auch in der Hinsicht ähnlich wie Schwefel reagieren, daß ein Teil vom Kautschuk gebunden zu werden scheint. Z. B. konnte nach dem Vulkanisieren einer 1% Trinitrobenzol enthaltenden Mischung im Acetonextrakt nichts mehr davon nachgewiesen werden. Die Rotfärbung bei der Zugabe von Alkali blieb aus. Wenn größere Mengen der Verbindung angewendet wurden, trat die Reaktion wieder auf. Stickstoffbestimmungen im Acetonextrakt zeigten, daß ein Teil der Nitroverbindung vom Kautschuk zurückgehalten wird.

Produkte mit ganz zufriedenstellenden Festigkeitseigenschaften wurden auch bei der Verwendung von MgO statt Bleioxyd erhalten. Eine Mischung von

100 Kautschuk
30 MgO
4 sym. Trinitrobenzol

40 Minuten bei 140° C vulkanisiert gab ein Produkt mit einer Bruchfestigkeit von 106 kg/cm², das erst bei der 5,42fachen Ursprungslänge zerriß.

---

[1]) J. S. C. I. **36**, 107. 1917.

Nach Ostromysslenski kann die Vulkanisation durch Trinitrobenzol auch bei Abwesenheit von Metalloxyden bewerkstelligt werden. Bunschoten[1]) stellt fest, daß Metalloxyde in Verbindung mit Nitroverbindungen verwendet werden müssen, wenn Vulkanisation eintreten soll.

Bei Versuchen mit Benzoylsuperoxyd fand Stevens, daß, obwohl der Kautschuk vulkanisiert wurde, die Festigkeitseigenschaften wesentlich unter denen von Mischungen mit Trinitrobenzol zurückblieben.

Diese organischen Vulkanisiermittel sind allerdings von keinerlei technischem Interesse, da Schwefel wesentlich besser wirkt, doch ist es nicht ausgeschlossen, daß spätere Forschungen eine Weiterentwicklung bringen, die die Eigenschaften wesentlich verbessert.

Vom rein wissenschaftlichen Standpunkt aus sind diese Untersuchungen von Interesse, da sie vielleicht Licht in das Dunkel bringen können, in das die Vulkanisation heute noch gehüllt ist. Wenn Stoffe gefunden werden sollten, die, ohne mit Kautschuk zu reagieren, doch Vulkanisationseffekte hervorrufen, so wäre die physikalische Natur des Prozesses bewiesen.

Nach der Analogie zwischen Schwefel und Selen zu schließen, wäre zu erwarten, daß das Verhalten des Selens gegenüber Kautschuk dem des Schwefels analog sei. Von Zeit zu Zeit wurden Patente darauf genommen, Selen zur Vulkanisation von Kautschuk zu verwenden, doch existieren sehr wenig experimentelle Daten darüber[2]). Eine Untersuchung von Boggs[3]) zeigte, daß die schwarze Modifikation in einer Kautschukmischung mit organischem Beschleuniger[4]) ein Produkt mit sehr guten Festigkeitseigenschaften liefert, die nur wenig unter denen liegen, die mit Schwefel erhalten werden. Allerdings war die Heizzeit doppelt so lang als bei der Anwendung von Schwefel.

IX. Die Eigenschaften des vulkanisierten Kautschuks.
Die physikalischen Eigenschaften.

Wie schon vorher erwähnt wurde (siehe S. 80), ist vulkanisierter Kautschuk in den gewöhnlichen Kautschuklösungsmitteln unlöslich oder fast unlöslich. Wenn vulkanisierter Kautschuk mit einem Lösungsmittel längere Zeit auf verhältnismäßig hohe Temperatur, 180 bis 200° C, erhitzt wird, so verteilt er sich schließlich, und man erhält eine homogene Lösung. Wenn diese Lösung mit Aceton gefällt wird, dann sind jedoch die Eigenschaften des Kautschuks, den man auf diese Weise erhält, sehr stark verschlechtert, mit einem Wort: Die Lösung

---
[1]) Chem. Weekblad 15, 257. 1918.
[2]) Vgl. Pearson: Crude Rubber and Compounding Ingredients.
[3]) J. I. E. C. 10, 117. 1918.   [4]) U. S. Pat. 1364055.

des vulkanisierten Kautschuks ist mit einer gewissen Zerstörung verbunden. Die beim Eintauchen vulkanisierten Kautschuks in organische Flüssigkeiten beobachtete Quellung ist wesentlich weniger stark als im Falle des unvulkanisierten Kautschuks. Die Veränderung der Quellfähigkeit des Kautschuks mit zunehmendem Vulkanisationsgrad ist von Kirchhof[4]) untersucht worden, der eine Mischung von 100 Teilen Plantagenpara und 12,5 Teilen Schwefel zu seinen Versuchen verwendete. Diese Mischung wurde verschieden lange erhitzt und ergab eine Reihe von Vulkanisaten mit nachfolgenden Vulkanisationskoeffizienten: 1,2 — 2,0 — 3,5 — 4,4 — 6,4. 1 mm dicke Platten wurden in Leichtpetroleum, Benzol, Schwefelkohlenstoff und Tetrachlorkohlenstoff getaucht und die binnen einer gewissen Zeit aufgenommene Flüssigkeitsmenge durch Wägung bestimmt. Nach Kirchhof erreicht die Quellung in 24 Stunden ihr Maximum, doch ist nach des Autors Erfahrung eine viel längere Zeit für die Beendigung des Prozesses notwendig. Im Fall des Rohkautschuks haben verschiedene Flüssigkeiten ein verschiedenes Quellungsvermögen für die gleiche Kautschukprobe. Die aufgenommene Flüssigkeitsmenge beim Quellungsmaximum ist eine Exponentialfunktion des spezifischen Gewichtes. Das Quellungsmaximum bei jedem einzelnen Lösungsmittel nimmt mit der Zunahme des Vulkanisationskoeffizienten ab, und Kirchhof leitet folgende quantitative Bezeichnung aus seinen Versuchsergebnissen ab: $Qu \cdot K^\varepsilon = k$ (constans), dabei ist Qu das aufgenommene Quellungsmittel in Volumprozenten, K ist der Vulkanisationskoeffizient, ε ist ein Exponent, welcher von der Natur des Quellungsmittels abhängt. Beim Quellungsmaximum ergaben sich für verschiedene Quellungsmittel für k und ε folgende Werte:

	k	ε
Benzol	1386	0,645
Schwefelkohlenstoff	1590	0,71
Tetrachlorkohlenstoff	3490	1,016

Dieses muß für eine Mischung von Kautschuk und Schwefel richtig sein, es ist aber unwahrscheinlich, daß die Gleichung von allgemeiner Verwendbarkeit sei, denn die Quellung einer Probe vulkanisierten Kautschuks wird durch die Anwesenheit anorganischer Bestandteile beeinflußt werden. Es ist eher anzunehmen, daß eine bestimmte Beziehung zwischen der Quellung einerseits und den Festigkeits- und Dehnungseigenschaften vulkanisierten Kautschuks andererseits besteht, doch sind die Festigkeitseigenschaften von Proben mit den gleichen Vulkanisationskoeffizienten nicht immer identisch und die Beziehung

---

[4]) Koll. Chem. Beihefte 6, 1. 1914.

muß daher nicht immer eindeutig sein; doch wird es unter Umständen möglich sein, die Quellungsmethode zur Untersuchung der Festigkeitseigenschaften solcher Kautschukproben zu verwenden, die zur Untersuchung auf einer normalen Prüfmaschine zu klein sind.

Wenn Kautschuk den Dämpfen der Flüssigkeit ausgesetzt wird, dann tritt die Quellung in einem wesentlich kleineren Ausmaße ein, als wenn die Probe in die Flüssigkeit eingetaucht wird. In diesem Falle scheint das Quellungsmaximum von dem Vulkanisationsgrad unabhängig zu sein. Eine Untersuchung der Quellung von vulkanisiertem Kautschuk in Petroleum wurde von Dubosc vorgenommen[1]). Dubosc verwendete Kautschukstreifen, die er von Automobilpneumatiks abgeschnitten hatte, offenbar mit dem Zweck festzustellen, in welchem Maße sie durch einen zufälligen Kontakt mit dem Lösungsmittel angegriffen würden. Ein interessantes Ergebnis dieser Versuche war die außergewöhnlich lange Zeit, die bis zur Erreichung des Quellungsmaximums verging. Ein Versuch, die Quellfähigkeit mit anderen physikalischen Eigenschaften des Quellmittels in Verbindung zu bringen, wurde von Ostwald gemacht[2]), der bei der Nachprüfung der von Flusin[3]) und von Posnjak[4]) erhaltenen Resultate zu dem Schluß kommt, daß mit dem Ansteigen der Dielektrizitätskonstanten die Quellfähigkeit abnimmt.

Die Festigkeitseigenschaften.

Da die Vulkanisation technisch zu dem Zwecke ausgeführt wird, dem Kautschuk gewisse physikalische oder mechanische Eigenschaften zu verleihen, ist es selbstverständlich, daß bei der Bewertung von vulkanisiertem Kautschuk die physikalischen und mechanischen Eigenschaften als Kriterium herangezogen werden müssen.

In der Mehrheit der Fälle liefert ein Studium der Festigkeitseigenschaften des vulkanisierten Kautschuks einen Hinweis auf seine Eignung für einen bestimmten Zweck. Auf die progressive Natur der chemischen Veränderungen, die die Vulkanisation begleiten, ist bereits hingewiesen worden. In ähnlicher Weise erleiden die Festigkeitseigenschaften des Kautschuks eine allmähliche Änderung, welche durch eine Untersuchung der Zugdehnungsbeziehungen ermittelt werden kann. Die Prüfungen werden gewöhnlich mit Hilfe eines Apparates ausgeführt, mit welchem Probestücke von geeigneter Oberfläche und geeigneten Dimensionen untersucht werden. Zwei Arten sind allgemein im Gebrauch, die eine für stabförmige, die andere für ringförmige Prüfstücke. In Fällen, wo ein stabförmiges Prüfstück angewendet

---
[1]) Le Caout. et la G. P. **16**, 9781. 1919.
[2]) Koll. Zeit. **29**, 100. 1921. [3]) Ann. Chim. Phys. **13**, 488. 1908.
[4]) Koll. Chem. Beihefte **3**, 417. 1912.

werden soll, wird der Kautschuk mit dem Schwefel in der gewöhnlichen Weise gemischt (siehe S. 179) und in einer Presse vulkanisiert, um eine Platte von bestimmter Dicke zu erhalten. Aus dieser Platte werden Kautschukstreifen von nachfolgendem Aussehen ausgestanzt:

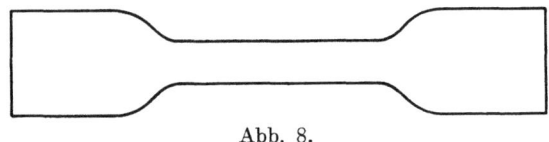

Abb. 8.

Diese besondere Form wurde deswegen gewählt, weil ein Streifen mit nicht verbreiterten Enden, wenn er an jedem Ende von der Greifklaue der Maschine ergriffen und gedehnt wird, sich auch in dem von der Klaue ergriffenen Teile dehnt und daher entweder der Klaue zu entgleiten imstande ist, oder gerade an diesem Punkte brechen könnte. Sind die Enden dagegen verbreitert, so ist naturgemäß auch der Querschnitt größer und die Dehnung in diesem Teile des Prüfstückes ist dann nicht so ausgesprochen, wie in dem schmalen Teile. Dieser Mittelteil des Prüfstückes ist es, auf den sich die Zugdehnungsdaten beziehen. Eine bestimmte Länge wird markiert, und bei allmählich bis zum Bruch zunehmender Belastung wird die Entfernung zwischen den beiden Marken entsprechend jeder einzelnen Belastung notiert. Die Belastungen in kg/cm^2 und die Dehnungen in Prozenten der ursprünglichen Länge liefern zusammen die Zugdehnungskurve. Obwohl so ein Apparat zufriedenstellende Resultate gibt, sind zwei Leute zur Ausführung der Prüfung notwendig. Der eine, um die Belastungen zu beaufsichtigen, der andere, um die Dehnungen zu notieren. Die Prüfmaschine, welche am häufigsten verwendet wird, ist die von Schopper erfundene, welche mit ringförmigen Prüfstücken arbeitet und auf der Abb. 9 abgebildet ist. In diesem Falle wird eine Kautschukprobe in der vorher beschriebenen Weise vulkanisiert. Aus der gewöhnlich 5 mm dicken Platte wird ein Ring von gewöhnlich 44,6 mm innerem und 52,6 mm äußerem Durchmesser gestanzt, oder mit Hilfe zweier rotierender Messer ausgeschnitten. In diesem Falle wird das Schneiden durch Befeuchten des Messers mit Seifenlösung erleichtert.

Um eine genaue Kontrolle der Vulkanisationszeit und Temperatur zu ermöglichen, kann ein Apparat angewendet werden, der dem von Spence und Young (siehe S. 77) erfundenen ähnlich ist. Eine Modifikation dieses Apparates wurde von van Rossem beschrieben[1]), bei welchem das Glycerinbad durch Mineralöl von hohem Flammpunkt

---

[1]) Delft. Comm. **5**, 139. Vgl. Twiss u. Brazier: I. R. J. **62**, 25. 1921.

Abb. 9. Kautschukprüf-Laboratorium mit Schoppermaschinen.

ersetzt ist. Das Ölbad besteht aus einem rechtwinkligen Eisenblechtrog, der 10 bis 15 Gallonen Öl faßt. Mit einer so großen Ölmenge ist es eine verhältnismäßig einfache Sache, die Temperatur auf Zehntelgrad genau zu erhalten, ohne einen Thermoregulator zu Hilfe zu nehmen; doch ist es angebracht, durch ein mechanisches Rührwerk Gleichmäßigkeit der Temperatur zu gewährleisten. Die Form, in welcher der Kautschuk eingeschlossen ist, besteht aus kreisförmig ausgenommenen Platten, die mit Schrauben und Muttern versehen sind. Die Ausnehmung beträgt 5 mm in die Tiefe und mindestens 75 mm im Durchmesser. Am Rand der Scheibe ist ein Kanal vorgesehen. Falls es erwünscht ist, kann eine Doppelform, wie sie von Twiss und Brazier empfohlen wird, verwendet werden. Auf diese Weise liefert jede Form zwei unter den gleichen Bedingungen vulkanisierte Scheiben, aus denen Ringe gestanzt werden können. So erhält man dann doppelte Prüfresultate. Die angewendete Kautschukmenge soll so groß sein, daß die Form nicht völlig erfüllt ist, daß jedoch eine Scheibe erhalten wird, aus welcher ein Ring von dem benötigten Durchmesser gestanzt werden kann. Vor dem Schließen der Form werden wenige Tropfen Wasser in den Kanal gegossen und so ist während der Vulkanisation der innere Druck äquivalent dem Dampfdruck bei der Vulkanisationstemperatur. An Stelle der zwei Greifklauen in der oben beschriebenen Maschine wird der Ring über zwei vertikal übereinander angebrachte Rollen gelegt. Die obere Rolle ist an dem kurzen Arm eines belasteten Hebels befestigt. Die untere Rolle ist in der Weise in Verbindung mit einer beweglichen Stange, daß sich die Rolle zu drehen anfängt, wenn die Stange in Bewegung gesetzt wird. Wenn der Ring angebracht ist, dann wird die Stange in Bewegung gesetzt und ein allmählich ansteigender Zug auf den Ring ausgeübt, welcher durch die Bewegung der unteren Rolle drehend erhalten wird. Auf diese Weise wird der Zug gleichmäßig auf das ganze Prüfstück ausgeübt. Die zu der Dehnung des Kautschukringes notwendige Belastung wird durch den Winkel angezeigt, den der lange Arm des Hebels zur Vertikalen einnimmt, denn die Vertikale ist die Ruhestellung des langen Hebelarmes. Die Maschine ist gewöhnlich mit einer selbstschreibenden Einrichtung ausgerüstet, welche die Belastungen und die Dehnungen auf einem um eine Trommel gewickelten Diagramm aufzeichnet. Der Schreibstift bewegt sich in Übereinstimmung mit der Dehnung des Ringes vertikal, und gleichzeitig erteilt der sich bewegende Hebelarm der Trommel eine Drehung. Auf diese Weise können Belastungen und Dehnungen, ohne daß in Abständen abgelesen werden muß, aufgezeichnet werden. Bei der Schopper-Maschine sind die Bewegungen der Trommel und des Schreibstiftes so angeordnet, daß eine Verschiebung von 1 mm in der Vertikalen einer Dehnung von 3,5 mm oder $5^0/_0$ (auf

Die Festigkeitseigenschaften.

den halben inneren Umfang des Ringes von 70 mm berechnet) entspricht. In gleicher Weise entspricht eine Drehung von 1 mm einer Belastung von 1 kg/cm². Da die erhaltenen Resultate auf die Verwendung eines Ringes von genau 140 mm Innendurchmesser und 20 mm² Querschnitt berechnet sind, so sind die direkt aus der Zugdehnungskurve erhaltene Resultate nur dann korrekt, wenn die angeführten Ausmaße eingehalten worden sind. Wenn das nicht der Fall ist, dann müssen Korrekturen angebracht werden. Die auf diese Weise erhaltene Zugdehnungskurve läßt die zum Bruch der Probe notwendige Belastung pro Querschnittseinheit und die Dehnung bei jeder Belastung bis zum Bruch ersehen. Die zum Bruch des Prüfstückes notwendige Belastung in kg/cm² wird als Bruchfestigkeit oder als Bruchbelastung, auch wohl als Festigkeit schlechthin bezeichnet. Die Dehnung wird im allgemeinen in Prozenten ausgedrückt, manchmal als Faktor der Ursprungslänge. Oft wird in der Längenveränderung nicht die Zunahme, sondern die Länge des gedehnten Stückes bezeichnet, so, daß eine Verlängerung von 800% manchmal als Bruchlänge von 900% der ursprünglichen Länge des Prüfstückes ausgedrückt wird. Während die Schopper-Maschine fast ausschließlich in den verschiedenen Prüfstationen und Forschungsinstituten in Europa und in den Produktionsgebieten des Kautschuks angewendet wird, findet man in Amerika häufiger einen Typ, mit dem die oben beschriebenen stabförmigen Prüfstücke geprüft werden. Gegen die Ringprüfung sind Einwände erhoben worden in der Richtung, daß die erhaltenen Werte wegen der ungleichen Verteilung des Zuges auf den Querschnitt nicht korrekt sind[1]). Diese Ungenauigkeit erwächst aus dem Unterschied zwischen dem inneren und äußeren Durchmesser des Ringes, da der innere Durchmesser, auf welchen die Messung berechnet ist, 8 mm geringer ist als der äußere, und die Dehnung des äußeren Durchmessers daher nicht ebenso groß ist als die des inneren Durchmessers. Obwohl das richtig ist, ist der auf diese Weise entstandene Fehler nicht von erheblichem Ausmaße, besonders bei der Anwendung von Ringen von geringer Dicke. Auf jeden Fall sind die erhaltenen Resultate unter sich vergleichbar.

Bei der Ausführung der mechanischen Prüfungen ist es wichtig, den Kautschuk nach der Vulkanisation eine bestimmte Zeit, z. B. 24 Stunden ausruhen zu lassen. Wie gezeigt werden wird, ändern sich die Festigkeitseigenschaften beim Lagern, und daher müssen die Prüfstücke, wenn vergleichbare Werte erhalten werden sollen, im gleichen Stadium des Alterns untersucht werden. Die Prüfungen sollten ferner bei einer bestimmten Temperatur ausgeführt werden, denn Wormeley hat gezeigt, daß die Festigkeit bei zunehmender Temperatur abnimmt

---

[1]) U. S. Bureau of standards Circular **38**, 66. 1921.

Luff-Schmelkes, Chemie des Kautschuks.

98 Die Eigenschaften des vulkanisierten Kautschuks.

und die Bruchdehnung zunimmt. Die Änderung der Festigkeitseigenschaften des Kautschuks während der Vulkanisation ist aus der Abb. 10 zu ersehen, welche die Zugdehnungskurven, die aus einer Mischung von 90 Gewichtsteilen anaerob koagulierten Kautschuks und 10 Gewichtsteilen Schwefel bei verschiedenen Heizzeiten auf 140 Grad er-

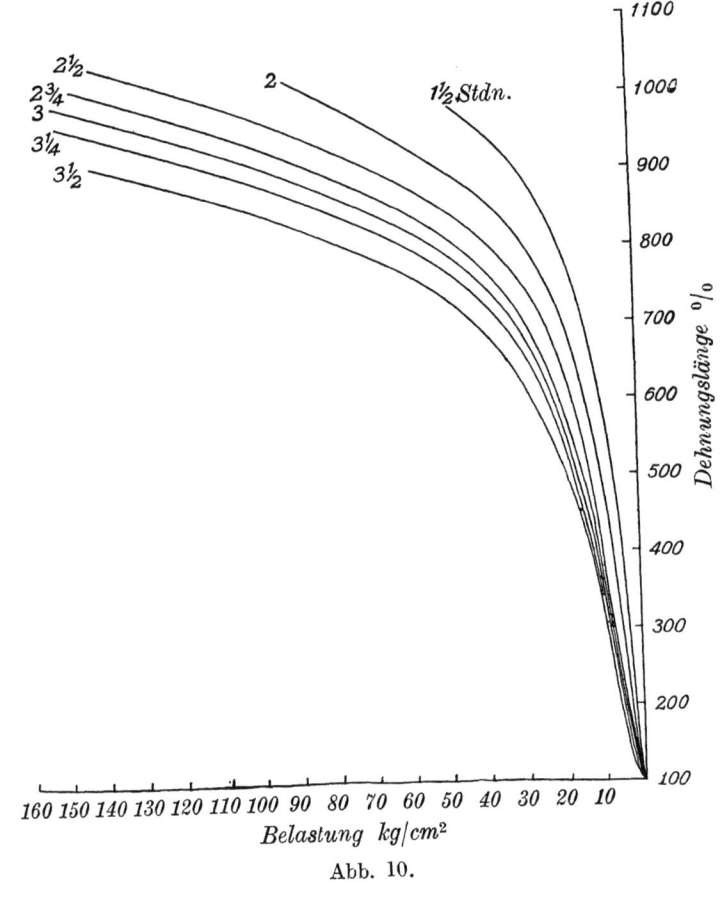

Abb. 10.

halten wurden. Vor allem kann man bemerken, daß die allgemeine Form der Kurven sich von den bei der Metallprüfung erhaltenen vollkommen unterscheidet. Beim Kautschuk wächst die Dehnung sehr rasch, bei verhältnismäßig geringer Zunahme der Belastung. Schließlich wird aber ein Punkt erreicht, bei welchem die Kurve ihre Richtung scharf ändert, und die Anwendung weiterer Belastung bewirkt nunmehr verhältnismäßig geringes Wachsen der Dehnung. Beim Vergleich der verschiedenen Kurven kann man sehen, daß bald nach dem

Die Festigkeitseigenschaften.

Krümmungspunkt die Kurven nahezu geradlinig und parallel werden. Im Falle von reinen Kautschukschwefelmischungen wurde von Schidrowitz und Goldsborough[1]) vorgeschlagen, die Neigung dieses oberen Kurvenstückes zur Horizontalen als Maß der Güte des angewendeten Kautschuks zu verwenden. Je besser der Kautschuk ist, desto geringer wird die Neigung der Kurve, oder mit anderen Worten, desto geringer wird die Dehnung, die durch weitere Belastung bereits belasteten und gedehnten Kautschuks hervorgerufen wird. Natürlich ist die Neigung jenes oberen Kurvenstückes abhängig von den für Abszisse und Ordinate angewendeten Maßstäben, so daß, solange nicht einheitliche Maßstäbe angewendet werden, die Neigung nicht gut als allgemein gültiges Maß verwendet werden kann. Eine eher vergleichbare Einheit kann dadurch gefunden werden, daß diese Neigung in Dehnungszahlen ausgedrückt wird, die durch eine einheitliche Mehrbelastung bei höherer Dehnung hervorgerufen wird. Schidrowitz und Goldsborough wählen als Einheit die Dehnungszunahme, welche bei der Vermehrung der Belastung von 60 kg/cm² auf 104 kg/cm² bewirkt wird. Die so erhaltene Zahl dividieren sie durch 2,5. So wird die Steigung oder Neigung der Kurve von dem Ausdruck $T = \dfrac{E_1 - E}{2,5}$ abgeleitet. Hierin bedeutet T = „Steigung oder Neigung" („slope", „type"), E die Dehnung in Prozenten der Ursprungslänge, bei einer Belastung von 60 kg/cm². E_1 = die Dehnung in Prozenten der Ursprungslänge bei einer Belastung von 104 kg/cm². Diese zwei Punkte sind willkürlich gewählt, aber fallen anscheinend gut in den linearen Teil der Kurve. Nach Schidrowitz und Goldsborough ist die Steigung der Kurve für eine bestimmte Kautschuksorte typisch und von dem Vulkanisationsgrad unabhängig, da die bei wechselnden Vulkanisationszeiten erhaltenen Kurven in diesem Teil parallel laufen. Es wurde von de Vries[2]) betont, daß die Kurven nicht streng parallel sind, wie eine Nachprüfung der Arbeiten verschiedener Forscher, einschließlich Schidrowitz und Goldsborough[3]) zeigt. Immerhin, wenn auch die Steigung nicht für alle Heizzeiten des gleichen Kautschuks die gleiche ist, bietet sie doch eine gute Vergleichsgrundlage der Festigkeitseigenschaften verschiedener Kautschukproben.

Da die Festigkeitseigenschaften des Kautschuks während der Vulkanisation eine allmähliche Veränderung erleiden, ist es wichtig zu wissen, bei welchem Punkt diese Eigenschaften so sind, daß bei der technischen Vulkanisation die besten Resultate erhalten werden. Ein Blick auf die Kurven, die aus verschiedenen Prüfungen einer besonderen Mischung während der Vulkanisation stammen, zeigt, daß in den ersten

---

[1]) I. R. J. **51**, 505. 1916; J. S C. I. **38**, 347 T. 1919.
[2]) J. S. C. I. **39**, 310 T. 1920.   [3]) a. a. O.

Stadien der Heizung der Kautschuk durch geringe Belastung rasch gedehnt wird, während knapp nach dem Krümmungspunkt der Kurve das Prüfstück bricht. Mit zunehmender Heizzeit wird die Kurve länger und von der nächsten Kurve geringerer Heizzeit umschlossen. Dieses ist mehr in dem flachen oberen Kurvenstück zu ersehen, während das vertikal ansteigende Anfangsstück bei verschiedener Heizzeit keine so große Verschiebung erleidet. Mit anderen Worten: Die Wirkung vermehrter Vulkanisation liefert ein Produkt mit zunehmender Bruchfestigkeit und mit zunehmendem Widerstand gegen eine Mehrdehnung in gedehntem Zustande. Bei weiterer Heizung wird die Kurve allerdings wieder kürzer, wenn auch das flache Kurvenstück sich der horizontalen Achse weiter nähert.

Mischungen mit verschiedenem Schwefelgehalt.

Die letzten Betrachtungen treffen nur auf Kautschukschwefelmischungen zu, in welchem Falle Vulkanisation bei Temperaturen um 140° C eine allmähliche Verschiebung der Zugdehnungskurve bewirkt. Mit geringen Schwefelmengen kommt die Verschiebung der Kurve zum Stillstand und kann auch beim Verlängern der Heizdauer eine rückläufige Bewegung annehmen. Dieses wurde schon von de Vries und Hellendoorn bei 5% Schwefel enthaltenden Schwefelmischungen beobachtet[1]. Ein Vergleich des Verhaltens einer solchen Mischung mit einer $7\frac{1}{2}$% S enthaltenden ist in der folgenden Tabelle gegeben, welche die Bruchfestigkeit und die Dehnungslänge bei einer Belastung von 120 kg/cm² zeigt.

Tabelle 11.

Vulkanisationszeit in Minuten	Bruchfestigkeit kg/cm²		Dehnungslänge bei 120 kg Belastung (Ursprungslänge 100)	
	$7\frac{1}{2}$%	5% S	$7\frac{1}{2}$%	5%
75	133	—	991	—
90	131	119	960	1159
105	115	122	913[2]	1122
120	71	135	870[2]	1101
135	—	127		1095
150	17	131		1089
180	—	120		1109
240	15	109		1139

Bei zunehmender Heizung wird die $7\frac{1}{2}$% Schwefel enthaltende Mischung, welche schon bei 77 Minuten das Maximum der Bruchfestigkeit erreicht hat, nach und nach weicher, und die Kurve der Festigkeit fällt ziemlich steil ab, denn bei 150 Minuten ist die Bruchfestigkeit

---

[1] J. S. C. I. **39**, 310 T. 1920.
[2] Durch Extrapolation. Archief **2**, 785. 1918.

nur mehr 17 kg/cm^2. Die 5% Schwefel enthaltende Mischung wird allmählich fester, bis bei ungefähr 120 Minuten Heizung das Maximum von 135 kg/cm^2 erreicht ist. Dann setzt die Abnahme ein, jedoch ist noch bei 240 Minuten das Vulkanisat verhältnismäßig fest. In bezug auf die Festigkeit ist die Veränderung in beiden Fällen von der gleichen Art, wenn auch die Festigkeitsabnahme bei der 7^1/$_2$% Schwefel enthaltenden Mischung wesentlich schneller vor sich geht. Dagegen zeigt die Dehnungslänge bei 120 kg/cm^2 Belastung, die, wie schon vorher erwähnt wurde, einen Hinweis auf die Neigung des oberen Kurvenstückes der Zugdehnungskurve bietet, in beiden Fällen verschiedenes Verhalten. Die Mischung mit 7^1/$_2$% Schwefel zeigt eine fortschreitende Verkleinerung dieser Zahl, d. h. die Kurve bewegt sich langsam gegen die Achse, auf der die Belastungen aufgetragen sind. Auf der anderen Seite zeigt die 5% Schwefel enthaltende Mischung eine graduelle Verringerung der Dehnungslänge bis zu einer Heizung von 150 Minuten. Von hier ab steigt dieser Wert wieder, bis er bei 240 Minuten bereits wiederum eine größere Zahl erreicht hat als bei 105 Minuten. Mit anderen Worten, die Zugdehnungskurve ist zuerst gefallen und steigt dann wieder. So ist eine Zugdehnungskurve unter Umständen der Ausdruck zweier gänzlich verschiedener Vulkanisationsstadien. Diese Erscheinung der Umkehrung wird der Erschöpfung des Gehaltes an freiem Schwefel zugeschrieben, die in dem Heizstadium eintritt, in dem die Kurve ihren Grenzwert erreicht. Von diesem Punkte an wirkt dem Weichmachungseffekt der Hitze nicht länger mehr die entgegengesetzte Wirkung der Schwefelbindung entgegen, und so kommt die Umkehrung zustande. Weitere Beispiele von Umkehrungen sind von Schidrowitz und Goldsborough[1]) gegeben worden, welche darauf hinweisen, daß unter gewissen Bedingungen, wie z. B. bei Anwesenheit von anorganischen Beschleunigern, nicht nur die Richtung der Kurvenverschiebung, sondern auch der Charakter der Kurve bei verlängerter Vulkanisation sich ändert. Diese Frage wird aber in einem folgenden Kapitel eingehender behandelt werden.

Andere mechanische Prüfungen.

Außer der Prüfung der reinen Festigkeitseigenschaften ist es manchmal notwendig, die mechanischen Eigenschaften des Kautschuks von anderen Gesichtspunkten zu prüfen, je nach dem besonderen Zweck, zu welchem der Artikel verwendet werden soll. Hier müssen jene Eigenschaften in Betracht gezogen werden, auf welche es bei dem fertigen Kautschukgegenstand am meisten ankommt.

Die Messung der bleibenden Dehnung. Wenn vulkanisierter Kautschuk gedehnt wird, und dann der die Dehnung hervorrufende Zug

---

[1]) I. R. J. **67**, 269. 1919.

aufhört, so zeigt es sich, daß das gedehnte Prüfstück nicht sofort auf seine ursprüngliche Länge zurückkehrt, sondern eine gewisse Verlängerung bestehen bleibt, welche beim Ruhen des Prüfstückes nach und nach verschwindet, daß aber schließlich immer noch eine geringe bleibende Dehnung zurückbleibt. Diese Verlängerung, die das Prüfstück auf diese Weise erfährt, wird als bleibende Dehnung bezeichnet, und bei irgendeiner Mischung wird diese bleibende Dehnung mit zunehmender Vulkanisation geringer. So ist diese Dehnung bei untervulkanisiertem Kautschuk, sowie bei Rohkautschuk selbst verhältnismäßig hoch, während sie bei ausvulkanisiertem Kautschuk wesentlich weniger stark ausgesprochen ist. Es ist nicht immer zweckmäßig, zu warten, bis das Prüfstück den Gleichgewichtszustand erreicht hat. In diesem Falle führt man die Messung nach Ablauf einer gewissen Zeit aus und verwendet die so erhaltenen Werte als Vergleichszahlen. Die Dehnung kann entweder in Form einer bestimmten Belastung auf den cm^2 angewendet werden, es kann aber auch das Prüfstück auf eine bestimmte Länge gedehnt werden. King und Cogswell ziehen die zweite Methode vor, da sie bessere Resultate ergebe[1]). Diese Autoren empfehlen eine 20 Minuten andauernde Dehnung und eine hierauf folgende Ruhepause von 5 Stunden oder weniger, bevor die Messungen der bleibenden Dehnung angestellt werden. Oft wird auch die bleibende Dehnung nach dem Bruch gemessen, indem man das Prüfstück, das zur Messung der Festigkeitseigenschaften gebraucht wurde, verwendet.

Hysteresis[2]). Es wurde gezeigt, daß die Anwendung steigender Belastungen auf ein Prüfstück von vulkanisiertem Kautschuk steigende Dehnungen hervorruft und daß durch graphische Darstellung eine charakteristische Kurve erhalten werden kann. Die Fläche, die zwischen der Zugdehnungskurve und der Achse der Dehnungen eingeschlossen wird, ist ein Maß für die während der Dehnung verbrauchte Energie. Wenn der Kautschuk entlastet wird, dann nimmt die entstehende Kurve einen anderen Verlauf als bei der Belastung, und die von der neuen Kurve und der Dehnungsachse eingeschlossene Fläche wird kleiner. So ist die bei der Entlastung wieder gewonnene Energie geringer als die bei der Belastung verbrauchte, und dieser Verlust, „die Hysteresis", wird durch das von den beiden Kurven eingeschlossene Flächenstück angezeigt. Beim Vergleich der Hysteresis verschiedener Prüfstücke kann man ebenfalls wiederum so verfahren, daß das Prüfstück mit einer gegebenen Belastung pro Querschnittseinheit oder auf eine

---

[1]) I. R. J. **63**, 30. 1922.
[2]) Eine Beschreibung dieser Maschine und der anzuwendenden Methoden findet sich bei Schwartz: I. R. J. **38**, 106, 147, 278, 341, 425, 443. 1910; **39**, 376. 1910. — Wiegand: J. I. E. C. **13**, 118. 1921. — Evans: I. R. W. **65**, 192. 1921.

gegebene Länge gedehnt wird. Den typischen Verlauf der Hysteresiskurven nach einer Ausdehnung auf die 8,5fache Ursprungslänge zeigt Abb. 11, welche die Resultate zweier aufeinanderfolgender Kreisprozesse von Dehnung und Entlastung enthält. Man kann beobachten, daß der Verlust im ersten Kreisprozeß wesentlich größer ist als im zweiten, während weitere Prüfungen Flächen ergeben würden, welche so ziemlich mit der zweiten Kurve zusammenfallen. Bei der Ausführung der Hysteresisprüfung müssen einheitliche Methoden verwendet werden, denn die Kurven werden durch eine Menge Faktoren beeinflußt, wie z. B. die Geschwindigkeit der Zu- und Abnahme des Zuges, die Ruhepause, die zwischen jeder einzelnen Prüfung eingeschaltet wird, und die Länge, auf welche das Prüfstück gedehnt wird.

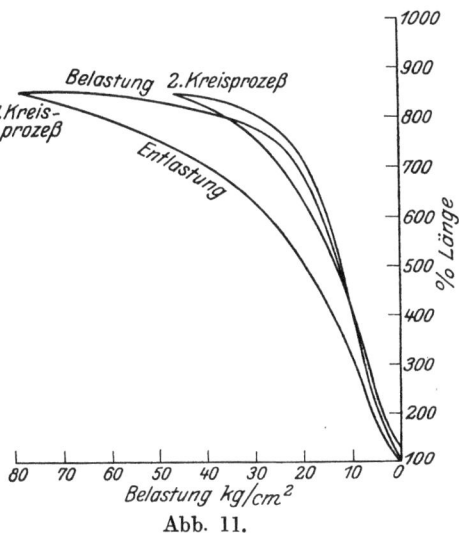

Abb. 11.

Andere Prüfungen. In manchen Fällen werden andere Prüfungen gemacht, wie z. B. die des Abnutzungswiderstandes. Zu Vergleichszahlen in dieser Hinsicht gelangt man durch Aufdrücken des Musters gegen eine sich drehende Schleifscheibe, oder durch Behandeln des Prüfstückes in einem rotierenden Gefäß mit irgendeinem Schleifmaterial, z. B. mit Sand. Hierbei wird der Volum- oder Gewichtsverlust pro Zeiteinheit als Vergleichswert benutzt. Manchmal sind auch Härteprüfungen erwünscht, in welchem Falle man sich einer der Formen des „Plastometers" bedient[1]).

Die Bestimmung der richtigen Vulkanisation.

In den Anfangstagen der Kautschukprüfung wurde der Punkt der höchsten Bruchfestigkeit als Kriterium für die richtige Vulkanisation angesehen. Eaton und Grantham haben darauf hingewiesen[2]), daß der Punkt höchster Bruchfestigkeit oft schon eine verhältnismäßig geringe Dehnung zeigt und daher oft sichtlich übervulkanisiert ist. Die beiden Forscher ziehen als Kriterium die „optimale Vulkanisation"

---

[1]) Gurney: I. R. W. **61**, 140. 1919.
[2]) J. S. C. I. **34**, 990. 1915

vor. Als diesen Punkt bezeichnen sie jenen, an dem das Produkt aus Bruchfestigkeit und Bruchdehnung das Maximum erreicht. Diesen Wert nennen sie auch das Festigkeitsprodukt. Der auf diese Weise erhaltene Wert ist praktisch der Bruchbelastung, ausgedrückt in Einheiten des Bruchquerschnittes anstatt in Einheiten des ursprünglichen Querschnittsäquivalents. Das ist nur dann genau richtig, wenn der Querschnitt bei einer gegebenen Länge der Gesamtlänge umgekehrt proportional ist, was der Fall wäre, wenn das Volum des Kautschuks bei der Dehnung sich nicht ändern würde. Da aber Kautschukmischungen, die gewisse Mischungsbestandteile enthalten, erhebliche Volumveränderungen erleiden (siehe S. 147), ist die umgekehrte Proportionalität nur bei reinen, nur Kautschuk und Schwefel enthaltenden Kautschukmischungen streng richtig. In der Mehrzahl der Fälle kann man finden, daß die Vulkanisationszeit, bei welcher die höchste Bruchfestigkeit erreicht wird, auch die beste ,,optimale Vulkanisation'' ergibt.

Andere Forscher haben verschiedene Vergleichsmethoden von Rohkautschuk angegeben, z. B. vulkanisierten de Vries und Hellendoorn[1]) eine Mischung von 92,5 Teilen Kautschuk und 7,5 Teilen Schwefel so lange, bis eine Belastung von 130 kg/cm^2 eine Dehnungslänge von 990% hervorruft. Die Standardzugdehnungskurve ist dann die, welche durch diesen Punkt läuft.

Solche Verfahren sind hauptsächlich zum Zwecke der Untersuchung verschiedener Rohkautschuke üblich. Die Zahlen können jedoch nicht als absolut angesehen werden, denn die Zusammensetzung von Kautschukwaren ist sehr verschieden, und nur in besonderen Fällen werden Mischungen von Kautschuk und Schwefel allein angewendet. Abgesehen davon ist der Prozentsatz des Schwefels in verschiedenen Mischungen verschieden und ist selten von der Größenordnung, die bei diesen Prüfungen angewendet wurde. Trotzdem sind die erhaltenen Resultate in der Hinsicht wertvoll, daß sie ein Mittel zum Vergleich des Vulkanisationsgrades und der Festigkeit irgendeines Kautschuks mit dem Standard bieten.

Die Alterung.

Wenn auch die Vulkanisation, die dem Kautschuk die maximalen Festigkeitseigenschaften verleiht, als die praktisch günstigste angesehen werden muß, so ist doch wichtig zu wissen, ob dieses Maximum lange Zeit nach der Herstellung des Artikels bestehen bleibt.

Stevens zeigte tatsächlich, daß Kautschuk, der bis zur Erreichung der höchsten Festigkeitswerte vulkanisiert war, außergewöhnlich leicht durch einige Monate langes Lagern zerstört wird[2]). Eine Mischung von

---

[1]) J. S. C. I. **34**, 990. 1915.   [2]) J. S. C. I. **35**, 872. 1916.

Die Alterung.

90 Teilen hellen Crêpe und 10 Teilen Schwefel wurde bei 134,5° verschiedene Zeiten von 2 bis 4½ Stunden vulkanisiert und die Proben bei normalen Temperaturen aufbewahrt. Dann wurden in Intervallen bis zu 311 Tagen Prüfungen ausgeführt, deren Resultate in der Tabelle 11 a dargestellt sind.

Tabelle 11a.

Heller Crêpe	Alterung in Tagen	Vulkanisationzeit in Stunden					
		2	2½	3	3½	4	4½
Bruchfestigkeit	4	960	1230	1510	1690	2010	2480
	125	950	1550	1610	1930	1760	1760
	203	1010	1500	1630	1740	1480	490
	311	920	1400	1640	1480	1330	170
Reißlänge	4	1151	1098	1078	1013	987	953
	125	1016	1017	991	952	897	851
	203	1042	1032	1004	936	858	611
	311	1035	1009	993	894	822	372
Festigkeitsprodukt	4	110	136	162	170	199	236
	125	93	153	159	183	158	150
	203	105	155	163	163	127	30
	311	95	141	163	132	109	6
Vulkanisationskoeffizient .		2,0	2,6	3,2	4,1	4,5	5,0

Man kann sehen, daß in jedem Falle die Probe, welche das höchste Festigkeitsprodukt zeigt, auch die ist, welche die höchste Festigkeit gibt, und in diesem Falle ist daher die optimale Vulkanisation identisch mit jener, durch die die höchste Bruchfestigkeit erreicht wird. Am Anfang der Prüfung zeigt das Prüfstück, welches 4½ Stunden vulkanisiert ist, die höchste Festigkeit, doch ist diese am Ende der Prüfungsperiode verschwunden. Die Zerstörung ist in dem Falle des 4 Stunden vulkanisierten Prüfstückes nicht so ausgesprochen, während das 3½ Stunden vulkanisierte Prüfstück noch weniger zerstört ist. Dagegen zeigt das 3 Stunden lang vulkanisierte Prüfstück am Ende der Alterungsperiode die besten Festigkeitszahlen, obwohl es im Zeitpunkt der Herstellung den länger vulkanisierten Proben wesentlich nachstand. Diese Versuche wurden bei normaler Temperatur ausgeführt. Eine spätere Versuchsreihe, die Stevens[1] anstellte, zeigte, daß die Wirkung der Alterung in einem Thermostaten bei 28° wesentlich schärfer ausgesprochen ist, als bei einer Temperatur von 10,5°. Das Maß, in welchem die Zerstörung eintritt, ist auch von der Feuchtigkeit der Atmosphäre abhängig. Stevens[2] hat gezeigt, daß Kautschuk, der in mit Feuchtigkeit gesättigter Luft aufbewahrt wurde, auch bei tropischen Temperaturen 6 Monate ohne Verminderung seiner Eigenschaften aufgehoben

---

[1] J. S. C. I. **37**, 281. T. 1918.   [2] J. S. C. I. **39**, 251. T. 1920.

werden kann. Es wurde darauf hingewiesen, daß Alterungsergebnisse mithin auch vom Klima abhängig sind. Wie die Versuchsergebnisse von Stevens zeigen, ist die Alterung von einer Veränderung der Festigkeitseigenschaften begleitet, deren Charakter von dem Vulkanisationsgrad des Kautschuks abhängt.

De Vries und Hellendoorn[1]) zeigen in ihren Versuchen über die Alterung vulkanisierten Kautschuks bei tropischer Temperatur, etwa 27° C, daß bei zunehmender Alterung die Zugdehnungskurve sich allmählich gegen die Achse der Belastungen verschiebt, d. h., daß der Kautschuk bei einer gegebenen Belastung weniger dehnbar wird. Anfänglich zeigt sich eine geringe Steigerung der Festigkeit, welche von einem allmählichen Abfall gefolgt ist, so daß die Kurve in den Anfangsstadien länger und hierauf kürzer wird. Je weniger stark das Prüfstück vulkanisiert ist, desto länger wird der Zeitraum, innerhalb welchem die Festigkeit wächst. In dem Falle einer Kautschukschwefelmischung im Verhältnis 92,5 : 7,5, welche 90 Minuten auf 148° vulkanisiert wurde, war die Festigkeit nach 2½ Jahren noch immer größer als am Anfang der Prüfung, während eine ähnliche Mischung, die 125 Minuten vulkanisiert wurde, einen Abfall der Festigkeit von 130 auf 90 kg/cm² zeigte. Die Änderung in der chemischen Zusammensetzung des Kautschuks während der Alterung wurde von Eaton und Day[2]) untersucht, die eine Kautschukschwefelmischung (90 : 10), die verschieden lang vulkanisiert war, für ihre Versuche verwendeten. Die Proben wurden einerseits in Form von Scheiben und andererseits nach dem Mahlen zu feinen Krümeln, welche sowohl auf einem Uhrglas als auch in einem Reagensröhrchen aufgehoben wurden, gealtert. Die Probe, welche 9 Stunden vulkanisiert war, zeigte eine Gewichtszunahme von 39,4% nach 9 Monaten, und zwar bei dem gemahlenen Produkt, welches in dem Röhrchen aufbewahrt worden war. Die Zunahme des auf einem Uhrglas aufgehobenen Musters war nur 25%. Der Gewichtszuwachs war anfänglich bei dem auf einem Uhrglas aufgehobenen Muster größer, jedoch wuchs er bei dem anderen später schneller. Die ungemahlene Probe, die in Form einer Scheibe aufbewahrt wurde, nahm nur 0,8% an Gewicht während dieser Zeit zu. Es wurde angenommen, daß sich hierbei gewisse flüchtige Verbindungen gebildet hätten, welche sich bei der der Luft frei ausgesetzten Probe leichter verflüchtigen konnten wie z.B. auf dem Uhrglas. Die Gewichtszunahme war auch bei der 3 Stunden lang vulkanisierten Probe beträchtlich. Die 1¼ Stunden vulkanisierte Probe, die nahe an der optimalen Vulkanisation war, nahm nur 3,6% im Röhrchen und 6% auf dem Uhrglas zu. Diese Resultate beweisen die Tatsache, daß vulkanisierter Kautschuk von einem gewissen Punkt

---

[1]) I. R. J. **61**, 87. 1921.   [2]) J. S. C. I. **38**, 329. T. 1919.

ab ein Produkt ist, welches verhältnismäßig unstabil, leicht chemische Veränderung und Zerstörung in mechanischem Sinne erleidet. Während der Alterung dieser Proben wurde beobachtet, daß eine beträchtliche Gewichtszunahme von der Bildung wasserlöslicher Substanz begleitet war, welche Schwefel enthielt und saure Reaktion zeigte. So ergab die 9 Stunden vulkanisierte Probe einen wässerigen Auszug von 23,4%, dessen Acidität als Schwefelsäure ausgedrückt 2,68% betrug und dessen Schwefelgehalt 0,45% auf die ursprüngliche Kautschukprobe berechnet ausmachte. Ähnliche Ergebnisse wurden von Stevens erhalten[1]), der beobachtete, daß beim Aufbewahren vulkanisierten Kautschuks eine Gewichtszunahme auftrat und daß gleichzeitig eine flüchtige, schwefelhaltige Verbindung gebildet wurde. Vulkanisierter Kautschuk, der extrahiert war, nahm viel schneller an Gewicht zu als unextrahierter.

Sowohl Stevens, als auch Eaton und Day beobachteten ein geringes Ansteigen des Vulkanisationskoeffizienten bei der Alterung. Dieses Ansteigen war um so größer, je höher der Koeffizient am Anfang der Prüfung war. Andererseits hat de Vries[2]) keine Veränderungen des Vulkanisationskoeffizienten beobachtet, die außerhalb der Versuchsfehlergrenzen lagen.

Die beschleunigte Alterung.

Im Hinblick auf die Tatsache, daß eine Alterungsprüfung die vermutliche Lebensdauer eines Vulkanisats anzeigen könnte, ist es klar, daß eine solche Prüfung für den Fabrikanten wichtiger wäre als eine Prüfung der Festigkeitseigenschaften der Probe bei der Vulkanisation. Im Hinblick auf die lange Zeit, die notwendig ist, um den Kautschuk bei gewöhnlicher Temperatur zu zerstören, sind beschleunigte Alterungsprozesse vorgeschlagen worden, bei welchen die Probe unter passenden Bedingungen bei höherer Temperatur aufbewahrt wird. Die gewählte Temperatur ist so niedrig, daß die Vulkanisation nicht wesentlich fortschreitet. Sie ist jedoch hoch genug, um einen Abfall in den Festigkeitseigenschaften des Vulkanisats schnell zu bewirken. Für diesen Zweck verwendete Geer[3]) einen Schrank, durch welchen auf 71° C erwärmte Luft strömte, während eine Anzahl von Prüfstücken darin aufbewahrt wurde, und täglich eines oder mehrere zu Prüfzwecken dem Schrank entnommen wurden. Eine ähnliche Methode wurde von de Vries[4]) angewendet, der mit Temperaturen zwischen 65 und 75° arbeitete.

Der von Geer und Evans verwendete Apparat[5]) besteht aus einem Heizschrank oder einer Reihe von solchen, durch welche vorher auf

---
[1]) J. S. C. I. **38**, 195. T. 1919.   [2]) I. R. J. **53**, 101. 1917.
[3]) I. R. W. **55**, 127. 1916.   [4]) I. R. J. **53**, 101. 1917.
[5]) I. R. W. **61**, 1163. 1921.

71⁰ erhitzte Luft strömt. Eine große Anzahl von Proben des vulkanisierten Kautschuks, die in die für die spezielle Prüfmaschine geeignete Form gebracht sind, werden in den Schrank gehängt und täglich 3 Stück entnommen. Diese läßt man dann bei gewöhnlicher Temperatur 24 Stunden ruhen, um sie in einen Gleichgewichtszustand kommen zu lassen, und prüft sie dann auf die gewöhnliche Art und Weise. In Fällen, wo nur eine geringe Anzahl von Proben geprüft werden, kann ein elektrisch regulierter Schrank verwendet werden, wenn nur vorgesehen ist, daß ein dauernder Luftstrom hindurchgeleitet wird.

Dadurch entsteht ein schneller Abfall in den Eigenschaften der Proben, doch stimmen die ermittelten Resultate mit denen der Alterung bei gewöhnlicher Temperatur gut überein. Bei der beschleunigten Alterungsprüfung entspricht 1 Tag ungefähr 6 Monaten natürlicher Alterung.

Die Zugdehnungskurve zeigt dieselbe fortschreitende Bewegung gegen die Belastungsachse wie im Falle der natürlichen Alterung, und im allgemeinen pflegt die Bruchfestigkeit beim Beginn der Prüfung ein wenig anzusteigen. Die Periode, über welche sich dieser Anstieg erstreckt, wechselt je nach dem Grad der Vulkanisation der Probe, und in manchen Fällen setzt der Abfall schon so bald ein, daß nach 24 Stunden Alterns keine Zunahme, sondern eine Abnahme beobachtet wird, unter welchen Umständen die anfängliche Zunahme, wenn sie stattfindet, nicht ermittelt wird.

So verändern sich die Festigkeitseigenschaften des Kautschuks während der Alterung genau so wie bei der gewöhnlichen Heizvulkanisation. Die Bruchfestigkeit steigt zu einem Maximum an und nimmt dann ab, während die Bruchdehnung dauernd abnimmt.

Diese allmähliche Veränderung in den Festigkeitseigenschaften ist nicht von der gleichen Zunahme der Menge des gebundenen Schwefels begleitet, als wenn die gleiche Veränderung durch die Heißvulkanisation hervorgerufen worden wäre.

So fand de Vries[1], daß die Festigkeit einer Mischung von Kautschuk und Schwefel ($92\frac{1}{2} : 7\frac{1}{2}$), die 60 Minuten auf 148⁰ vulkanisiert war, von 71 kg auf 176 kg/cm² zunahm, wenn sie 66 Stunden bei 70⁰ C aufbewahrt wurde, während der Vulkanisationskoeffizient gleichzeitig von 2,67 bis 2,85 stieg. Die Festigkeit und die Dehnbarkeit am Ende der Prüfung waren so gestaltet, daß, um die gleichen Werte durch Vulkanisation zu erhalten, eine Vulkanisation von 100 Minuten notwendig war, wobei der Vulkanisationskoeffizient 4,40 betrug. Charakteristische Resultate, die bei der beschleunigten Alterung von Prüfringen aus einer Kautschukschwefelmischung (90 : 10), die verschieden lang auf 142⁰ vulkanisiert waren, erhalten wurden, zeigt die Abb. 12[2].

---

[1] a. a. O.   [2] Anderson und Ames Privatmitteilung.

Die Bruchfestigkeit der Prüfstücke wird täglich gemessen, und es zeigt sich, daß in jedem Falle ein anfänglicher Anstieg von einem mehr oder weniger rapiden Abfall gefolgt ist. Die Vulkanisationskoeffizienten werden bei jedem Prüfstück bestimmt, und es ist ersichtlich, daß, je höher der Vulkanisationskoeffizient ist, der Abfall der Festigkeit um so schneller vor sich geht. Das Probestück D ist sichtlich übervulkanisiert, da binnen 4 Tagen die Festigkeit von über 120 auf 30 kg/cm² gefallen war. Das Prüfstück C, das so vulkanisiert war, um durch den Vergleichspunkt de Vries' zu gehen[1]), behält seine Festigkeit für eine viel längere Periode, ist jedoch trotzdem ein wenig übervulkanisiert. Das Prüfstück B mit einem Vulkanisationskoeffizienten von 3,15 zeigt zufriedenstellende Festigkeitseigenschaften während einer längeren Periode als die anderen. Das Prüfstück A kann als untervulkanisiert angesehen werden. Die Unregelmäßigkeiten in der Kurve zeigen die Unverläßlichkeit der Bruchfestigkeitszahlen, die mit einem gewissen Grad von Sicherheit nur aus dem Mittelwert einer großen Anzahl von Prüfungen bestimmt werden können. Die allgemeine Richtung der Kurve ist jedoch in die Augen fallend und läßt keinen Zweifel darüber, welches

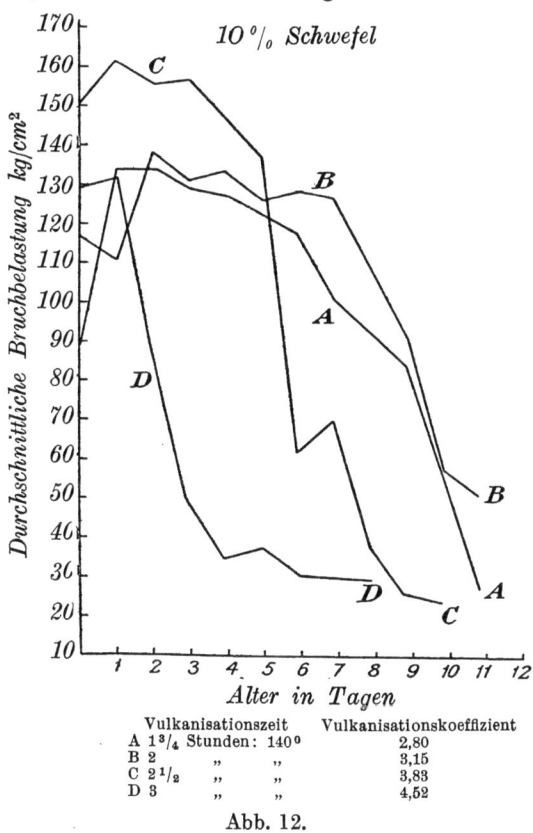

	Vulkanisationszeit	Vulkanisationskoeffizient
A	1³/₄ Stunden : 140°	2,80
B	2 ,, ,,	3,15
C	2½ ,, ,,	3,83
D	3 ,, ,,	4,52

Abb. 12.

Prüfstück die zufriedenstellendsten Resultate gibt. Es ist interessant zu bemerken, daß das Prüfstück, welches die durch den de Vries' Vergleichspunkt gehende Kurve gibt, ein wenig übervulkanisiert ist. Eine

---

[1]) Archief **2**, 785. 1918.

110 Die Eigenschaften des vulkanisierten Kautschuks.

Mischung, welche in dem von de Vries angewendeten Verhältnis
92 : 7½ hergestellt und bei 142° so lange vulkanisiert worden war, bis
die Kurve durch denselben Punkt hindurchlief, zeigte auch Übervulkanisation. Dieses Ergebnis ist in Übereinstimmung mit der von de Vries
und Hellendoorn ausgesprochenen Ansicht[1]).

Obwohl zwischen den Erscheinungen der natürlichen und der beschleunigten Alterung eine allgemeine Ähnlichkeit besteht, ist jedoch
kein genügender Beweis vorhanden, um die voraussichtliche Lebensdauer einer vulkanisierten Kautschukmischung als Ergebnis einer
solchen Prüfung zu bestimmen. Jedoch ist es durchaus möglich, durch
diese Methode Vergleichsresultate verschiedener Mischungen unter sich
zu erhalten. Wenn man daher eine Mischung, die bei einer bestimmten
Vulkanisation eine günstige natürliche Alterung zeigt, mit zum Vergleich heranzieht, so kann man auch auf die Lebensdauer einer unbekannten Mischung bei einer unbekannten Vulkanisation Rückschlüsse
ziehen. Es ist interessant zu bemerken, daß Bruni[2]) imstande gewesen
ist, die Bildung von Lävulinaldehyd in einem Proberöhrchen, in welchem
vulkanisierter Kautschuk bei 77° gealtert wurde, nachzuweisen. Die
gleiche Reaktion wurde in einem Falle beobachtet, in welchem vulkanisierter Kautschuk bei gewöhnlicher Temperatur gealtert wurde.
Auch dieses ist ein Hinweis auf die Ähnlichkeit der Alterungsprozesse
bei gewöhnlicher und bei hoher Temperatur.

Die Beziehungen zwischen den chemischen und den mechanischen Eigenschaften des vulkanisierten Kautschuks.

Es ist bereits auseinandergesetzt worden, daß der Vulkanisationsprozeß von einer kontinuierlichen Veränderung der chemischen und
physikalischen Eigenschaften des Kautschuks begleitet ist. Um zu entscheiden, in welchem Vulkanisationsstadium der Kautschuk vom technischen Standpunkt richtig vulkanisiert ist, ist es nicht nur notwendig
zu wissen, was für Festigkeitseigenschaften nach der Vulkanisation vorhanden sind, sondern auch, wie lange diese Eigenschaften bestehen bleiben, mit einem Wort, ob die Zerstörung schnell oder langsam eintritt.
Es ergibt sich die Frage, ob das Vulkanisationsstadium irgendeiner
Kautschukprobe durch die Prüfung der Festigkeitseigenschaften oder
durch die Bestimmung des Vulkanisationskoeffizienten ermittelt werden
soll. Aus den Resultaten von Alterungsversuchen kam Stevens zu dem
Schluß, daß der Vulkanisationskoeffizient einen verläßlichen Hinweis
bot, da in den Fällen, in denen der Wert ungefähr 3 war, der vulkanisierte Kautschuk seine Festigkeitseigenschaften am längsten behielt.

---

[1]) I. R. J. **61**, 88. 1921.   [2]) I. R. J. **63**, 814. 1922.

Andererseits haben Schidrowitz und Goldsborough Beispiele angeführt, in denen der Vulkanisationskoeffizient einer Anzahl von Proben, welche alle als richtig vulkanisiert betrachtet wurden, zwischen 2,03 und 4,86 schwankten[1]). Eaton und Day[2]) fanden für Proben, die die optimale Vulkanisation zeigten, Koeffizienten, die von 3,9 bis 4,62 schwankten. Jedoch wurde in diesem Falle von Schidrowitz und Goldsborough die richtige Vulkanisation auf die maximale Festigkeit nach der Vulkanisation bezogen und nicht auf eine Alterungsprüfung. Alle Proben waren jedoch wahrscheinlich relativ im gleichen Stadium der Vulkanisation, und selbst wenn sie übervulkanisiert waren, waren sie es in gleichem Maße, so daß in diesem Falle die Differenzen der Koeffizienten wahrscheinlich von derselben Ordnung gewesen wären als bei der technisch richtigen Vulkanisation. Es ist interessant zu bemerken, daß allgemein die Proben, die die kürzeste Zeit vulkanisiert waren, um ein richtig vulkanisiertes Produkt zu ergeben, den höchsten Vulkanisationskoeffizienten besaßen. Andere Beispiele wurden von de Vries angeführt[3]), der für die Vulkanisationskoeffizienten verschiedener Muster gewöhnlichen Crêpes, die verschiedene Vulkanisationszeit erforderten, folgende Zahlen bestimmte:

Tabelle 12.

Vulkanisationszeit Minuten	Vulkanisationskoeffizient
85	5,1
90	5,0
94	5,0
115	4,4
120	4,75
122,5	4,4

Hieraus kann man ersehen, daß die Vulkanisationskoeffizienten, wenn die Muster nach ansteigenden Vulkanisationszeiten geordnet werden, einen Abfall zeigen. Auf ähnliche Weise haben Martin und Elliott[4]) gezeigt, daß für jede besondere Kautschuksorte der Vulkanisationskoeffizient für eine Standardvulkanisation fällt, wenn die Vulkanisationszeit steigt, woraus geschlossen werden kann, daß der Vulkanisationskoeffizient nicht mehr einen Hinweis auf den Vulkanisationsgrad einer Kautschukschwefelmischung bietet. Diese Betrachtungen erstrecken sich nur auf einfache Kautschukschwefelmischungen und nicht auf technische Mischungen, welche im allgemeinen andere Mischungsbestandteile enthalten. Bei einer Untersuchung, die sich auch auf Mischungen von 60 Kautschuk, 3 Schwefel und 37 Zinkoxyd (Gewichtsteile) erstreckte, fand Stevens[5]), daß die besten Resultate

[1]) I. R. J. **51**, 505. 1916.   [2]) J. S. C. I. **36**, 1116. 1917.
[3]) J. I. E. C. **13**, 1134. 1921.   [4]) J. S. C. I. **41**, 228 T. 1922.
[5]) Bull. R. G. A. **2**, 270. 1920.

von solchen Proben erhalten wurden, welche einen Koeffizienten von 2 bis 2,5 zeigten, das ist wesentlich niedriger als bei der 90 : 10-Kautschukschwefelmischung. So verändert sich, ebenso wie die richtige Vulkanisation, die durch Alterungsversuche ermittelt wird, der Koeffizient je nach der Natur der Mischung. Das wurde auch bei einer Untersuchung von einer Mischung, welche organische Beschleuniger enthält, betont, über die später gesprochen werden wird (siehe S. 162). Es soll hier nur gesagt werden, daß in manchen Fällen ein vollständig vulkanisierter Kautschuk erhalten werden kann, dessen Vulkanisationskoeffizient nur 1,0 oder weniger beträgt. Es ist daher unmöglich, für den Vulkanisationskoeffizienten einen bestimmten Wert anzugeben, welcher auf alle Mischungen zum Zwecke der Bestimmung der richtigen Vulkanisation anwendbar sein soll. Nichtsdestoweniger kann die Bestimmung des Vulkanisationskoeffizienten bei einer bestimmten Mischung als Hinweis dienen. Da ferner die Veränderungen des Vulkanisationskoeffizienten von geringem Betrage sind, ist es möglich, aus einer Analyse, die später gemacht werden kann, den Grad der Vulkanisation zur Zeit der Fabrikation des betreffenden Untersuchungsgegenstandes festzustellen. Im Falle einer zu schnellen Zerstörung einer Mischung von bekannter Zusammensetzung kann die Kenntnis des Vulkanisationskoeffizienten einen Hinweis bieten, ob dieser Abfall der Übervulkanisation bei der Fabrikation zuzuschreiben ist.

X. Die Faktoren, welche die Vulkanisation beeinflussen.

Das Verhalten des Kautschuks während der Vulkanisation und die Eigenschaften, die sich nach der Vulkanisation zeigen, können durch verschiedene Faktoren, die sowohl in der Art der Zubereitung des Rohkautschuks, als auch in der Behandlung während der Vulkanisation liegen, wesentlich beeinflußt werden. Als Ergebnis zahlreicher Untersuchungen der letzten 10 Jahre sind eine ganze Reihe von Hinweisen gewonnen worden, die Beziehungen zwischen den Eigenschaften des Kautschuks und den Bedingungen seiner Behandlung vom Zapfen bis zum Vulkanisieren aufdecken.

Die Bereitung des Rohkautschuks.

Die äußere Erscheinung des Rohkautschuks, ob es nun smoked oder unsmoked Sheets, heller oder dunkler Crêpe ist, ja sogar das Auftreten von Schimmel an der Oberfläche ist von verhältnismäßig geringer Wichtigkeit für die Fabrikation. Die inneren Eigenschaften jedoch sind von großer Wichtigkeit, wenn auch festgestellt werden muß, daß Kautschuk nicht auf der Basis dieser Eigenschaften gehandelt wird. Von diesen inneren Eigenschaften, welche möglichst konstant sein sollen, sind die Festigkeitseigenschaften, die Geschwindigkeit der Vulkanisation und in geringem Grade die Form der Zugdehnungskurve, welche oft durch die Steigung oder Neigung ausgedrückt wird, die wichtigsten. Um Kautschukmuster zu bewerten, muß ein Vergleichsstandard gewählt werden, und einige Zahlen, welche von Schidrowitz und Goldsborough[1]) als Ergebnis der Prüfung von mehr als 500 Mustern von Schiffsladungen von 7 Plantagen erhalten wurden, dürften von Interesse sein. Folgendes waren die Durchschnittswerte:

	Vulkanisationszeit (Stunden)	Type (siehe S. 99)
smoked sheet	2,53	36,22
first latex crêpe	3,04	35,53

Die Prüfung wurde mit einer Mischung aus 100 Teilen Kautschuk und 8 Teilen Schwefel bei 141° C angestellt. Bei einer Prüfung einiger hundert Muster von Niederländisch-Indischen Plantagen erhielten de Vries und Spoon[2]) folgende Durchschnittswerte:

	Festigkeit kg/cm²		Vulkanisationsgeschwindigkeit in Minuten	
	Durchschnitt	normal	Durchschnitt	normal
smoked sheet 1917	140	136—145	99	85—105
smoked sheet 1918	138	134—141	96	85—105
Crêpe 1917	138	134—142	119	110—125
Crêpe 1918	137	134—140	118	110—125

Die Prüfstücke wurden durch Vulkanisation einer Kautschukschwefelmischung $92\frac{1}{2} : 7\frac{1}{2}$ auf 148° C während so langer Zeit erhalten, daß eine Belastung von 130 kg/cm² eine Verlängerung auf die 9fache Ursprungslänge hervorrief. Die Faktoren, welche die Vulkanisationseigenschaften beeinflussen, sind im einzelnen folgende:

Das Alter der gezapften Bäume. Wenn ein Kautschukbaum das normale Zapfalter erreicht hat (ungefähr 6 Jahre), besitzt der erhaltene Kautschuk eine Festigkeit, welche der von älteren Bäumen um nichts nachsteht[3]). Andererseits besitzt der Kautschuk von jüngeren Bäumen (3 bis $4\frac{1}{2}$ Jahre) verhältnismäßig geringe Festigkeit, etwa 120 kg/cm², jedoch ist die Vulkanisationsgeschwindigkeit groß. Bei einem Normalwert von 110 Minuten schwankt sie hier von 60 bis 80.

Die Zapfmethode. Nach de Vries sind innerhalb gewisser Grenzen Veränderungen im Zapfverfahren ohne Einfluß auf den erhaltenen Kautschuk, wenn auch tieferes Zapfen als gewöhnlich einen Latex mit

---

[1]) I. R. W. **54** 187. 1917.   [2]) Archief **3**, 266. 1919.
[3]) de Vries: Archief **1**, 175. 1917.

einem niedrigeren Kautschukgehalt ergibt, welcher nach der Koagulation eine größere Vulkanisationsgeschwindigkeit besitzt[1]).

Antikoagulantien. Von den Reagenzien, welche zur Verhinderung vorzeitiger Koagulation dem Latex zugegeben werden, ist Formaldehyd das einzige, welches die Eigenschaften des Kautschuks verschlechtert. Die Vulkanisationsgeschwindigkeit wird verlängert und die Festigkeit durch Zugabe von mehr als $0{,}05\%$, auf Latex, berechnet verringert[2]). Natriumsulfit erzeugt eine geringe Abnahme in der Vulkanisationszeit und eine einigermaßen gesteigerte Festigkeit. Soda ist in normal angewendeten Mengen ohne Einfluß auf die Vulkanisation.

Die Verdünnung des Latex. Die Wirkung der Verdünnung des Latex mit Wasser zeigt sich in einer Verlängerung der notwendigen Heizzeit, mit anderen Worten, in einer Verlängerung der Vulkanisationsgeschwindigkeit. So sollte, um Einheitlichkeit zu gewährleisten, eine einheitliche Konzentration eingehalten werden. In Fällen, wo Brackwasser zur Verdünnung des Latex angewendet wird, kann der Kautschuk durch Zurückhaltung von Salzen nach der Koagulation in gewissem Maße beeinflußt werden. Größere Mengen von Salzen, z. B. Chloriden, bewirken eine Verlängerung der Vulkanisationszeit und eine geringe Abnahme der Festigkeit. Die Wirkung ist nicht so ausgesprochen, wenn der Kautschuk als Crêpe zubereitet wird, da dann die Salze während des Waschprozesses entfernt werden[3]). In Distrikten, in denen es an Wasser mangelt, wird der Kautschuk gelegentlich mit dem Serum früherer Koagulationen verdünnt. Auf diese Weise wird ein Kautschuk erhalten, dessen Vulkanisationszeit geringer ist. Je öfter das Serum verwendet wird, desto geringer ist aber die Verkürzung der Vulkanisationszeit[4]), die es bewirkt.

Die Koagulation. Wenn auch Essigsäure ziemlich allgemein zum Koagulieren verwendet wird, sind doch von Zeit zu Zeit andere Koagulationsmittel in Vorschlag gebracht worden. Schwefelsäure ergibt einen langsam vulkanisierenden Kautschuk, wenn davon ein geringer Überschuß über die zur vollständigen Koagulation notwendige Menge gebraucht wird. Wenn nicht mehr als $0{,}1\%$ verwendet wird, läßt sich keinerlei Einfluß auf die Festigkeit feststellen, selbst wenn der koagulierte Kautschuk $2\frac{1}{2}$ Jahre aufbewahrt wurde[5]). Salzsäure liefert einen Kautschuk mit geringerer Vulkanisationsgeschwindigkeit als Schwefelsäure. Außerdem hat der Kautschuk minderwertige Eigenschaften, da

---

[1]) de Vries: Archief **4**, 331. 1920.
[2]) Bull. Imp. Inst. **14**, 514. 1916; **4**, 453. 1922. — De Vries und andere: Archief **2**, 97. 1918.
[3]) Eaton: Bull. F. M. S. **17**, 23. 1912. — Spoon: Archief **3**, 128. 1921.
[4]) Bull. Imp. Inst. **4**, 450. 1922. — De Vries: Archief **5**, 294. 1921.
[5]) de Vries: Archief **4**, 210. 1920. — Eaton: Bull. F. M. S. **27**, 222.

er in verhältnismäßig kurzer Zeit klebrig wird[1]). Fluorwasserstoffsäure, welche als Koagulans unter dem Namen Purub verwendet wurde, verlängert die Vulkanisationszeit des Kautschuks. Die Festigkeitseigenschaften sind jedoch den mit Essigsäure erhaltenen gleichwertig[2]). Die Verwendung von Alaun, welche seinerzeit auf kleineren Plantagen in Malaya vorherrschte, ist jetzt gesetzlich verboten. Alaun bewirkt Verlängerung der Vulkanisationszeit, und zwar in wesentlich stärkerem Maße als bei der Anwendung von Mineralsäuren, besonders dann, wenn von beiden die Mindestmengen angewendet werden[3]). Bei Anwesenheit von Natriumsulfit wird die Verlangsamung ausgeschaltet[4]). Ameisensäure gibt ähnliche Ergebnisse wie Essigsäure, doch ist nur eine geringere Menge zur Herbeiführung der vollständigen Koagulation notwendig. Ein Überschuß über die Mindestmenge hat aber eine ausgesprochenere Wirkung auf die Verlängerung der Vulkanisationszeit, als ein gleicher Überschuß von Essigsäure[5]). Nach de Vries[6]) sind die Ergebnisse unregelmäßig, vermutlich infolge der Ungleichmäßigkeit der Säure.

Der Einfluß der angewendeten Essigsäuremenge. Wenn auch Verschiedenheiten im Kautschuk selten dem Einfluß verschiedener Koagulationsagenzien zuzuschreiben sind, da ja fast ausschließlich Essigsäure zur Koagulation verwendet wird, so können doch verschiedene Mengen von Essigsäure einen Einfluß auf die Vulkanisationseigenschaften ausüben. Bei der normalen Gewinnung des Kautschuks wird genügend Säure hinzugegeben, um eine vollständige Koagulation zu bewirken und einen Verlust von Kautschuk im Serum zu vermeiden. Wenn ein Überschuß von Säure zugefügt wird, zeigt der erhaltene Kautschuk eine geringere Vulkanisationsgeschwindigkeit mit zunehmenden Säuremengen[7]); doch kann die 3 bis 4fache normale Menge ohne ernstlichen Einfluß auf die Vulkanisationszeit oder die Festigkeitseigenschaften angewendet werden. Wenn ungenügende Mengen Säure zugesetzt werden, dann wird eine erste Koagulationsfraktion erhalten, welche einen gelben bis dunkelbraunen Kautschuk liefert, der große Vulkanisationsgeschwindigkeit und geringe Festigkeit zeigt. Die zweite Fraktion, die durch Vervollständigung der Koagulation gebildet wird, liefert hellen Crêpe von normalen Vulkanisationseigenschaften. Der Unterschied der beiden Fraktionen ist um so geringer, je größer die erste Fraktion ist.

Der Einfluß der Behandlung nach der Koagulation. Wenn auch, wie oben gezeigt wurde, die Qualität des Kautschuks durch verschie-

---

[1]) Eaton: a. a. O. — de Vries: a. a. O.
[2]) Eaton: a. a. O. Vergleiche Bull. Imp. Inst. **20**, 455. 1922.
[3]) Eaton: a. a. O. — de Vries: a. a. O.
[4]) Stevens: Bull. R. G. A. **2**, 142. 1920.
[5]) Bull. Imp. Inst. **20**, 454. 1922.   [6]) a. a. O.
[7]) Eaton: Bull. F. M. S. **27**, 207. — Bull. Imp. Inst. **20**, 454. 1922. — Stevens: Bull. R. G. A. **41**, 37. 1922. — de Vries, Arens u. Swart: Archiv **1**, 40. 1917.

dene Faktoren je nach dem Zapfen, Sammeln und Koagulieren des Latex beinflußt werden, sind alle diese Verschiedenheiten, die sich auf diese Ursachen zurückführen lassen, von verhältnismäßig geringem Ausmaße, verglichen mit denen, die auf die Behandlung des Koagulums bis zur Herstellung der handelsüblichen Kautschuksorten zurückzuführen sind. Eaton und Grantham[1]) zeigten z. B., daß in dem wäserigen Anteil des Latex eine Substanz vorhanden ist, welche die Vulkanisationszeit des Kautschuks herabzusetzen geeignet ist. Wenn bei der Bearbeitung ein Teil des Serums im Kautschuk zurückbleibt, dann ist die Vulkanisationsgeschwindigkeit eines solchen Kautschuks größer als bei einem Kautschuk, der aus gleichem Koagulum hergestellt wurde und der die Serumsubstanz nicht im gleichen Maße enthält. Bei der Bereitung von Sheetkautschuk wird das nasse Koagulum ausgewalzt und mit dem enthaltenden Serum getrocknet. Daher enthält der auf diese Weise hergestellte Kautschuk einen Teil der im Serum vorhandenen Substanzen. Andererseits wird bei der Herstellung von Crêpe durch den Waschprozeß das enthaltene Serum entfernt, und daher vulkanisiert Crêpekautschuk langsamer als ein aus dem gleichen Latex erhaltener Sheetkautschuk. Wenn auch unsmoked Sheets schneller als Crêpe vulkanisiert, so trifft das bei smoked Sheets nicht zu, da der beschleunigende Einfluß des Serums durch den verzögernden des Räucherns aufgehoben wird. Dieses ist wahrscheinlich dem Einfluß der im Rauch vorhandenen Phenole zuzuschreiben, denn Whitby hat gezeigt, daß Kautschuk, der aus phenolhaltigem Latex koaguliert wurde, langsamer vulkanisiert als Kautschuk aus dem gleichen Latex ohne Phenolzusatz[2]).

Abgesehen von der bereits im Latex vorhandenen beschleunigenden Substanz, kann ein zweiter Beschleuniger als Ergebnis der nach der Koagulation eintretenden Fäulnisbildung gebildet werden. So tritt Fäulnisbildung, wenn das feuchte Koagulum nicht sofort zu Sheets oder Crêpe verarbeitet wird, unter den gewöhnlichen tropischen Verhältnissen ein. Die Vulkanisationseigenschaften werden dadurch beeinflußt, z. B. war die Vulkanisationszeit eines Crêpekautschuks aus einem bestimmten Koagulum, wenn die Verarbeitung des Koagulums zu Crêpe 1 Tag nach der Koagulation vorgenommen war, $2\frac{3}{4}$ Stunden[3]). Wurde die Verarbeitung 4 Tage nach der Koagulation vorgenommen, so war die Vulkanisationszeit $1\frac{1}{2}$ Stunden, nach einer 10 tägigen Pause $1\frac{1}{4}$ Stunden. Die Zugabe von Antisepticis, wie z. B. Formalin, verhinderte die Fäulnisbildung, die gleiche Wirkung konnte durch Erhitzen des Koagulums erzielt werden. Ein solches Koagulum konnte nach dieser Behandlung aufbewahrt werden, ohne eine beschleunigende Substanz zu bilden.

---

[1]) J. S. C. I. **34**, 989. 1915. [2]) J. S. C. I. **35**, 497. 1916.
[3]) Eaton u. Grantham: J. S. C. I. **35**, 715. 1916.

Die Bildung einer beschleunigenden Substanz wurde auch durch Aufbewahren bei 0^0 verhindert, jedoch nur so lange, als das Koagulum bei 0^0 aufbewahrt wurde. Beim Weiterlagern eines früher kalt gelagerten Koagulums entwickelte sich die Fäulnisbildung normal, und ein schnell heizender Kautschuk wurde erhalten. Durch dieses „Reifung" genannte Verfahren erhält man einen Kautschuk, der in einer Kautschukschwefelmischung (90:10) bei 1 bis 1¼ Stunden auf 140^0 ein zufriedenstellendes Vulkanisat ergibt. Unter gleichen Bedingungen benötigt ein normaler Sheet- oder Crêpekautschuk 2½ bis 3 Stunden. Diese große Vulkanisationsgeschwindigkeit erhält der Kautschuk in den ersten 6 Tagen der Reifung, und wenn das Slab am Ende dieser Zeit zu Crêpe verarbeitet wird, dann bleiben die charakteristischen Eigenschaften der schnellen Vulkanisation erhalten. Kautschuk, der auf dem Markt in Form von Slabs erscheint, besitzt diese große Vulkanisationsgeschwindigkeit, es sei denn, daß besondere Vorkehrungen getroffen worden sind, wie durch die Zugabe eines Antisepticums, um die Fäulnisbildung zu verhindern.

Dieser Reifungsprozeß, wenn auch in beschränkterem Maße, tritt auch bei der Herstellung von Sheetkautschuk ein, besonders bei ungeräucherten Sheets, welche langsam bei gewöhnlicher Temperatur getrocknet werden. Wenn Sheets ausgewalzt und zum Trocknen aufgehängt werden, sind sie eigentlich nichts anderes als dünne Slabs, und wenn das Trocknen aus irgendeinem Grunde nicht so schnell vor sich geht als gewöhnlich, dann kann die Fäulnisbildung in den Anfangsstadien des Trocknens eintreten. Während der Reifung von Slabkautschuk zersetzt sich ein Teil der Stickstoffsubstanz und liefert Stoffe, welche flüchtiger sind und sich leichter in Wasser lösen. Aus diesem Grunde enthält Slabkautschuk gewöhnlich geringere Stickstoffmengen als die anderen Kautschuksorten und eine noch geringere Menge findet man im Crêpe, der aus Slabkautschuk hergestellt ist. Der Verlust an stickstoffhaltiger Substanz ist jedoch verhindert, wenn der Slabkautschuk zuerst geräuchert wird.

Die obigen Punkte zeigen, in welchem Maße die Eigenschaften des Kautschuks durch Veränderungen beeinflußt werden, die im Koagulum stattfinden, wenn es nicht binnen kurzer Zeit zu Sheets oder Crêpe verarbeitet wird. Es wurde auch gezeigt, daß die Eigenschaften schwanken, je nachdem, ob der Kautschuk zu Sheets oder zu Crêpe verarbeitet wird, d. h. mit anderen Worten, je nachdem, ob die Serumsubstanzen im Kautschuk erhalten bleiben oder nicht. Es wurde auseinandergesetzt, daß bei der Herstellung von Crêpe allgemein Natriumbisulfit vor der Koagulation dem Latex zugesetzt wird, um das Entstehen eines hellen Kautschuks zu gewährleisten. Die Verwendung von Natriumbisulfit in normal angewendeten Mengen scheint die Eigenschaften des Kautschuks nicht in meßbarer Weise zu beeinflussen. Eaton bemerkte nur ein geringes Ansteigen der Vulkanisationszeit[1]), de Vries eine Verringerung der Heizzeit und eine geringe Steigerung der Festigkeit[2]).

Die Wirkung starker mechanischer Bearbeitung bei der Herstellung von Crêpekautschuk wurde ebenfalls untersucht[3]), und es wurde festgestellt, daß ein 70maliges Durchwaschen im Waschwerk keine meßbare Wirkung auf die Vulkanisationszeit oder auf die Festigkeit hat[4]). Eaton stellte fest, daß in den ersten Stadien der Crêpebereitung eine geringe Vergrößerung der Vulkanisationszeit und eine Verminderung in der Festigkeit bewirkt wird, daß aber, wenn Crêpe erst einmal in die dünnen Felle ausgewalzt ist, ein weiteres Walzen keinen Effekt hervorruft.

Dabei darf nicht vergessen werden, daß bei der Herstellung von Crêpe der Kautschuk nicht warm wird, denn es strömt dauernd Wasser über den Kautschuk, daher darf das Walzen auf einer Crêpemaschine nicht mit gewöhnlichem Mastizieren oder Kneten in eine Reihe gestellt werden.

Die Art und Weise, auf welche der Kautschuk getrocknet wird, ist nicht ohne Einwirkung auf die Vulkanisationsgeschwindigkeit. Es wurde festgestellt, daß beim Trocknen von Sheets die Entwicklung von vulkanisationsbeschleunigenden Substanzen von der schnellen oder langsamen Trocknung abhängt. Auch die Temperatur der Trocknung ist nicht ohne Einfluß. Sheets, die bei 50 bis 55° C getrocknet sind, vulkanisieren schneller als Sheets, die bei normaler Temperatur (30°) getrocknet werden[5]). Die Einwirkung der Hitze bewirkt ein Ansteigen der Vulkanisationsgeschwindigkeit, vielleicht durch die Beschleunigung, die die in den Anfängen der Trocknung stattfindende Schimmelbildung hervorruft. Wenn in einer rauchbeladenen Atmosphäre getrocknet wird, dann sind zwei entgegengesetzte Faktoren vorhanden. Der Effekt der Hitze, der die Vulkanisationszeit herabsetzen will und die Wirkung der Rauchbestandteile, die entgegengesetzt gerichtet ist[6]).

Der Einfluß der einzelnen Koagulationsmethoden. In den obigen Zahlen sind die Veränderungen, welche beim Kautschuk, der mit Hilfe von Essigsäure koaguliert wurde, auftraten, erwähnt worden. Es ist von Interesse, sich zu vergegenwärtigen, wie die Eigenschaften des Kautschuks durch die Anwendung verschiedener Koagulationsmethoden beeinflußt werden. Die zwei wichtigsten anderen Prozesse sind das Verdampfen des Latex und die spontane Koagulation. Aus den Versuchen von Eaton und Grantham geht klar hervor, daß das Trocknen des Serums auf dem Kautschuk, selbst wenn keine Schimmelbildung

---

[1]) Bull. F. M. S. **27**, 210.   [2]) Archief **2**, 97. 1918.
[3]) Bull. Imp. Inst. **4**, 533. 1916; **14**, 436. 1922. — de Vries u. Swart: Archief **1**, 1. 1917.
[4]) Bull. F. M. S. **27**, 197.   [5]) Eaton: Bull. F. M. S. **27**, 182.
[6]) Eaton: J. S. C. I. **36**, 1226. 1917.

eintritt, einen schnell heizenden Kautschuk liefert, und es ist daher nicht überraschend zu finden, daß beim Verdampfen des Serums der zurückbleibende Kautschuk ebenfalls eine hohe Vulkanisationsgeschwindigkeit besitzt[1]). Kautschuk, welcher nach irgendeinem Verfahren, das die Verdampfung des Latex in sich schließt, bereitet ist, wie z. B. beim Koagulieren auf einer heißen Trommel oder beim Versprühen in einer erhitzten Kammer, wird daher schnell vulkanisieren. Es ist interessant zu bemerken, daß Kautschuk aus verdampftem Latex durch Extraktion mit Wasser oder Aceton diese Eigenschaften nicht verliert[2]). Die Festigkeitseigenschaften von verdampftem oder Sprühkautschuk sind im allgemeinen gleich oder besser als der Durchschnitt für Sheets, wenn auch Stevens Zahlen veröffentlicht hat, welche zeigen, daß das nicht immer der Fall ist[3]).

Spontane Koagulation kann in Gegenwart von Luft oder bei Luftabschluß eintreten. In beiden Fällen besitzt der erzielte Kautschuk gute Festigkeitseigenschaften und eine verhältnismäßig hohe Vulkanisationsgeschwindigkeit[4]). In Fällen, in denen die Koagulation bei Gegenwart von Luft eintritt, beginnt der Kautschuk zu faulen, und daher besitzt der Kautschuk eine größere Vulkanisationsgeschwindigkeit, als wenn die Koagulation unter anaeroben Bedingungen eintritt.

Der Einfluß der Veränderungen nach der Bereitung des Kautschuks. Nach der Bereitung des Kautschuks unter gewöhnlichen Bedingungen können die wertvolleren Kautschukarten viele Jahre aufbewahrt werden, ohne eine sichtliche Veränderung einzugehen. Leichtes Nachdunkeln tritt ab und zu bei pale Crêpe auf, und smoked Sheets bekommen eine matte Oberfläche. Daß die Festigkeitseigenschaften nicht durch das Lagern berührt werden, wurde von Stevens gezeigt[5]), der auch nach 13 jährigem Lagern die Festigkeit als normal befunden hat.

Zu ähnlichen Resultaten führten Versuche von de Vries mit 2 bis 4 Jahren gelagertem Kautschuk[6]). Bei erstklassigem Kautschuk war die Festigkeit praktisch normal und einzelne geringwertigere Sorten gaben ähnliche Resultate. Rindenscraps und Earthscraps zeigten aber eine auffallende Zerstörung. Sowohl Stevens als auch de Vries fanden einen Ausgleich in der Vulkanisationsgeschwindigkeit, indem schnell vulkanisierende Kautschukarten eine Verlängerung und langsam vulkanisierende Kautschukarten eine geringe Verkürzung der Vulkanisationszeit nach dem Lagern zeigten. Allerdings gibt es gewisse Ober-

---

[1]) Bull. F. M. S. **27**, S. 78. — Stevens: J. S. C. I. **41**, 326. T. 1922.
[2]) Stevens: a. a. O.   [3]) I. R. J. **65**, 274. 1923.
[4]) Eaton u. Grantham: Bull. F. M. S. **27**, 286. — Bull. Imp. Inst. **20**, 439. 1922. — Spoon: Archief **3**, 335. 1919; **4**, 289. 1920.
[5]) J. S. C. I. **37**, 340. T. 1918. — Bull. R. G. A. **3**, 280. 1921.
[6]) Archief **5**, 140. 1921.

flächenfehler, welche durch das Lagern oder durch lange dauernden Transport entstehen können. Der eine ist die Schimmelbildung, der andere ist die Erscheinung des Rostigwerdens. Geringe Schimmelbildung findet man oft bei ungeräucherten Sheets, und ihre Entwicklung wird durch die Anwesenheit von Serumsubstanzen, die den Nährboden darstellen, gefördert. Das Räuchern beugt der Entwicklung des Schimmels vor, doch sind nach Stevens die Rauchbestandteile, die vom Kautschuk absorbiert werden, nicht genügend fungicid, um dieses in allen Fällen zu gewährleisten[1]). Eine Behandlung mit Formalin hat keine Wirkung, doch gibt Kieselfluornatrium, wenn es dem Latex in der Menge von 0,6 g/l vor der Koagulation zugesetzt wird, zufriedenstellende Resultate. Selbst wenn dieses Reagenz zugesetzt wird, ist es wichtig, daß die Sheets nicht feucht verpackt werden, weil sie sonst Schimmel entwickeln könnten[2]). Kautschuk, der aus Latex, der vorher mit Kieselfluornatrium behandelt wurde, erhalten wurde, zeigt eine etwas niedrigere Vulkanisationsgeschwindigkeit als normal und besitzt in geringem Maße vergrößerte Festigkeitseigenschaften. Wenn sich auch Schimmel in leichtem Maße an der Oberfläche entwickelt, so ist das noch kein Beweis, daß die Eigenschaften des Kautschuks dadurch leiden. Stevens stellt fest, daß durch größere Schimmelkulturen Verschiedenheiten entstehen. Der graugrüne Schimmel, welcher sich bei Tageslicht entwickelt, hat einen verzögernden Einfluß, während der schwarzgelbe, stecknadelkopfförmige Schimmel, welcher sich im Dunkeln entwickelt, in geringem Maße beschleunigend wirkt.

Mit „Rosten" bezeichnet man jene Erscheinung, die manchmal bei smoked Sheets vorkommt, welche, wenn sie gedehnt und entlastet werden, in den gedehnten Teilen undurchsichtig werden, da die Oberfläche mit einem feinen, braunen Pulver bedeckt ist. Nach Eaton[3]) ist diese Erscheinung eine Folge des Zerreißens einer verhältnismäßig spröden, jedoch durchsichtigen Schicht von eingetrocknetem Serum, welche die Dehnung des Kautschuks nicht mitmacht. Hellendoorn stellt fest, daß das Häutchen nicht tatsächlich eingetrocknetes Serum ist, sondern ein Zersetzungsprodukt, welches durch einen anaeroben Mikroorganismus gebildet wird[4]). Was immer die Natur des Häutchens ist, die anwesende Substanz scheint ohne Einfluß auf die Eigenschaften des Kautschuks zu sein.

XI. Die Bestandteile der Kautschukmischungen.

Wenn der Kautschuk auch durch die Vulkanisation größere Festigkeit erhält, welche ihn einem größeren Anwendungsbereich zugänglich

---
[1]) Bull. R. G. A. **3**, 190, 243, 472. 1921.
[2]) Stevens: Bull. R. G. A. **4**, 331. 1922.
[3]) Bull. F. M. S. **27**, 300.   [4]) Archief **3**, 430. 1919.

macht als den Rohkautschuk, so wäre sein Anwendungsgebiet doch wesentlich beschränkter, wenn nicht die Hinzufügung von geeigneten Füllmitteln seine Eigenschaften modifizieren würden. Ein ,,reiner" vulkanisierter Kautschuk, d. h. ein solcher, der nichts als Schwefel enthält, würde nur eine geringe technische Anwendung finden. Daher enthalten technische Kautschukmischungen außer Schwefel noch geeignete andere Bestandteile, deren Zweck ist, dem Vulkanisat bestimmte Eigenschaften zu geben oder die Verarbeitung zu erleichtern. Allgemein kann man vielleicht folgende Einteilung treffen:

a) Farbstoffe, Pigmente.

b) Weichmachungsmittel, die die Verarbeitung erleichtern sollen (Kalandern, Ziehen auf der Schlauchmaschine usw.).

c) Füllmittel, die das Produkt verbilligen sollen.

d) Aktive Füllstoffe, die dem Produkt besondere Eigenschaften verleihen.

e) Beschleuniger, die den Vulkanisationsprozeß abkürzen.

Diese Einteilung hat keine scharfen Grenzen, denn manche Pigmente können auch als aktive Füllstoffe und auch als Beschleuniger aufgefaßt werden. Auch wirken manche Verbilligungsmittel als Weichmachungsmittel usw.

Pigmente.

Bei der Auswahl der Pigmente und Farbstoffe muß man die Bedingungen der Vulkanisation in Betracht ziehen, welche natürlich bei der Heiß- und Kaltvulkanisation verschieden sind. Pigmente und Farbstoffe, die bei der Heißvulkanisation angewendet werden sollen, müssen ein dreistündiges Erhitzen auf 150° aushalten können. Diese Bedingung schließt schon an und für sich eine beträchtliche Anzahl von organischen Farbstoffen als unbrauchbar aus. Ein anderer nicht außer acht zu lassender Faktor ist, daß das Erhitzen bei Anwesenheit von Schwefel geschieht. Daher kann z. B. Bleiweiß nicht als weißer Farbstoff verwendet werden, da es mit Schwefel reagiert und schwarze Vulkanisate ergibt. Aus dem gleichen Grunde kann Bleiglätte nicht als gelber Farbstoff verwendet werden, wenn es auch bei der Fabrikation von schwarzen Artikeln in großem Maße als anorganischer Beschleuniger verwendet wird.

Allgemein werden nur Farbstoffe von großer Deckkraft bei der Fabrikation von Kautschukwaren verwendet, da der Kautschuk beim Vulkanisieren nachdunkelt und die Wirkung der Farbstoffe auf diese Weise abgeschwächt wird.

Wenn mit Chlorschwefel vulkanisiert wird, dann muß der Farbstoff gegen die Einwirkung des Chlorschwefels widerstandsfähig sein, ferner auch gegen Salzsäure, die bei der Einwirkung von Feuchtigkeit entstehen kann, und gegen Ammoniak, mit welchem eventuell entstehende Säure hernach neutralisiert wird.

Wenn der Peachey-Prozeß angewendet wird, kann nahezu jeder Farbstoff verwendet werden.

Weiße Farbstoffe. Zinkweiß ist fraglos der weitaus am meisten verwendete weiße Farbstoff. Es verdankt sein großes Anwendungsgebiet nicht nur seinen Farbeigenschaften, sondern auch der Zähigkeit, die es dem vulkanisierten Kautschuk verleiht.

Bei der Fabrikation von Zinkoxyd kann man entweder das „direkte" amerikanische oder das „indirekte" französische Verfahren anwenden. In dem einen Fall wird das Erz zu metallischem Zink reduziert, welches direkt zu Zinkoxyd oxydiert wird. In dem anderen Fall wird das Zink erst nach einer Reinigung zu Oxyd verbrannt. Nach Green[1]) beträgt der Teilchendurchmesser des nach dem amerikanischen Verfahren hergestellten Zinkoxyds 0,4 bis 0,6 μ, der des nach dem französischen Verfahren hergestellten 0,3 bis 0,4 μ. Beide Verfahren liefern ein Produkt das aus hexagonalen Prismen besteht, die ab und zu durch das Vorkommen von Zwillings-, Drillings- oder Vierlingskristallen gekennzeichnet sind. Manchmal ist das Zinkoxyd durch Cadmium verunreinigt, das dem Material einen gelben Stich gibt, der sich durch die Vulkanisation vertieft. Andererseits dunkelt Zinkweiß, das Blei enthält, und vor der Vulkanisation durchaus weiß erscheint, durch die Vulkanisation nach (Zinkgrau). Lithopone besteht gewöhnlich aus einer Mischung von Bariumsulfat und Zinksulfid im molekularen Verhältnis. Das Herstellungsverfahren beruht auf der gegenseitigen Fällung von Zinksulfat mit Bariumsulfid.

$$BaS + ZnSO_4 = ZnS + BaSO_4.$$

Eine so hergestellte Lithopone enthält 70,5 Bariumsulfat und 29,5% Zinksulfid. Praktisch wird oft ein Teil des Bariumsulfides mit Zinkchlorid gefällt, und zu dem Rest Zinksulfat hinzugefügt, so daß die schließliche Zusammensetzung die gleiche ist. Der so erhaltene Niederschlag besitzt nur mäßige Färbkraft. Diese wird jedoch durch Erhitzen (Calcinieren) und folgendes Abschrecken in Wasser wesentlich erhöht. Während des Erhitzens geht ein Teil des Zinksulfids in Oxyd über, so daß man dieses in der handelsüblichen Lithopone oft vorfindet. Lithopone besitzt eine schöne weiße Farbe von größerer Intensität als die einfache Mischung von Bariumsulfat und Zinksulfid. Die Farbe dunkelt beim Belichten manchmal nach, was auf Spuren von Zinkchlorid zurückzuführen ist[2]). Nach Green beträgt der Teilchendurchmesser 0,3 bis 0,4. Auch Zinksulfid allein wird ab und zu als weißer Farbstoff angewendet, doch nicht in beträchtlichem Ausmaße.

---

[1]) Chem. and Metall. Eng. 28, 53. 1923.
[2]) Steinau: C. T. I. 69, 271. 1921.

Titanoxyd oder Titanweiß, Ti_2O_3, ist ein Farbstoff von großer Feinheit und großem Färbevermögen. Er ist in dieser Hinsicht auch dem Zinkweiß überlegen. Der verhältnismäßig hohe Preis ist vielleicht der einzige Grund, der sich seiner Verwendung im größeren Maßstabe, als es der Fall ist, in den Weg stellt.

Antimonoxyd, Sb_2O_3, auch unter der Bezeichnung Timonox bekannt, ist ebenfalls ein ganz guter weißer Farbstoff, doch ändert er oft seine Nuance durch Bildung von Sb_2S_3 während der Vulkanisation.

Kreide und andere Formen des Calciumcarbonats, wie z. B. die gefällte Kreide, werden ebenfalls in großem Maßstabe verwendet, und besitzen neben guten Eigenschaften als Farbstoffe auch noch solche, die sie als milde aktivierende Füllstoffe wertvoll erscheinen lassen.

Andere weiße Füllstoffe, die aber als Farbstoffe nicht so sehr in Betracht kommen, sind Schwerspat, verschiedene Tone und Kaoline, Asbestpulver, Glimmer und Talkum.

Rote und orangefarbige Farbstoffe. Antimonsulfid oder Goldschwefel ist vielleicht der im größten Maßstabe gebrauchte rote oder orangefarbige Farbstoff. Er wird auf folgendem Wege hergestellt: Schwefel und Antimonerz (natürlich vorkommendes Antimonsulfid) werden in einer Alkalisulfidlösung unter Bildung eines Sulfantimoniats gelöst. Daraus wird durch Zusatz von Säure das Sulfid als Niederschlag, dessen Farbe von orangerot bis goldgelb schwankt, erhalten. Je nach den Bedingungen, unter denen die Fällung vorgenommen wird, besteht das Sulfid nur aus Trisulfid, oder aus Trisulfid und einem höheren Sulfid, z. B. dem Pentasulfid. Das Pentasulfid entsteht folgendermaßen:

$$3Na_2S + Sb_2S_3 + 2S = 2Na_3SbS_4$$
$$2Na_3SbS_4 + 3H_2SO_4 = 3Na_2SO_4 + Sb_2S_3(Sb_2S_3 + 2S) + 3H_2S.$$

Das Natriumsulfantimoniat, welches in der reinen Form $Na_3SbS_4 \cdot 9H_2O$ als Schlippesches Salz bekannt ist, wird durch Säuren unter H_2S-Entwicklung und Bildung von Sb_2S_5 zersetzt. Die Fällung von Pentasulfid tritt nur unter ganz bestimmten Versuchsbedingungen ein, und gewöhnlich wird eine gewisse Menge Trisulfid und Schwefel mit gefällt. Oft wird das Antimonerz in Calciumsulfidlauge gelöst, und dann enthält der Goldschwefel auch ausgefällten Gips. So enthält handelsüblicher Goldschwefel Antimonpentasulfid, Antimontrisulfid, Schwefel und Gips in wechselnden Mengen.

Der freie Schwefel, der durch Extraktion mit Schwefelkohlenstoff bestimmt wird, wird bei jeder bestimmten Handelsmarke mit angegeben, da er bei der Vulkanisation natürlich mitwirkt und in Betracht gezogen werden muß. Auch spaltet das Pentasulfid unter Umständen bei der Vulkanisation Schwefel ab, der ebenfalls bei der Vulkanisation in Betracht kommt.

Die Anwesenheit von Pentasulfid im Goldschwefel ist bestritten worden[1]), wenn auch die Existenz eines höheren Sulfids zugegeben wird. Ob das höhere Sulfid das Pentasulfid oder ein Tetrasulfid Sb_2S_4 (= Antimonsulfantimoniat $SbSbS_4$) ist, ist schließlich weniger wichtig als die Frage, ob sich dieses Sulfid bei Vulkanisationstemperaturen zersetzt und Schwefel abspaltet.

Luff und Porritt[2]) haben gezeigt, daß gewisse Goldschwefelsorten beim Erhitzen auf 150° Schwefel abspalten, und es ist notwendig, auch diesen Schwefel in Betracht zu ziehen.

Es ist nicht klar, warum das Vorhandensein von Pentasulfid in Goldschwefel als wesentlich oder gar wünschenswert angesehen wird, denn die Farbstoffeigenschaften von pentasulfidhaltigen Goldschwefelsorten sind denen von einem Trisulfid nicht überlegen, und Pentasulfid bringt wegen des abspaltbaren Schwefels immer eine gewisse Unbestimmtheit in bezug auf den Vulkanisationsschwefel mit sich, während beim Trisulfid diese Unsicherheit wegfällt.

Goldschwefel geht beim Erhitzen auf 200° in die schwarze Modifikation über, doch tritt diese Veränderung auch beim Erhitzen auf niedrigere Temperaturen ein und kann schon bei 100° durch wiederholtes Abdampfen mit Wasser erzielt werden. In den meisten Fällen bleibt die Farbe während der Vulkanisation erhalten, wenn auch Proben, die Spuren Verunreinigungen enthalten, wie z. B. Salzsäure, nachdunkeln.

Außer als roter Pigmentfarbstoff wirkt Goldschwefel auch beschleunigend. Ob jedoch dieses Verhalten sich nur auf Sorten erstreckt, die höhere Sulfide enthalten, ist ungewiß[3]).

Hochroter Goldschwefel wird durch Zufügen von Natriumthiosulfat zu einer Lösung von Sb_2S_3 erhalten. Der hierbei entstehende Niederschlag färbt sich beim Erhitzen der Flüssigkeit scharlachfarbig. Seine Zusammensetzung liegt nahe beim Trisulfid, doch ist auch manchmal das Oxyd oder das Oxychlorid vorhanden.

Zinnober, HgS, wird auch als Kautschukpigment verwendet, besonders in der Fabrikation von Hartgummi. Für diesen Zweck läßt sich Goldschwefel nicht anwenden; denn bei langer Vulkanisationsdauer und hoher Vulkanisationstemperatur dunkelt er nach.

Eisenoxyd, Englischrot, Eisenrot, Fe_2O_3, wird in großem Ausmaße als rotes Pigment und, wie später gezeigt wird, als aktiver Füllstoff gebraucht. Eisenoxyd dunkelt bei der Vulkanisation nicht nach. Auch manche Erden, Ocker, die dem Eisenoxyd ihre Farbe verdanken, werden ab und zu angewendet.

---

[1]) Vgl. Kirchhof: Z. Anorg. Chem. **112**, 67. 1920. — Short u. Sharpe: J. S. C. I. **41**, 109 T. 1922.
[2]) J. S. C. I. **40**, 275 T. 1921.
[3]) Anderson u. Ames: J. S. C. I. **42**, 136 T. 1923.

Eine Anzahl organischer Farblacke, so gewisse Alizarinlacke, sind vulkanisationsecht und werden häufig bei der Heißvulkanisation verwendet. Viele öllösliche Farbstoffe, wie z. B. Ölrot S (Toluolazotoluol-azo-β-naphthol), welche für transparente Platten geeignet sind, können mit Erfolg zur Herstellung farbiger Artikel verwendet werden.

Gelbe Farbstoffe werden nicht in großem Ausmaße verwendet, doch gibt es eine Anzahl, die zufriedenstellende Resultate ergeben, so hauptsächlich die Sulfide von Arsen und Cadmium. Zinkchromat kann für Heiß- und Kaltvulkanisation verwendet werden. Bleichromat dunkelt dagegen beim Heißvulkanisieren nach.

Der hauptsächlich gebrauchte **grüne Pigmentfarbstoff** ist Englisch Grün, Chromoxyd Cr_2O_3, der gegen Heiß- und Kaltvulkanisation unempfindlich ist.

Die allgemein gebrauchten **blauen Farbstoffe** sind Ultramarin und Berlinerblau. Während Ultramarin bei der Heißvulkanisation gut verwendet werden kann, wird es bei der Kaltvulkanisation durch die manchmal entstehende Salzsäure angegriffen. Dagegen ist Berlinerblau kaltvulkanisierecht, behält aber seine Farbe bei der Heißvulkanisation nicht.

Schwarze Pigmente sind die verschiedenen Arten des Kohlenstoffes, von denen Gasruß, Ölruß und pflanzlicher Ruß die wichtigsten sind. Ölruß (Lampenschwarz) wird durch unvollkommene Verbrennung von Ölen, Fetten und anderer organischer Substanz erhalten (Anthracenöle). Der so entstehende Ruß setzt sich in einer Reihe von Kammern in verschiedener Feinheit ab, indem sich die schwersten Teilchen, die als Lampenschwarz verkauft werden, in den ersten Kammern sammeln, während sich die leichteren, feineren Teilchen in den letzten Kammern absetzen. Diese werden als „vegetable black" auf den Markt gebracht.

Gasruß wird in Amerika durch unvollständige Verbrennung des Erdgases erzeugt. Die Flamme berührt eine rotierende Metalloberfläche, und der abgesetzte Ruß wird durch Schaber von der Metalloberfläche abgekratzt. Die Teilchengröße ist 0,15 μ gegen 0,3 bis 0,4 μ für Ölruß[1]), aber aller Wahrscheinlichkeit nach liegen die Durchschnittswerte unter der Auflösungsgrenze des Mikroskops.

Nach Analysen von Neal und Perrot enthält Gasruß 79 bis 92% festen Kohlenstoff, 2 bis 7% H_2O und 5 bis 13% flüchtige Anteile. Auch absorbierte Gase sind anwesend, die durch eine Töplersche Pumpe entfernt werden können. Das bei gewöhnlicher Temperatur abgepumpte Gas hat die Zusammensetzung der Luft, das bei hoher Temperatur, d. h. bei 445° C abgepumpte Gas enthält viel CO_2 und CO. Das spezifische Gewicht von getrocknetem Gasruß schwankt von 1,7 bis 1,88, je nach dem Muster.

---

[1]) Green: Chem. und Metall. Eng. **28**, 53. 1923.

Seinerzeit wurde auch ein verunreinigtes Bleithiosulfat unter dem Namen ,,Blackhypo" als schwarzer Pigmentfarbstoff verwendet. Es wird durch Erhitzen von Bleicarbonat mit Schwefel dargestellt, wobei Bleithiosulfat, Bleisulfat und Bleisulfid entstehen. Das letzte gibt dem Material die schwarze Farbe. Blackhypo besteht daher aus einer Mischung dieser Verbindungen mit freiem Schwefel, dessen Menge genügen dürfte, um die Notwendigkeit, noch außerdem Vulkanisationsschwefel einer Mischung zuzufügen, auszuschließen.

Weichmachungsmittel.

Um die Verarbeitung des Kautschuks zu erleichtern, ist es manchmal notwendig, der Mischung Bestandteile zuzufügen, die den Kautschuk plastisch machen. Es sind dies hauptsächlich organische Stoffe. Regenerat, Faktis, Bitumina und Pech, Paraffin-Kohlenwasserstoffe wie Mineralöle und Vaseline, ferner in geringem Maße pflanzliche Öle, sind die hauptsächlichsten Vertreter.

Regenerat. Regenerat wird aus Abfällen oder gebrauchten und nicht mehr verwendbaren Kautschukartikeln hergestellt. Trotz der Behandlung, die vulkanisierter Kautschuk erfährt, der zu Regenerat verarbeitet wird, bleiben viele Eigenschaften des vulkanisierten Kautschuks auch noch im Regenerat erhalten. Alle Bemühungen, den gebundenen Schwefel aus dem Kautschuk zu entfernen, sind erfolglos geblieben. Was erreicht wurde, ist, daß man den vulkanisierten Kautschuk wieder plastisch machen kann, so daß er so wie Rohkautschuk verarbeitet werden kann. Gewöhnlicher vulkanisierter Kautschuk zerfällt beim Kneten auf der Mischwalze in ein krümeliges Material, während Regenerat wieder weich und plastisch wird.

Die vulkanisierten Abfälle oder alle Altgummis, die als Rohmaterial für die Regeneratfabrikation dienen, bestehen außer aus Kautschuk noch aus Füllmaterialien, manchmal aus Gewebe, Metallen und anderen Stoffen.

Die einfachste Art der Regeneratfabrikation ist die aus Abfall ohne Gewebe, Metall usw. Durch Mahlen zu einem feinen, lockeren, krümeligen Produkt und nachfolgendes Erhitzen unter Druck erhält man eine homogene Masse, die direkt zu Artikeln geformt werden kann. Man kann den gemahlenen Abfall auch mit Paraffin-Kohlenwasserstoffen erhitzen und erhält so ein weiches Material, welches auf die gewöhnliche Art und Weise mastiziert werden kann. Eine große Anzahl von solchen plastischmachenden Mitteln ist patentiert worden, z. B. Terpentin, Anilin, Creosot, Phenole und andere hochsiedende organische Flüssigkeiten, doch sind diese von verhältnismäßig geringem praktischen Interesse. Ein auf diesem Wege erhaltenes Produkt wird auch oft als ,,Präparat" bezeichnet, zum Unterschiede von dem Regenerat, das eine chemische Behandlung erfahren hat. Die chemische Behandlung ist in Fällen nötig, wo der Abfall aus Reifen, gummiertem Gewebe, Gummischuhen usw. besteht, wo der Kautschuk mechanisch untrennbar mit Gewebe verarbeitet ist. In solchen Fällen wird der Kautschuk von den Fremdsubstanzen entweder durch den alkalischen, oder den sauren Regenerierprozeß getrennt.

Beim sauren Prozeß wird das Rohmaterial gemahlen, und von Verunreinigungen durch Siebe getrennt. Eisen wird durch einen Magneten entfernt. Hierauf wird das Material mit verdünnter Schwefelsäure bei gewöhnlichem Druck erhitzt. Dadurch wird das Gewebe zerstört und manche anorganischen Bestandteile des Kautschuks werden auf diese Weise herausgelöst. Der Säureüberschuß wird mit Wasser herausgewaschen und das Material bei hohem Druck mit Dampf erhitzt, sodaß es auf Walzwerken auf normale Art verarbeitet werden kann.

Der alkalische Prozeß besteht in einer Behandlung des gemahlenen Abfalles mit verdünnter Natronlauge im Autoklaven bei 170 bis 180° C. Dadurch wird das Gewebe und ein großer Teil des freien Schwefels herausgelöst. Bei der hohen Temperatur wird der Kautschuk plastisch und kann nach dem Waschen auf dem Walzwerk zu Platten gezogen werden.

Faktis. Faktis, auch manchmal Ölkautschuk bezeichnet, wird durch Behandlung von pflanzlichen Ölen mit Schwefel oder Chlorschwefel erhalten. Es werden zwei Sorten von Faktis hergestellt, und zwar weißer und brauner Faktis. Weißer Faktis wird durch Reaktion von pflanzlichen Ölen, wie Baumwollsamenöl oder Rüböl, mit Chlorschwefel erhalten und bildet eine gelbliche, gelatinierte Masse, die nach dem Mahlen bröckelig wird und dann eine weiße Farbe hat.

Brauner Faktis wird durch Erhitzen des pflanzlichen Öles mit Schwefel erhalten; die Reaktion liefert eine braune Masse, die aber sonst an den weißen Faktis erinnert.

Faktis ist in den meisten organischen Lösungsmitteln unlöslich, ist aber leicht mit wässeriger oder alkoholischer Lauge verseifbar.

Bitumina. Diese Weichmachungsmittel werden auch manchmal als M. R. (mineral rubber) bezeichnet. Man versteht darunter allerlei natürliche oder künstliche bituminöse Substanzen. Der Name Mineral Rubber wurde ursprünglich einem natürlich in Derbyshire vorkommenden Elaterit gegeben, den man damals für eine Form des Kautschuks ansah. Jetzt bezeichnet man damit asphalt- oder pechartige Rückstände der Petroleumdestillation sowie auch die natürlich vorkommenden Bitumina, z. B. Gilsonit.

Andere Weichmachungsmittel. Paraffin, Vaseline, hochsiedendes Petroleum, Anilin, welches auch als Beschleuniger wirkt, sind andere Weichmachungsmittel. Leim, der heute in Amerika vielfach als aktives Füllmittel gebraucht wird, wurde ursprünglich als Mittel, das Einmischen der mineralischen Bestandteile zu erleichtern und deren Agglomeration zu vermeiden, vorgeschlagen.

Aktive Füllstoffe.

Früher mischte man in den Kautschuk gewisse Substanzen, die die Zähigkeit oder die Eigenschaften des vulkanisierten Kautschuks verbesserten. Spätere systematische Untersuchungen haben diese rein empirischen Methoden in der Mehrzahl der Fälle bestätigt und ausgebaut.

Eine der ersten Untersuchungen der Wirkung von Füllstoffen auf die mechanischen Eigenschaften, war die von Heinzerling uud Paal[1]), die die Festigkeits- und chemischen Eigenschaften einer Reihe von Mischungen, die Stoffe wie ZnO, Talkum, Flußspat, Goldschwefel, Bleiglätte und Magnesia enthielten, untersuchten. Leider ist die Arbeit gänzlich systemlos und die Resultate sind daher unverwertbar.

Eine systematischere Versuchsreihe wurde von Ditmar[2]) ausgeführt, der zu einer Kautschukschwefelmischung steigende Mengen jedes einzelnen Füllstoffes hinzufügte und die Festigkeitseigenschaften der Vulkanisate aufzeichnete. Beim Magnesiumcarbonat wurde gefunden, daß steigende Mengen bis 25% die Bruchfestigkeit beträchtlich steigern.

Ganz geringe Zinkoxydmengen, bis 1%, steigern die Dehnung. Größere Mengen bewirken das Umgekehrte. Die Festigkeit wird jedoch gesteigert.

Zugabe von Schwerspat in Mengen bis 25% ist praktisch ohne Wirkung auf die Festigkeit und Dehnung. Andererseits bewirkte Glasstaub ein Anwachsen der Festigkeit, blieb jedoch auf die Dehnung ohne Wirkung.

Ein Vergleich der Wirkung von steigenden Mengen von ZnO und Talkum auf eine Mischung von 100 Teilen Kautschuk und 5 Teilen Schwefel wurde von Beadle und Stevens[3]) angestellt.

Zu dieser Grundmischung wurden die beiden Füllstoffe in Mengen von $1/2$, 2, 5, 15, 40 und 75 Gewichtsteilen zugefügt und jede Probe 3 Stunden auf 135^0 vulkanisiert.

Es wurde gefunden, daß Zinkoxyd einen größeren Zähigkeitseffekt hervorrief als ein gleiches Gewicht Talkum, aber im Gegensatz zu Ditmar festgestellt, daß auch $1/2\%$ ZnO die Dehnbarkeit wesentlich herabsetzte. Allerdings arbeiteten Beadle und Stevens mit einer Mischung, die weniger Schwefel enthielt, und die Dehnung wurde nur

---

[1]) J. S. C. I. **11**, 536. 1892; **12**, 51. 1893. Vgl. Weber: The Chemistry of India-Rubber, S. 162.
[2]) Gummi Zeit. **20**, 733, 844, 1077. 1906; **21**, 103, 234, 418. 1906.
[3]) J. S. C. I. **30**, 1421. 1911.

Aktive Füllstoffe.

bei geringer Belastung gemessen. Geringe Mengen von Talkum vergrößerten die Dehnbarkeit bei einer gegebenen Belastung, oder mit anderen Worten, machten das Vulkanisat weicher. Oberhalb 2% wurde die Mischung zäher, und die Dehnung bei gegebener Belastung sank regelmäßig mit zunehmender Talkummenge.

Zinkoxyd in Mengen bis zu 10% erzeugte eine Verringerung der bleibenden Dehnung[1]), bei größeren Mengen war das Umgekehrte der Fall. Talkum vergrößerte die bleibende Dehnung stets. Mittels der Schwartzmaschine wurden fünf aufeinanderfolgende Hysteresis-Kurven gezogen, wobei bis 20 kg/cm² belastet wurde. Das von den Kurven eingeschlossene Kurvenstück war bei 40% ZnO am kleinsten, bei einer Mischung mit Talkum größer, am größten jedoch bei der Basismischung.

Mit Ausnahme der angeführten Untersuchungen war bis 1920 wenig Genaues über die Wirkung der Füllmittel bekannt. In diesem Jahre veröffentlichte Wiegand[2]) eine eingehende Untersuchung, die die Abhängigkeit der Festigkeitseigenschaften von der durchschnittlichen Teilchengröße darlegte. Es war schon lange Zeit bekannt, daß Farbstoffe ein um so größeres spezifisches Färbvermögen besaßen, je feiner sie verteilt waren, und das war ein Grund, feines Material grobem vorzuziehen. Ferner war das Vorhandensein von verhältnismäßig großen Teilchen in Waren, wie Luftschläuchen, wegen der durch Lageveränderung dieser Teilchen zustandekommenden Undichtigkeiten, unerwünscht.

So war man schon hierdurch darauf gekommen, der Feinheit der Füllstoffe sein Augenmerk zuzuwenden. Doch wurde der Zusammenhang von Feinheit der Füllmittel und Festigkeitseigenschaften erst von Wiegand klar formuliert. Das ist auch von Twiss[3]) anerkannt worden, der sagt: „Allgemein gesprochen, je größer die Feinheit einer mineralischen Substanz ist, desto größer ist die Festigkeit und Zähigkeit der Kautschukmischung, in die sie eingeführt wird."

Die von Wiegand erhaltenen Resultate zeigten in verblüffender Weise, wie die Festigkeitseigenschaften von vulkanisiertem Kautschuk zu der Teilchengröße der Füllmittel in Beziehung gesetzt werden konnten.

Die Versuchsmethode von Wiegand bestand in der Zugabe von steigenden Volumengen verschiedener Füllmittel zu einer Grundmischung, die folgende Zusammensetzung hatte:

	Volumteile	Gewichtsteile
Kautschuk	100	100
Bleiglätte	3	30
Schwefel	2,5	5

[1]) Hier ist nicht die wirklich bleibende Dehnung, sondern die nach einiger Zeit, also nicht nach Eintreten des Gleichgewichtszustandes, gemessene gemeint.
[2]) I. R. J. 60, 379, 423. 1920.   [3]) Ann. Rept. Appl. Chem. 4, 324. 1919.

Diese besondere Mischung wurde gewählt, weil sie in einem Vulkanisationsgebiet von 15 bis 45 Minuten auf 141° praktisch gleiche Festigkeitseigenschaften zeigte, und so wurden Veränderungen, die durch die Veränderungen der Vulkanisationszeit infolge Einführung der Füllmittel entstehen konnten, ausgeschaltet.

Die Zugabe verschiedener Füllmittel unter Zugrundelegung gleicher Volumina war ein Fortschritt der Versuchstechnik, da der Effekt jedes Bestandteiles volummäßig verglichen werden konnte.

Das wäre durch Einführung von verschiedenen Gewichtsmengen wegen der Differenzen im spezifischen Gewicht unmöglich.

Nach Einführung des betreffenden Volumens an Füllmittel wurde die Mischung bei der angegebenen Temperatur eine Standard-Zeit vulkanisiert, und auf einer Scott-Maschine mit stabförmigen Prüfstücken die Zugdehnungskurve ermittelt. Hier muß erwähnt werden, daß die Belastung auf den Totalquerschnitt und nicht auf den Querschnitt, der auf den Kautschukgehalt berechnet werden könnte, bezogen wurde. Die Kurven, die mit verschiedenen Mischungen mit ansteigendem Volumgehalt an einem besonderen Füllmittel erhalten wurden, wurden in ein Diagramm eingetragen, und so war es möglich, einen Einblick in die Wirkung steigender Zugabe jedes einzelnen Füllstoffes zu gewinnen.

Der Unterschied des Verhaltens verschiedener Füllstoffe wurde vom Standpunkt der Festigkeit und der Verschiebung der Zugdehnungskurve bei jeder Teilmischung beurteilt. Der am geringsten wirksame Füllstoff war Schwerspat. Zusätze bis auf 150 Volumina Schwerspat auf 100 Volumina Kautschuk waren auf die Zugdehnungskurve ohne Einfluß, sondern verminderten nur die Festigkeit. Baryt ist daher als inaktives Füllmittel zu betrachten. Gasruß lieferte die zufriedenstellendsten Resultate. Steigende Zusätze verschoben die Zugdehnungskurve gegen die Belastungsachse. Gleichzeitig wuchs die Festigkeit bei Zusätzen bis 30 Volumina, um erst bei 40 Volumina wieder den Wert der Grundmischung zu erreichen. Bei höheren Zusätzen fiel sie rasch ab. Bei einer Zugabe von 15 Volumina hatte die Zugdehnungskurve die Form, die eine reine Kautschuk-Schwefelmischung zeigt, verloren und war annähernd zur Geraden geworden, d. h. sie war in Übereinstimmung mit Hookes Gesetz. Gasruß ist daher ein aktiver „reinforcing" Füllstoff. Er hat auf die Kautschukmischung keinen verdünnenden Einfluß, sondern er vergrößert die Festigkeit des Kautschuks, vergrößert den Widerstand gegen die Dehnung. Ähnliche Eigenschaften zeigten andere Füllstoffe wie z. B. Zinkoxyd, doch begann die Abnahme der Festigkeit in diesem Falle bei 20 Volumina, und die Verschiebung der Kurve war nicht so ausgesprochen wie bei Gasruß.

Es muß erwähnt werden, daß man von allen Füllstoffen annahm, daß sie keine chemische Reaktion eingehen, und daß daher alle Unter-

Aktive Füllstoffe. 131

schiede im Verhalten nur eine Folge der Unterschiede der Teilchengröße seien.

Im Falle von Gasruß, Zinkoxyd und Kaolin ist die Wirkung steigender Füllstoffmengen vergleichbar mit der Wirkung steigender Vulkanisationszeiten. Schwerspat jedoch wirkt nicht in dieser Weise.

Um diese Ergebnisse ziffernmäßig darstellen zu können, nahm Wiegand als ein Kriterium die zwischen der Kurve und der Dehnungsachse eingeschlossene Fläche (Abb. 13), welche das Maß der im Kautschuk aufgespeicherten potentiellen Energie darstellt, maß diese Fläche mit dem Planimeter aus und rechnete sie auf Fußpfund/Kubikzoll um. Ferner wurde die zur Erzielung einer bestimmten Dehnung notwendige Belastung gemessen; denn je höher dieser Wert ist, desto zäher und gegen Zug widerstandsfähiger ist das Vulkanisat.

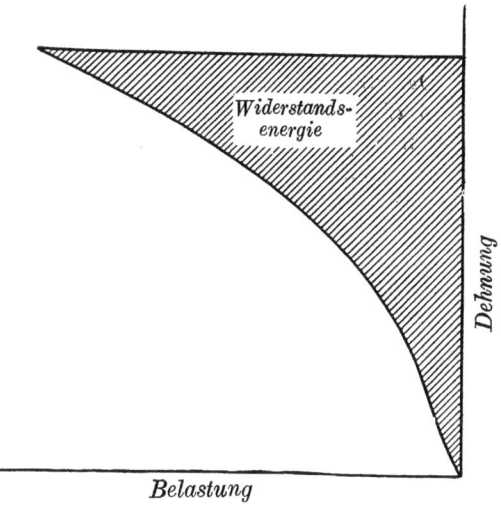

Abb. 13.

Die durchschnittliche Teilchengröße wurde durch direkte mikroskopische Messung bestimmt, und die spezifische Oberfläche, das ist die Oberfläche pro Volumeinheit, in Quadratzoll pro Kubikzoll Füllstoff ausgerechnet. Folgende Resultate wurden mit einer 20 Volumina Füllstoff enthaltenden Mischung erhalten:

	Oberfläche	Verschiebung der Zugdehnungskurve	Widerstands-Energie
Gasruß	1 905 000	42	640
Lamp black	1 524 000	41	480
Kaolin	304 800	38	405
Eisenoxyd	152 400	29	355
Zinkoxyd	152 400	25	530
Leim	152 400	23	344
Lithopone	101 600	—	—
Kreide	60 950	17	410
Kieselgur	50 800	14	365
Schwerspat	30 480	8	360
		Grundmischung	450

Die Zahlen zeigen im allgemeinen, daß, je kleiner die Teilchen und je größer daher die spezifische Oberfläche ist, desto größer die Festigkeitseigenschaften sind, die dem vulkanisierten Kautschuk, wie es die Verschiebung der Zugdehnungskurve anzeigt, verliehen werden. Die Zahlenverhältnisse bei Zinkweiß und Kreide zeigen allerdings eine Anomalie, wenn man die Oberflächen- und die Widerstandsenergie vergleicht.

Wiegand schreibt den gesteigerten Wert fein verteilter Stoffe dem größeren Dispensionsgrad und daher der größeren gemeinsamen Oberfläche zu und dem größeren Widerstand, den ein solches System der Trennung der zwei Phasen entgegensetzt.

Die Festigkeitseigenschaften sind daher nur dann von hohem Grade, wenn die einzelnen Teilchen vom Kautschuk vollkommen umgeben oder benetzt sind. Der plötzliche Abfall der Festigkeitseigenschaften, der beim Überschreiten eines gewissen Füllstoffvolums eintritt, wird der Unmöglichkeit einer vollkommenen ,,Benetzung" zugeschrieben, mit dem Ergebnis, daß sich Füllstoffaggregate bilden, mit einem darausfolgenden Nachlassen des Systems.

Eine ähnliche Versuchsreihe wurde von North[1]) ausgeführt, der einer Kautschukschwefelmischung steigende Volumina verschiedener Füllstoffe zusetzte. Die von Wiegand eingeführte Schwierigkeit, die darin bestand, daß er eine bleiglättehaltige Mischung verwendete, wurde dadurch ausgeschaltet. Allerdings wurde bei Zinkoxyd und bei Schwerspat ein organischer Beschleuniger Thiocarbanilid, zugefügt.

Die Mischungen wurden vulkanisiert, nicht in jedem Falle gleich lang, sondern nur solange, um in jedem Falle die ,,optimale Vulkanisation" bei 140⁰ zu erreichen. Die Festigkeitszahlen waren in Einheiten des Festigkeitsproduktes ausgedrückt, und zwar auf den Querschnittsanteil des Kautschuks berechnet und nicht auf den totalen Querschnitt des Prüfstückes. Trotz des Unterschiedes in der Versuchstechnik waren die Resultate von North die gleichen wie die Wiegands. Wiederum zeigte Baryt verhältnismäßig geringe Wirkung auf die Form der Zugdehnungskurve. Die Dehnung stieg leicht bei Zusätzen bis 3 Volumina auf 100 Volumina Kautschuk, während die Festigkeit abnahm. Die ,,korrigierte" Festigkeit, oder die Festigkeit auf den vorhandenen Kautschuk berechnet, änderte sich bis zum Zusatz von 50 Volumina Schwerspat nicht.

Auch Lithopone bewirkte sehr geringe Veränderungen der Zugdehnungskurve und korrigierten Festigkeit. Bis zu 15 Volumina Füllstoffzusatz war Magnesiumcarbonat der aktivste Füllstoff. Darüber hinaus war Gasruß der aktivste, während Zinkoxyd erst an zweiter Stelle folgte.

---

[1]) I. R. W. **63**, 98 1920.

Aktive Füllstoffe. 133

Messungen der bleibenden Dehnung zeigten bis 10 Volumina wenig Unterschiede. Bei 15 Volumprozenten und darüber bewirkt Magnesiumcarbonat eine sehr hohe bleibende Dehnung, während Gasruß und Zinkoxyd diese Eigenschaft in geringerem Maße entwickelten. Lithopone und Schwerspat bewirken die geringste Veränderung der bleibenden Dehnung. Diese Resultate, die von North erhalten wurden, bestätigen im allgemeinen die Schlüsse Wiegands in bezug auf den günstigen Einfluß der Kornfeinheit von Füllmitteln.

Dies ist auch ein direkter experimenteller Beweis für die angenommene Beziehung zwischen der Teilchengröße von Füllmitteln und den Festigkeitseigenschaften, die vulkanisierter Kautschuk durch die Füllmittel erhält. Bei den Versuchen von Wiegand enthielt die Basismischung Bleiglätte, und die aktivierende Wirkung der Füllmittel kann dadurch in einigen Fällen verschleiert worden sein. Andererseits können die Versuche von North undurchsichtig sein dadurch, daß in verschiedenen Fällen verschieden lange vulkanisiert wurde. Ein direkter Vergleich der aktivierenden Wirkung verschiedener Füllmittel wird dann erhalten, wenn man eine Basismischung verwendet, die nur Kautschuk und Schwefel enthält, und eine bestimmte Zeit vulkanisiert.

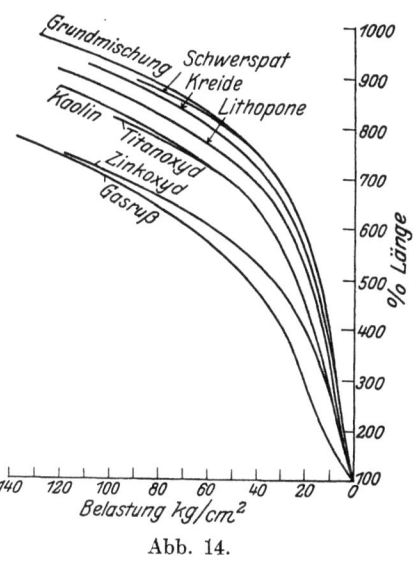

Abb. 14.

Jede Veränderung in der Lage der Zugdehnungskurve ist dann auf den Einfluß des Füllmittels zurückzuführen. Bei Versuchen, die auf diese Weise ausgeführt wurden[1]), hatte die verwendete Mischung folgende Zusammensetzung.

        Plantagensheets . . . . 77,5 Vol.
        Schwefel . . . . 5 ,,
        Füllstoffe . . . . 5 ,,

Mischungen, die mit einer Anzahl verschiedener Füllmittel hergestellt wurden, wurden 175 Min. : 141° C vulkanisiert und die Zugdehnungskurven auf der Schopper-Maschine festgestellt. Diese Zugdehnungskurven sind in der Abb. 14 dargestellt, aus der die Überlegenheit des Gasrußes wiederum ersichtlich ist. Das andere Extrem ist Schwerspat, welcher sehr wenig Veränderungen in der Zugdehnungs-

---

[1]) Privatmitteilung E. Anderson und W. M. Ames.

134   Die Bestandteile der Kautschukmischungen.

kurve bewirkt. Die relative Kornfeinheit der verwendeten Füllmittel kann aus den Mikrophotographien der Abb. 18a, 19b und 20a, die einen natürlichen Schwerspat, Kreide und Titanoxyd abbilden, ersehen werden. Man kann daraus ersehen, daß, ausgehend von der Grundmischung, die Kurven mit abnehmender Teilchengröße zunehmend nach unten abgebogen sind. Auch daraus kann man die Beziehung zwischen feiner Verteilung des Füllmittels und Zähigkeit des Vulkanisates ent-

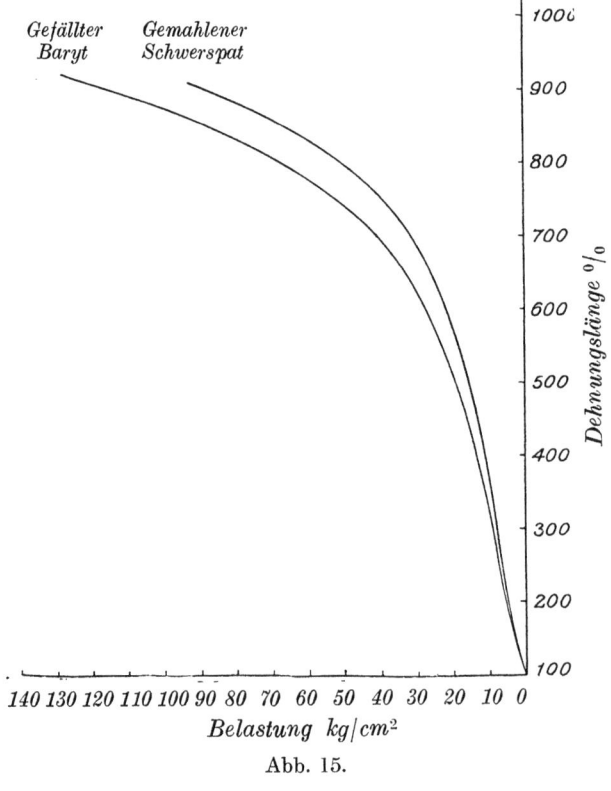

Abb. 15.

nehmen. Verschiedenheiten in dem Verhalten werden nicht nur von verschiedenen Füllmitteln an den Tag gelegt, sondern auch Proben des gleichen Füllmittels können ganz verschiedene Wirkungen hervorrufen, je nach den Verschiedenheiten in der Kornfeinheit. Besonders bemerkbar wird das, wenn man Präparate eines Füllmittels vergleicht, die man einerseits durch Mahlen eines Naturproduktes, andererseits durch einen Fällungsprozeß erhalten hat. In der Abb. 15 sind Zugdehnungskurven abgebildet von gleichen Mischungen, die unter gleichen Bedingungen vulkanisiert wurden, von denen die eine natürlichen

Aktive Füllstoffe. 135

Schwerspat, die andere gefälltes Bariumsulfat enthielt. Während der natürliche Schwerspat eine sehr geringe Verschiebung der Zugdehnungskurve bewirkt, zeigt das gefällte Produkt eine kleine, aber nichtsdestoweniger entschiedene Verschiebung gegen die Belastungsachse. Unterschiede zwischen Füllmitteln, die aus Verschiedenheiten in der Herstellungsweise entspringen, zeigen sich z. B. in den verschiedenen Formen des heute verwendeten Rußes. Gasruß wird durch die unvollständige Verbrennung von Naturgas hergestellt und ist infolgedessen wesentlich feiner verteilt als gewöhnlicher Lampenruß, welcher bei der Verbrennung von Öl bei ungenügender Luftzufuhr entsteht. Der größere Wert von Gasruß als aktivierendes Füllmittel wurde durch Versuche von Wiegand gezeigt und kann nur auf die Verschiedenheit der spezifischen Oberfläche der beiden Füllstoffe zurückgeführt werden. Ein anderes Beispiel zeigt eine Veränderung der Teilchengröße bei Zinkoxyd. Eine Probe von Zinkoxyd wurde auf 700° erhitzt, und die Festigkeitseigenschaften einer Mischung, die einerseits unerhitztes und andererseits erhitztes Zinkoxyd enthielt, wurden untersucht.

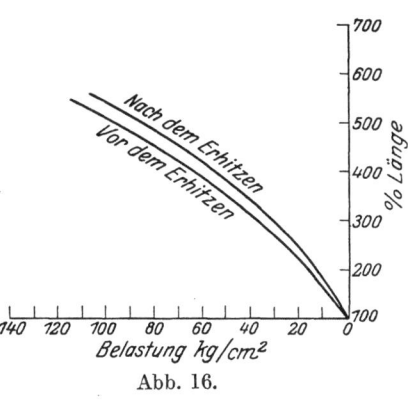

Abb. 16.

Durch das Erhitzen wurde die aktivierende Wirkung des Zinkoxyds teilweise vernichtet, was aus dem Verlauf der Zugdehnungskurve der Abb. 16 hervorgeht. Mikrophotographien des Zinkoxyds vor und nach dem Erhitzen sind in Abb. 22b und 23c abgebildet, und ein Blick lehrt, daß durch das Erhitzen die Teilchengröße zunimmt. Teilweise kann das daher kommen, daß das Zinkoxyd bei der Versuchstemperatur einen beträchtlichen Dampfdruck hat, wodurch Kristalle von größeren Dimensionen als die ursprünglichen Teilchen entstehen können. Von Doeltz und Graumann wurde gezeigt, daß Zinkoxyd bei Temperaturen in der Nähe von 1100°C einen beträchtlichen Dampfdruck hat und bei 1700° sich verflüchtigt, sublimiert und Kristalle bildet, von denen in der Abb. 17a eine Abbildung zu sehen ist[1]). Alles dies zeigt, daß ganz allgemein ein fein verteiltes Füllmittel das Vulkanisat widerstandsfähiger gegen Dehnung und Bruch macht. Man müßte annehmen, daß eine bestimmte mathematische Beziehung angewendet werden könnte, durch die die Festigkeitseigenschaften irgendeiner Mischung aus der Kenntnis der durchschnittlichen Teilchengröße eines bestimmten Füllmittels vorausgesagt werden könnten[2]), doch gibt es verschie-

---
[1]) Metallurgie 3, 212. 1906.   [2]) Vgl. Ames: Rubber Age 1922, 213.

136 Die Bestandteile der Kautschukmischungen.

dene Faktoren, welche eine derartige Berechnung unmöglich machen. Erstens ist die Messung der Teilchengröße bei feinen Füllmitteln nur sehr annähernd genau. Einzelne Teilchen können außerhalb der Auflösungsgrenze eines gewöhnlichen Mikroskopes, liegen und bei den sichtbaren Teilchen ist es oft sehr schwierig, zwischen einzelnen Teilchen und Aggregaten zu unterscheiden. Doch selbst wenn die Teilchengröße bekannt wäre, würde die Gültigkeit irgendeiner mathematischen Beziehung davon abhängen, ob das Füllmittel bis zum höchsten Grad durch den Mischungsprozeß im Kautschuk dispergiert worden ist oder

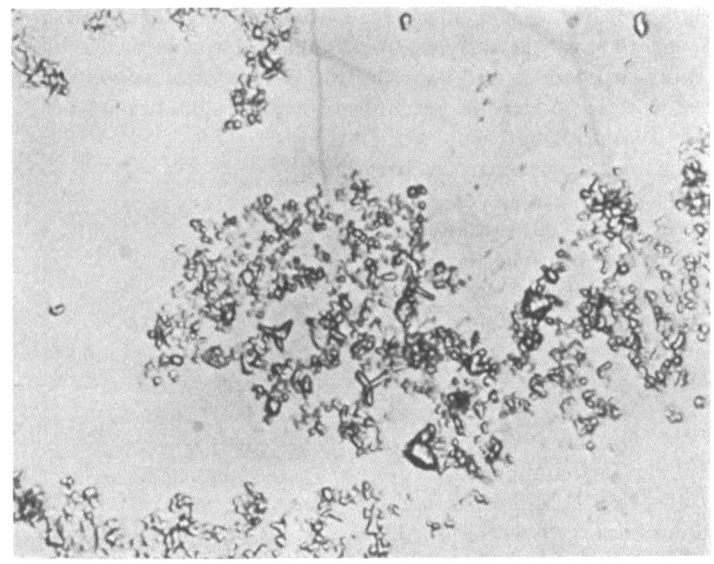

Abb. 17. Zinkoxyd. (1200×).

nicht. Die Oberfläche des Teilchens wird gewiß die Zähigkeit des Vulkanisates beeinflussen. Eine mikrokristallinische Substanz wie Magnesiumcarbonat z. B. zeigt andere Wirkungen als ein amorphes Pulver von derselben durchschnittlichen Teilchengröße. Auch ist es ungewiß, ob nicht etwa auch jene Füllmittel, welche als chemisch indifferent betrachtet werden, imstande seien, einen Einfluß auf das Fortschreiten der Vulkanisation auszuüben, welcher nicht mit der Wirkung der Adhäsion der Gesamtoberfläche, die im Kautschuk verteilt ist, identisch ist. So kann eine Katalyse des rein chemischen Teiles des Vulkanisationsprozesses bei manchen anscheinend indifferenten Füllmitteln stattfinden.

Dieses ging klar hervor aus einem Versuch mit zwei handelsüblichen Proben von Zinkoxyd verschiedenen Ursprungs. Von jedem Muster

Aktive Füllstoffe.

wurden gleiche Quantitäten in die gleichen Grundmischungen eingemischt und beide Mischungen unter den gleichen Bedingungen vulkanisiert. Die Zugdehnungskurven wurden auf die übliche Weise erhalten und sind in der Abb. 18 wiedergegeben.

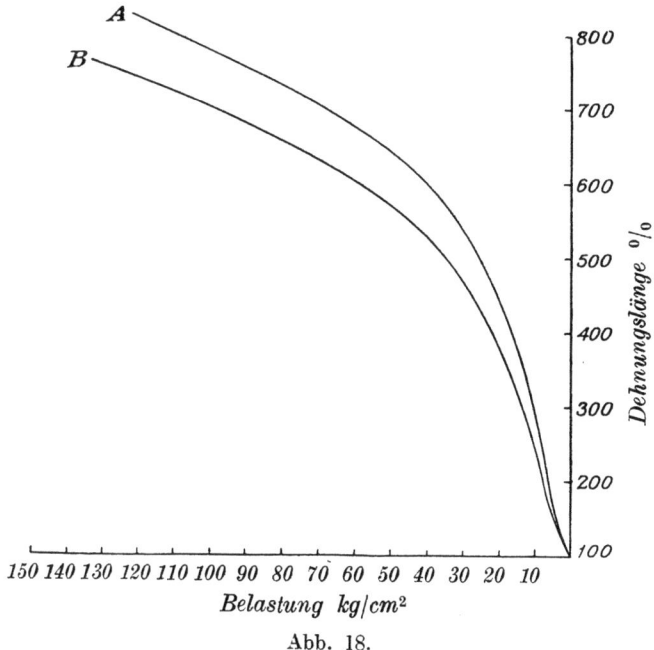

Abb. 18.

Es zeigt sich ein ausgesprochener Unterschied in den Festigkeitseigenschaften der Vulkanisate. In beiden Fällen wurde der gebundene Schwefel bei verschiedenen Vulkanisationszeiten bestimmt, und es wurden folgende Resultate erhalten:

Vulkanisationszeit bei 141°C	Muster A	Muster B
120 Minuten	1,14	1,71
140 Minuten	1,42	1,85
180 Minuten	1,71	2,12

Die Verschiebung der Zugdehnungskurve scheint bei der Probe B sowohl auf den Einfluß des feiner verteilten Füllmittels als aktivierender Füllstoff, als auch als Katalysator der Vulkanisation zurückzuführen sein. Es konnte keine Verunreinigung entdeckt werden, welche irgendwie beschleunigend in dem einen, oder verzögernd, wie z. B. Zinksulfid, in dem anderen wirken konnte. Die Menge des als Zinksulfid

138   Die Bestandteile der Kautschukmischungen.

gebundenen Schwefels wurde bestimmt, und in beiden Fällen waren die Zahlen identisch. Aus dem Vorhergehenden kann ersehen werden, daß Schlüsse auf die Wirkung eines bestimmten Füllmittels, die sich nur auf die Teilchengröße stützen, irreführend sein können. Nichtsdestoweniger schufen die Forschungen Wiegands eine Grundlage für systematische Untersuchungen über die spezifische Wirkung verschiedener Mischungsbestandteile.

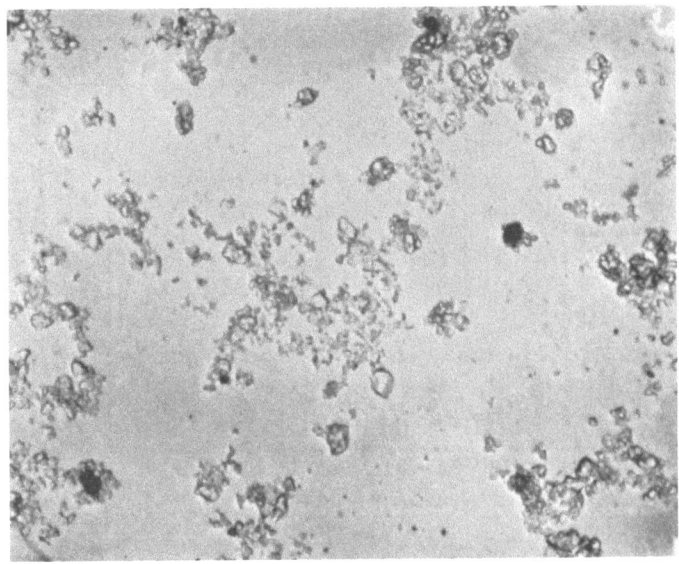

Abb. 19. Kreide. (350×).

Ein Beispiel einer solchen Untersuchung ist die Arbeit von Greider[1]) über leichtes Magnesiumcarbonat, von welchem North[2]) schon gezeigt hatte, daß es ein aktivierendes Füllmittel sei. Im Hinblick auf die Möglichkeit, daß die Erzeugung von Gasruß infolge der Erschöpfung der natürlichen Gasquellen eingeschränkt werden oder aufhören könnte, ist ein ebenso brauchbares Füllmittel dieser Type von Wichtigkeit. Greider verwendete als Grundmischung eine ähnliche wie Wiegand, die

> Kauschuk . . . . . . 100 Vol.
> Bleiglätte . . . . . .   3 „
> Schwefel . . . . . . 2,3 „

enthielt.

Zu dieser Grundmischung wurden steigende Mengen von leichtem Magnesiumcarbonat hinzugefügt und die Mischungen bei 143° C 45 Mi-

---

[1]) J. I. E. C. **14**, 385. 1922.   [2]) a. a. O.

nuten lang vulkanisiert. So wurde die Wirkung von zunehmenden Anteilen auf die Festigkeit und andere Eigenschaften des vulkanisierten Kautschuks bestimmt. Die Festigkeit stieg bis zu 9 Vol. des Füllstoffes zu 100 Vol. Gummi.

Hierauf nahm sie wieder ab, und nach einer Zugabe von 20 Vol. war die Festigkeit wieder auf den Wert der Festigkeit der Grundmischung gesunken.

Auch die „resilient energy", die in der von Wiegand angegebenen Weise berechnet wurde (Abb. 12), zeigte ein Maximum bei 9 Vol., bei welchem Punkt der Wert 149% des Wertes der Grundmischung betrug. Die gleiche Größe wurde

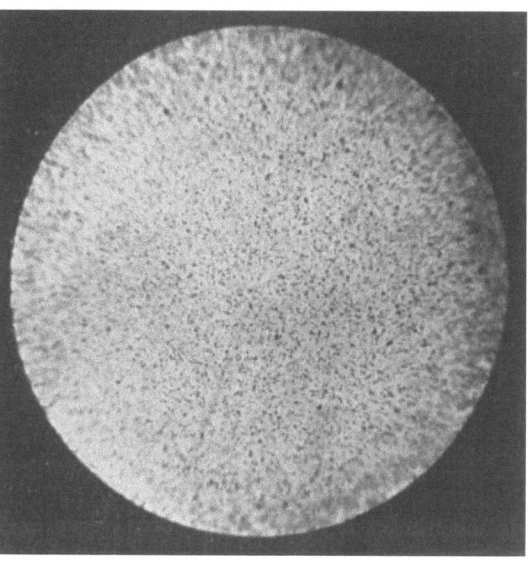

Abb. 20. Titanweiß. (600×).

auch für andere Füllstoffe bestimmt, und es wurden folgende Werte erhalten:

```
                                    Fußpfund/Kubikzoll
Grundmischung                              398
    ,,       + 9 Vol. Magnesiumcarbonat .. 573
    ,,       + 9  ,,  Gasruß .........     568
    ,,       + 9  ,,  Zinkoxyd .......     513
    ,,       + 9  ,,  Kaolin .........     500
```

Bis zur zugegebenen Menge von 9 Vol. auf 100 Vol. Kautschuk ist also Magnesiumcarbonat sogar dem Gasruß in seiner aktivierenden Eigenschaft überlegen. Der Hauptnachteil bei seiner Anwendung liegt in den unerwünscht hohen Zahlen der bleibenden Dehnung. So erhält man mit 20 Vol. Magnesiumcarbonat eine bleibende Dehnung von 30% gegenüber 16% beim gleichen Vol. Gasruß und 14% beim gleichen Vol. Zinkoxyd. Diese hohe bleibende Dehnung wird gewöhnlich auf die ausgesprochen kristallinische Natur des Magnesiumcarbonats zurückgeführt. Wenn vulkanisierter Kautschuk solch ein kristallinisches Füllmittel enthält, dann führt ein Zug, der genügend stark ist, um eine ausgesprochene Verlängerung hervorzurufen, eine Verlagerung der Teilchen herbei, welche sich mit ihrer Längsachse in der Richtung des

140 Die Bestandteile der Kautschukmischungen.

Zuges anordnen. Unter diesen Verhältnissen wird der Zusammenhang zwischen der Teilchenoberfläche und dem Kautschuk vernichtet, und beim Nachlassen des Zuges können die Teilchen nicht in ihre ursprüngliche innige Berührung mit dem Kautschuk zurückkehren, infolge-

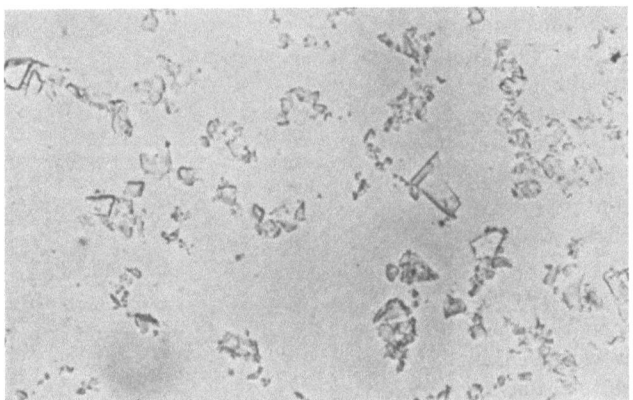

Abb. 21. Natürlicher Schwerspat. (350×).

dessen nimmt der Kautschuk seine ursprüngliche Gestalt nicht mehr vollkommen an. Greider betont, daß diese Verlagerung der Magne-

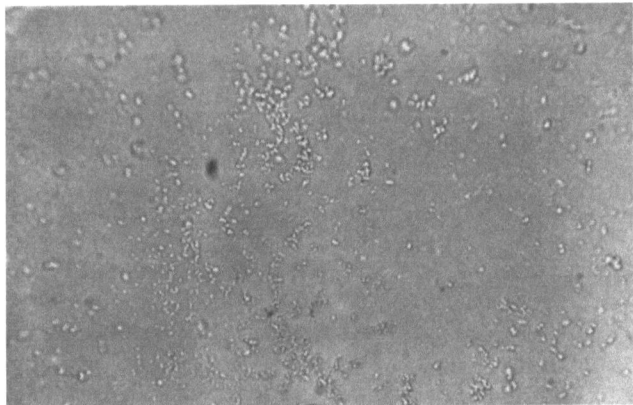

Abb. 22. Zinkoxyd vor dem Erhitzen. (700×).

siumcarbonatteilchen sichtbar wird, wenn man eine frisch vulkanisierte Mischung, die außer Magnesiumcarbonat nur noch Schwefel enthält, dehnt. Eine solche Probe ist vor der Dehnung durchsichtig, wird aber durch die Dehnung undurchsichtig, da die Brechungseigenschaften durch die Lockerung der Teilchen geändert werden. Greider hat den

Aktive Füllstoffe. 141

Vorschlag gemacht, durch geeignete Fällungsbedingungen bei der Erzeugung von Magnesiumcarbonat den kristallinischen Charakter des Produktes möglichst zurückzudrängen und so die bleibende Dehnung zu verringern.

In Verbindung mit dieser angenommenen Beziehung zwischen bleibender Dehnung und kristallinischer Struktur soll erwähnt werden, daß wie North[1]) gezeigt hat, gemahlener Schwerspat, welcher ausgesprochen kristallinischen Charakter hat, diese unerwünschten Eigen-

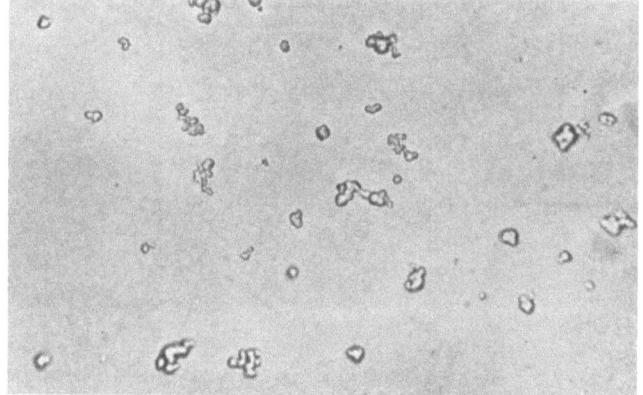

Abb. 23. Das gleiche Zinkoxyd nach dem Erhitzen. (700×).

schaften nicht zeigt. In diesem Fall jedoch sind die Kristalle durch das Mahlen unregelmäßig und verändern ihre Lage vielleicht aus diesem Grunde bei der Dehnung nicht, wie es Kristalle von ausgesprochen nadelförmiger Struktur tun.

Alterungseigenschaften von Kautschukmischungen.

Die zersetzende Wirkung von Kupfer und Mangan auf Kautschuk wurde in einem früheren Kapitel besprochen. Es ist daher selbstverständlich, daß Verbindungen, welche diese Grundstoffe enthalten, nicht als Füllstoffe in vulkanisierten Kautschukmischungen enthalten sein dürfen. Auch ihre Anwesenheit als Verunreinigung in anderen Füllstoffen muß ausgeschaltet werden, da sonst der Kautschuk schnell zerstört wird. Mit sehr wenig Ausnahmen sind die Mischungsbestandteile, die gewöhnlich bei der Kautschukfabrikation verwendet werden, schon eine Reihe von Jahren im Gebrauch und man kann daher sagen, daß sie die praktische Prüfung, die sich über eine lange Zeit erstreckt, bestanden haben. Aus den Ergebnissen einer Reihe von Versuchen

---

[1]) a. a. O.

über beschleunigte Alterung schloß Evans, daß eine schnelle Zerstörung viel häufiger auf unrichtige Vulkanisation als auf einen besonderen Effekt der Mischungsbestandteile zurückzuführen ist[1]). Daß Unterschiede in den Alterungseigenschaften manchmal aus der Verwendung verschiedener Füllstoffe entstehen können, wurde von Anderson und Ames[2]) in einem Vergleich der Wirkung von Goldschwefel und Eisenoxyd in einer 90 : 10-Kautschukschwefelmischung gezeigt. Es wurden gleiche Gewichte der Füllstoffe verwendet und jede Mischung in drei verschiedenen Heizstufen vulkanisiert. Die Bruchfestigkeiten der

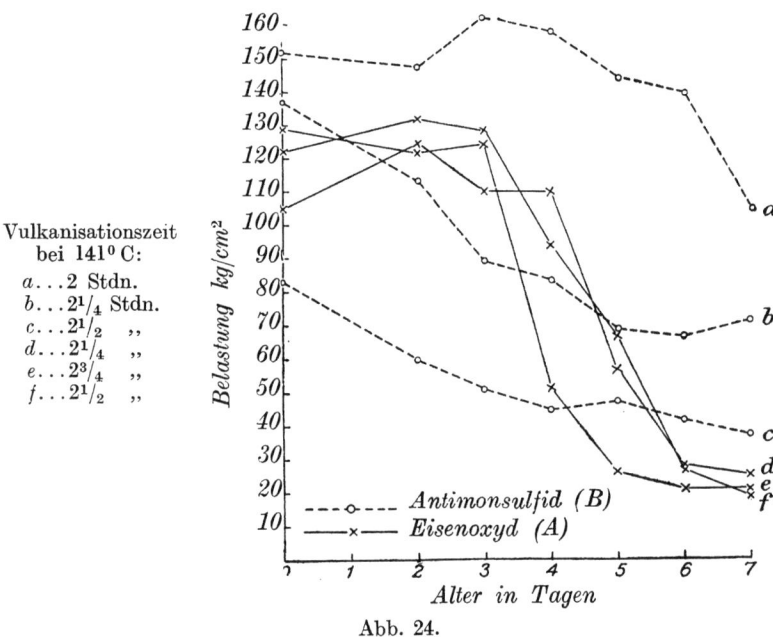

Abb. 24.

vulkanisierten Proben sind in Abb. 24 abgebildet, aus welcher ersehen werden kann, daß die Festigkeitseigenschaften der goldschwefelhaltigen Mischungen länger bestehen bleiben als die einer eisenoxydhaltigen Mischung. Es soll bemerkt werden, daß die goldschwefelhaltigen Mischungen nicht so lange vulkanisiert waren wie die eisenoxydhaltigen, doch waren diese nicht übervulkanisiert, was aus dem Ansteigen der Festigkeit in den Anfangsstadien der Alterung ersichtlich ist. Ein Vergleich des Verhaltens von Kautschukmischungen mit leichtem Magnesiumcarbonat und anderen Füllstoffen wurde von Greider angestellt[3]). Die Ergebnisse zeigen, daß mit 9 Vol. Füllstoffen zu 100 Vol. Kautschuk

---

[1]) J. Am. Soc. Testing Materials, Juni 1922.
[2]) J. S. C. I. **42**, 136 T. 1923.   [3]) J. I. E. C. **14**, 392. 1922.

Alterungseigenschaften von Kautschukmischungen. 143

die beste Alterung mit Magnesiumcarbonat erhalten wurde, während sich die anderen in folgende absteigende Reihe bringen lassen:

Zinkoxyd, Kaolin, kolloidales Bariumsulfat, Gasruß.

Die besten Ergebnisse wurden bei der Verwendung einer Mischung von gleichen Mengen Zinkoxyd und Magnesiumcarbonat erhalten. Bei allen diesen Prüfungen enthielt jedoch die Grundmischung Bleiglätte und zeigte auch bei Abwesenheit anderer Füllstoffe ungünstige Alterungseigenschaften. Die Zugabe gewisser Farbstoffe, besonders gelber oder roter, kann einen günstigen Einfluß auf die Alterungseigenschaften von Gummiwaren ausüben. Es wurde gezeigt, daß die Oxydation von

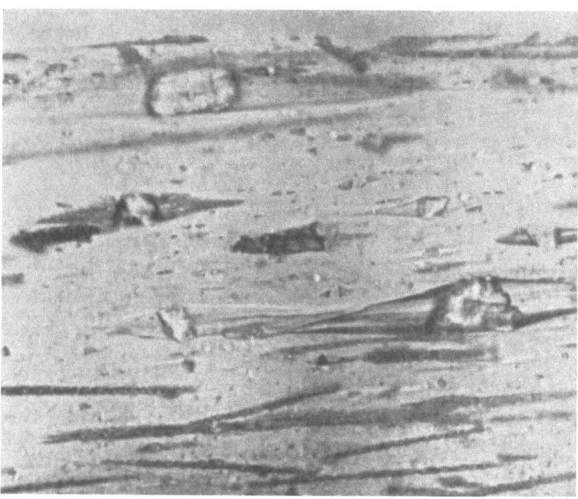

Abb. 25. Kautschukmischung, die Schwerspat enthält, unter Spannung. 380×.

Rohkautschuk viel intensiver bei Anwesenheit von Licht vor sich geht, und das gleiche gilt auch für vulkanisierten Kautschuk. Die Zugabe eines gelben Farbstoffes, welcher die chemisch wirksamen Strahlen absorbiert, wurde von Henri[1]) vorgeschlagen als Mittel, um die Lebensdauer von gummierten Ballonstoffen zu verlängern. Die Verwendung einer öllöslichen organischen Farbe, wie z. B. Ölrot S, zeigte große Vorzüge in dieser Beziehung, da der Farbstoff in Kautschuk löslich ist und daher die günstigste Wirkung gegen das Licht ausübt. Auch Gasruß ist in dieser Beziehung von Nutzen, was aus Versuchen des Autors hervorgeht. Ein Stoff, welcher mit einer reinen Kautschukschwefelmischung gummiert war, wurde zugleich mit zwei ähnlichen Mustern, die außerdem noch Tonerde bezw. Gasruß enthielten, dem Licht aus-

---

[1]) Wheatley und North British Rubber Co. Ltd. E. P. 5915, 1915.

gesetzt. Nach einer 110 tägigen Belichtung war die Gummierung des Gasrußmusters noch immer geschmeidig, während in den anderen Fällen der Kautschuk bereits soweit zerstört war, daß er pulverartig abgerieben werden konnte. Extraktion mit Aceton gab folgende Ergebnisse:

Mischungsbestandteile	Aceton-Extrakt (Prozent auf Kautschuk)
Gasruß	8,5
Kaolin	85,4
Reinkautschuk	96,3

Es ist klar, daß das Gasruß enthaltende Muster keine Zersetzung erlitten hatte. Eine ähnliche Widerstandsfähigkeit zeigte eine Gummierung, die gewöhnlichen Ruß enthielt[1]).

Die Reaktionen der Mischungsbestandteile während der Vulkanisation.

Obwohl der chemische Prozeß der Vulkanisation in der Verbindung des Kautschuks mit dem Schwefel besteht, treten unter Umständen Reaktionen auch zwischen dem Schwefel und den Mischungsbestandteilen ein. Dies ist besonders dann der Fall, wenn die Mischung Metalloxyde oder -hydroxyde enthält. Das bekannteste Beispiel dieser Art ist die Bleiglätte. Die Wechselwirkung zwischen Bleiglätte und Schwefel zeigt sich schon in der Farbenveränderung der Mischung von gelb in schwarz. Es bildet sich Bleisulfid nach der Gleichung $4\,PbO + 4\,S = 3\,PbS + PbSO_4$. Die Wirkung zunehmender Mengen von Bleiglätte auf eine Mischung von 100 Teilen Kautschuk und 5 Teilen Schwefel wurde von Stevens untersucht[2]). Von 0 bis 70 Teile Bleiglätte wurden hinzugefügt und jede Mischung 2 bzw. 3 Stunden auf 132^0 C vulkanisiert. Der als Bleisulfid nach der Vulkanisation vorhandene Schwefel wurde nach der auf S. 200 beschriebenen Methode bestimmt. In der 2 Stunden lang vulkanisierten Probe nahm der Sulfidschwefel bei zunehmenden Mengen von Bleiglätte von 0 bis $2{,}57\%$ (auf Kautschuk berechnet) zu. Der Vulkanisationskoeffizient bei der 3 stündigen Vulkanisation nahm von 1,86 bei dem glättefreien Muster bis auf 3,37 bei einer 17,5 Teile glättehaltigen Mischung zu. Bei noch größeren Mengen von Glätte ging mehr Schwefel in Bindung von Bleisulfid, und infolgedessen nahm die für die Bindung mit Kautschuk verfügbare Schwefelmenge ab. Infolgedessen verminderte sich der Vulkanisationskoeffizient

---

[1]) Hancock (Personal narrative Seite 13) zeigte, daß durch Bedecken der Oberfläche von unvulkanisiertem Kautschuk mit einem schwarzen Farbstoff die zerstörende Wirkung des Sonnenlichtes verhindert wurde.
[2]) J. S. C. I. **34**, 524. 1915.

bei einer Zugabe von Glätte über 17,5 Teile auf 100 Teile Kautschuk, bis bei 75 Gewichtsteilen Glätte der erhaltene Wert nur mehr 1,31 betrug. Die Menge des Sulfidschwefels war dann 3,57%. Diese Zahlen zeigen, daß dort, wo Glätte anwesend ist, der Schwefel rascher mit dem Blei als mit dem Kautschuk sich zu verbinden trachtet, und die Schwefel- und Glättemengen müssen daher so gewählt werden, daß die Verteilung des Schwefels zwischen dem Kautschuk und dem Blei eine solche ist, daß stets genug Schwefel für die Bindung mit Kautschuk zur Verfügung steht, um die Vulkanisation zu gewährleisten.

Abgesehen von der Bleiglätte ist bei den gewöhnlich verwendeten Füllmitteln keine wesentliche Wechselwirkung mit Schwefel vorhanden. Der Autor hat Versuche durchgeführt, welche das Maß der Schwefelbindung an Zinkoxyd während der Vulkanisation ermitteln sollten. Mischungen, welche wechselnde Mengen von Zinkoxyd und Schwefel enthielten, wurden bei 141° so lange vulkanisiert als notwendig war, um ein technisches Vulkanisat zu erzielen. In einem anderen Versuch wurde eine bestimmte Mischung verschiedene Zeiten, um auch diesen Einfluß festzustellen, vulkanisiert. Der Sulfidschwefel wurde nach der Methode von Stevens bestimmt und die Ergebnisse sind in folgender Tabelle enthalten.

	A	B	C	D 1	D 2	D 3
Plantagensheet . .	80%	85%	57 1/2 %	55%	55%	55%
Zinkoxyd	10	10	40	40	40	40
Schwefel	10	5	2 1/2	5	5	5
Sulfid Schwefel[1]) .	0,27	0,22	0,12	0,15	0,18	0,21
Vulkanisationszeit .	2 1/2 Std.	3 Std.	3 1/2 Std.	2 Std.	2 1/2 Std.	3 Std.

Wie aus den Mustern A, B und C festgestellt werden kann, nimmt die Schwefelmenge, welche mit Zinkoxyd eine Bindung eingeht, im Verhältnis des Schwefels zum vorhandenen Zinkoxyd ab, wenn auch die Vulkanisationszeit zunimmt. Daß die Menge des Sulfidschwefels in einer bestimmten Mischung von der Heizzeit abhängt, kann aus den Ergebnissen des Musters D ersehen werden, welches ein stufenmäßiges Ansteigen des Sulfidschwefels mit zunehmender Heizzeit zeigt. Die Möglichkeit, daß Schwefel mit den Mischungsbestandteilen eine Wechselwirkung eingeht, wurde von Ditmar und Thieben untersucht[2]), welche, anstatt mit Mischungen im Kautschuk zu arbeiten, in einem Autoklaven 10 g verschiedener Füllmittel mit 2 g Schwefel durch 45 Minuten auf 4 Atm. erhitzten. Die Reaktionsprodukte wurden mit Aceton extrahiert und der Schwefel im Extrakt und im Rückstand

---

[1]) Prozentsatz auf die verwendete Probe gerechnet.
[2]) Koll. Zeit. 11, 77. 1912.

bestimmt. Folgende Mengen von Schwefel wurden von den verschiedenen Füllmitteln gebunden:

Magnesiumcarbonat	7,2%
Magnesiumoxyd	80,5%
Zinkoxyd	73,6%
Bariumsulfat	62,33%
Bleioxyd	66,06%
Calciumcarbonat	76,20%

alles auf den angewendeten Schwefel berechnet. Diese Ergebnisse sind jedoch nicht mit denen vergleichbar, die in der Kautschukmischung erhalten werden. Die Zahlen sind bemerkenswert insofern, als sie zeigen, daß durch Zinkoxyd eine größere Menge gebunden wird als durch Bleiglätte. Es ist schwer zu verstehen, wie Bariumsulfat mit Schwefel reagieren soll, und unter normalen Vulkanisationsbedingungen hat der Autor auch niemals mehr als eine Spur von Sulfidschwefel in Mischungen mit Kreide feststellen können. Ebenso gelang es nicht, auch durch Anwendung einer langdauernden Vulkanisation, Sulfide in magnesiumcarbonat- und in magnesiumoxydhaltigen Mischungen festzustellen. Bei der Vulkanisation von Kautschukmischungen ist es möglich, daß die Bildung von Metallsulfiden nicht nur auf die Reaktion von Schwefel mit Metalloxyd zurückzuführen ist. Es ist bekannt, daß die im Kautschuk enthaltenen Harze und vielleicht ebenso die stickstoffhaltige Substanz mit dem Schwefel reagieren und Schwefelwasserstoff bilden, welcher mit dem Metalloxyd unter Sulfidbildung reagieren könnte.

Ebenso ist es möglich, daß außer der Reaktion mit Schwefel die Metalloxyde und Hydroxyde während der Vulkanisation mit der harz- oder stickstoffhaltigen Substanz reagieren. Daß eine Zersetzung der stickstoffhaltigen Substanz eintritt, geht schon aus der Bildung von flüchtigen Basen in manchen Fällen hervor. Wenn eine zerkleinerte Probe einer frisch vulkanisierten Kautschukmischung, die Glätte oder gebrannte Magnesia enthält, in einer verschlossenen Flasche aufbewahrt wird, dann kann die Anwesenheit einer flüchtigen Base durch Einführung eines Stückchen roten Lackmuspapiers in den Luftraum oberhalb der Substanz festgestellt werden.

Sogar bei verhältnismäßig geringen Temperaturen ist die Bildung von flüchtigen Basen festgestellt worden. So wurde eine Mischung von Kautschuk und Glätte in einem Glasrohr verschlossen und eine Stunde in einem Dampfbad von 100° C erhitzt, während mit reinem Kautschuk der gleiche Prozeß vorgenommen wurde. Beim Öffnen des Rohres, welches die Glättemischung enthielt, konnte eine ausgesprochene alkalische Reaktion festgestellt werden, und daß dies nicht auf die Zersetzung durch die Heizung zurückzuführen war, zeigte die Tatsache, daß der Kautschuk allein keinen alkalischen Dampf entwickelte.

Die Volumzunahme von vulkanisierten Gummimischungen beim Dehnen.

Obwohl „reiner" vulkanisierter Kautschuk beim Dehnen sein Volum in sehr geringem Maße verändert, ist eine wesentliche Volumvergrößerung bei solchem Kautschuk anzutreffen, der gewisse Füllmittel enthält. Daß eine Vergrößerung auch bei reinem vulkanisierten Kautschuk stattfindet, wurde von Joule gezeigt[1]), der eine Verminderung des spezifischen Gewichtes eines Kautschuks nach dem Strecken beobachtete. Die Umstände, unter welchen Kautschukmischungen durch das Dehnen an Volumen zunehmen, sind von Schippel[2]) gründlich untersucht worden, der die Veränderung des spezifischen Gewichtes bestimmte, dadurch, daß er Ringe über eine Reihe von Stabformen von verschiedener Größe spannte, um aus mehreren Stäben die Dehnung zu erhalten. Eine Grundmischung von 100 Kautschuk, 30 Glätte und 5 Schwefel wurde hergestellt und zu dieser steigende Mengen verschiedener Füllmittel hinzugefügt. Die Muster wurden zu Ringen geformt und vulkanisiert und die Ringe mit einem Querschnittsdurchmesser von $\frac{1}{2}$ Zoll und einem Außendurchmesser von $2\frac{1}{4}$ Zoll auf die oben beschriebene Weise untersucht. Die Volumzunahme bei verschiedenen Dehnungen wurde für jede zugefügte Füllstoffmenge bestimmt. Das Ergebnis zeigte, daß ganz im allgemeinen für eine gegebene Füllstoffmenge das Volumen mit zunehmender Dehnung des Kautschuks anwuchs, ebenso wuchs für eine gegebene Dehnung das Volumen mit steigenden Füllstoffmengen. Mit groben Füllstoffen, wie Schwerspat, wuchs die Volumzunahme bei einer gegebenen Dehnung gleichförmig mit der Zunahme des Füllstoffanteiles. Bei feineren Füllstoffen, wie Gasruß oder Zinkoxyd, war die Volumzunahme klein auf Füllstoffanteile bis 30 Volumina auf 100 Grundmischung, bei größeren Anteilen wuchs sie plötzlich. Die Erklärung dieser Erscheinung durch Schippel war, daß beim Dehnen von Kautschuk, der große Füllstoffteilchen enthält, Hohlräume an den Enden des Teilchens in der Richtung der Dehnung gebildet werden. Bei verhältnismäßig geringen Anteilen von fein verteilten Füllstoffen erlaubt die Adhäsion zwischen Kautschuk und den Teilchen nicht die Bildung von Hohlräumen. Größere Anteile von Füllstoffen benetzt der Kautschuk nicht mehr vollständig, und unter diesen Umständen bilden sich Aggregate, welche Hohlräume entstehen lassen. Um diese Anschauung zu stützen, wurde ein Versuch beschrieben, bei welchem Bleischrot in eine transparente Kautschukmischung eingeführt wurde, welche beim Dehnen an den Polen jedes einzelnen Kornes die Bildung von Hohlräumen zeigte. Die prozentige Volumzunahme beim Dehnen einer vulkanisierten Mischung, die 20% ver-

---

[1]) Phil. Trans. **149**, 104. 1859.   [2]) J. I. E. C. **12**, 33. 1920.

schiedene Füllstoffe enthielt, auf 200% Dehnung, ist in der nachfolgenden Tabelle angeführt[1]).

Füllstoffe	Spezifische Oberfläche	Volumzunahme bei 200% Dehnung
Gasruß	1 905 000	1,46
Gewöhnlicher Ruß	1 524 000	1,76
Eisenoxyd	152 400	1,9
Zinkoxyd	152 400	0,8
Kreide	60 390	4,6
Spat	30 480	13,3

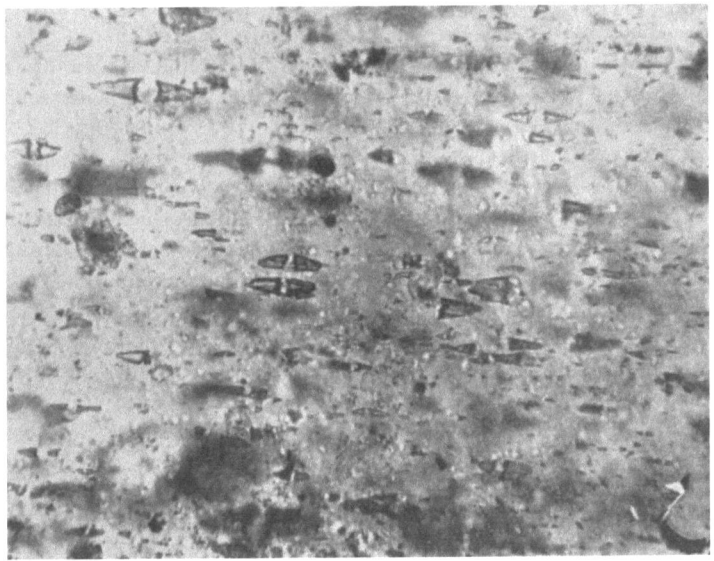

Abb. 26. Kreidemischung unter Spannung. (440×).

Die Ergebnisse zeigen, daß bei zunehmender Partikelgröße des Füllstoffes und daher bei abnehmender spezifischer Oberfläche das Volumen nach dem Strecken wächst. Ein einfaches Experiment, um die Volumzunahme beim Strecken zu erläutern, ist von Schippel beschrieben worden[2]). Ein Ring von vulkanisiertem Kautschuk wird auf einen langen Paraffinzapfen gezogen, und zwar wurde die Größe des Paraffinzapfens so eingestellt, daß das Versuchsobjekt gerade noch in Wasser schwimmt. Wenn der Ring nun verschoben wird und so über den engeren Teil des Blockes befestigt wird, daß der Zug nicht mehr vorhanden ist, dann sinkt das Versuchsobjekt in Wasser unter infolge der Kontraktion der Hohlräume, welche eine Volumverminderung und

---

[1]) J. I. E. C. **13**, 124. 1921.   [2]) I. R. W. **61**, 20. 1919.

daher eine Vermehrung des spezifischen Gewichtes des Systems zur Folge hat. Die Bildung von Hohlräumen in vulkanisierten Kautschukmischungen unter Zug wurde mikroskopisch im Falle einer Schwerspatmischung von Green gezeigt, dem es gelang, Mikrophotographien eines Schnittes zu erhalten, bei denen die Hohlräume, da das Objekt gedehnt war, deutlich sichtbar waren[1]). Ähnliche Mikrophotographien wurden von Ames erhalten[2]). Die Hohlräume an den Polen der Schwerspatteilchen, an solchen von Kreideaggregaten und von freiem Schwefel sind in den Abb. 25, 26 und 27 abgebildet.

Abb. 27. Freier Schwefel in einer Mischung unter Spannung. (1000×).

XII. Beschleuniger.
Anorganische Beschleuniger.

Es ist seit geraumer Zeit bekannt, daß gewisse anorganische Verbindungen wie PbO, MgO, CaO und $Ca(OH)_2$, die zur Vulkanisation einer Kautschukschwefelmischung notwendige Zeit vermindern. Später wurde gefunden, daß ein ähnliches Resultat durch Verwendung anderer Stoffe, wie z. B. NaOH, und ganz allgemein Natriumsalze schwacher Säuren, $(NH_4)_2CO_3$, Goldschwefel und anderer erhalten werden kann.

Der am meisten verwendete anorganische Beschleuniger ist PbO, welches auf dem Markt in einer rötlich-gelben und in einer kanariengelben Form erscheint.

---

[1]) J. I. E. C. **13**, 1029. 1921. [2]) Privatmitteilung.

In welchem Maße beide das Fortschreiten der Vulkanisation beschleunigen, kann aus folgendem Beispiel ersehen werden. Eine Mischung von 92½ Teilen Kautschuk mit 7½ Teilen Schwefel vulkanisiert in der Presse in einer Form in beispielsweise 200 Minuten bei 140° C. Durch Zugabe von 30 Teilen PbO zu 100 Teilen der gleichen Mischung wird die Vulkanisation auf 30 Minuten verkürzt.

Früher wurde die beschleunigende Wirkung der Bleiglätte auf die große Wärmeleitfähigkeit zurückgeführt, doch zeigte Seidl[1]), daß ZnO, obwohl dessen Leitfähigkeit ebenso groß ist, eine ganz geringfügige beschleunigende Wirkung ausübt. Als Ergebnis einer Anzahl von Versuchen mit Mischungen aus extrahiertem und unextrahiertem Kautschuk schloß Seidl[2]), daß der Effekt eine Folge der Wärmeentwicklung sei, die bei der Reaktion der Kautschukharze mit dem Schwefel auftritt und die durch die Anwesenheit der Bleiglätte gesteigert wird. Seidl bereitete Mischungen aus a) Parakautschuk, b) mit Aceton extrahiertem Para, c) desgleichen wie b), doch mit folgender Zugabe von dem öligen Produkt der zersetzenden Destillation des Bluteiweißes und d) mit Aceton extrahiertem Para-Kautschuk, der durch Lösen in Petroläther und Fällen mit Alkohol gereinigt war. Jede dieser Mischungen wurde um ein Thermometer gewunden, und alle vier in ein Ölbad getaucht, das auf 140° erwärmt war. Hierbei zeigte es sich, daß in den Fällen a, b und c die Temperatur über die Badtemperatur stieg, und zwar am meisten in a, am geringsten im Fall b. Eine sehr geringe Temperatursteigerung zeigte sich jedoch auch im Fall d.

Muster der gleichen Mischungen, die gleich lange in der Presse vulkanisiert worden waren, zeigten folgende Vulkanisationskoeffizienten:

a) 2,42,
b) 1,73,
c) 2,06.

Der gebundene Schwefel enthielt hier vielleicht auch den Sulfidschwefel, doch ist auch so zu ersehen, daß die Reaktion in der unextrahierten Mischung a am weitesten, in der extrahierten b am wenigsten weit fortgeschritten war. Nach Seidl besteht also die Wirkung der Glätte darin, daß die Temperatur der Masse über die Heiztemperatur gesteigert wird. Wenn man in Betracht zieht, daß der Temperaturkoeffizient der Vulkanisation etwa 2,5 für 10° ist, dann ist eine Verminderung der Vulkanisationszeit auf 40% der ursprünglichen von einer Temperaturerhöhung um 10° begleitet.

Wenn das der Fall wäre, dann sollten verhältnismäßig dicke Kautschukplatten, die in Formen vulkanisiert werden, weit mehr im Innern als an der Oberfläche, von der die Hitze durch die Formwände abgeleitet

---

[1]) Gummi Zeit. **25**, 710. 1911.   [2]) a. a. O., S. 748.

wird, vulkanisiert werden, während bei dünnen Platten die Wärme durch die Preßplatten abgeleitet werden sollte und daher die Temperatursteigerung nicht so stark ins Gewicht fallen sollte. Obwohl die von Seidl gebotene Erklärung schwerlich richtig sein dürfte, wurde die Tatsache, daß die natürlichen Kautschukharze bei der Beschleunigung durch Bleiglätte eine Rolle spielen, von L. E. Weber und von Stevens bestätigt. Weber[1]) fand, daß Kautschuk, der mit Aceton extrahiert war, mit Glätte, Kreide und Schwefel gemischt, kein zufriedenstellendes Vulkanisationsprodukt ergab. Stevens[2]) zeigte, daß extrahierter Kautschuk in Gegenwart von Glätte nicht nur langsam vulkanisierte, wie die Festigkeitseigenschaften zeigten, sondern daß auch der Vulkanisationskoeffizient bei extrahiertem Kautschuk am geringsten und bei unextrahiertem, dem noch außerdem Kautschukharz zugefügt worden war, am höchsten war.

Der Hauptwert der Bleiglätte liegt darin, daß glättehaltige Kautschukschwefelmischungen beim Erhitzen in einer Luftatmosphäre bei gewöhnlichem Druck vulkanisieren. Ohne Bleiglätte oder ohne gewisse organische Beschleuniger erhält man zufriedenstellende Vulkanisate nur durch Anwendung von Formen, mit denen in einer Presse vulkanisiert wird, oder durch Vulkanisation in einem Autoklaven, in dem der zu vulkanisierende Gegenstand dem Dampfdruck ausgesetzt ist. Dabei kann der Gegenstand frei dem Dampf ausgesetzt, in Gewebe eingewickelt, oder in Talkum eingebettet sein. Die Funktion der Bleiglätte bei der Ermöglichung der Vulkanisation bei normalem atmosphärischem Druck ist nicht vollkommen aufgeklärt, wird aber gewöhnlich dem Schutze gegen den atmosphärischen Sauerstoff zugeschrieben, der sonst die Oberfläche des Vulkanisates klebrig machen würde. Von der Annahme ausgehend, daß ein Reduktionsmittel einen ähnlichen Einfluß auszuüben imstande wäre, wurden Sulfite, gewisse Formaldehydabkömmlinge und gewisse leicht oxydable Phenole, wie Pyrogallol oder p-Aminophenol[3]) zur Verwendung vorgeschlagen, doch ohne durchschlagenden Erfolg. Daß andere Verbindungen, die PbO oder Pb(OH)$_2$ enthalten, in ähnlicher Weise wirken wie Glätte, wurde von Greve[4]) gezeigt, der die relative Aktivität von PbO, basischem Bleicarbonat und sublimiertem basischen Bleisulfat in reiner und mit PbS verunreinigter Form untersucht hat. Eine Bestimmung der zur Herbeiführung gleicher Beschleunigung notwendigen Menge wurde in einer Mischung 80 Kautschuk, 2½ Schwefel, 5 Zinkoxyd vorgenommen, in der die Differenz auf 100 Teile durch das betreffende Bleipräparat und Schwerspat aufgefüllt wurde.

---

[1]) Int. Cong. Appl. Chem. 9, 95. 1912.
[2]) J. S. C. I. 35, 87. 1916.   [3]) Helbronner: E. P. 142083.
[4]) I. R. W. 64, 663. 1921.

Bezogen auf PbO = 1 waren nötig:

        basisches Bleicarbonat 3
        basisches Bleisulfat rein 3
        mit Bleisulfid verunreinigt 7

Um eine homogenere Mischung zu erzielen, wurde in Amerika das Oleat verwendet bzw. zu der glättehaltigen Mischung Ölsäure hinzugefügt[1]).

Gebrannte Magnesia, MgO, ist ein sehr wirksamer Beschleuniger, von dem 1 Teil, zu einer 90:10-Kautschukschwefelmischung hinzugefügt, die gleiche Beschleunigung herbeiführt wie 10 Teile Glätte. Einen Begriff von der verhältnismäßigen beschleunigenden Wirkung von Bleiglätte und MgO geben die Ergebnisse von Stevens[2]), die das Anwachsen des Vulkanisationskoeffizienten bei allmählicher Zugabe des betreffenden Präparates zu einer 90:10-Kautschukschwefelmischung und Heizung im Dampf durch 1 Stunde auf 138° zeigen.

Glätte[4])	Koeffizient	Magnesia[3])	Koeffizient
—	1,26	—	1,40
0,1	1,25	0,1	2,66
0,25	1,27	0,25	3,31
0,5	1,37	0,4	3,68
0,8	1,75	0,75	4,08

Diese Zahlen zeigen deutlich, daß Glätte in geringen Mengen, verglichen mit Magnesia, sehr geringe Beschleunigung bewirkt. Ähnlich wie bei der Glätte ist für die Maximalwirkung der Magnesia die Anwesenheit des Acetonlöslichen im Kautschuk erforderlich[4]).

Basisches Magnesiumcarbonat, welches in großem Maßstabe in der Kautschukindustrie verwendet wird, ist von veränderlicher Zusammensetzung, die gewöhnlich durch die Formel 4 $MgCO_3$, $Mg(OH)_2$, 5 H_2O ausgedrückt wird. Nach Greider[5]) entsprechen die Analysenwerte eher der Formel 11 $MgCO_3$, 3 $Mg(OH)_2$, 11 H_2O, doch mag die Zusammensetzung durch die Fällungstemperatur bedingt sein.

Magnesiumcarbonat ist als aktives Füllmittel (siehe S. 139) von größerem Interesse als als Beschleuniger, denn seine beschleunigende Wirkung ist nur mild, viel geringer als die der Magnesia, ja als die Glätte.

Natriumhydroxyd ist ein aktiver Beschleuniger. Diese Tatsache wurde von Martin aufgefunden[6]), der zeigte, daß sogar mit sehr geringen Mengen eine bemerkbare Verringerung der Vulkanisationszeit erzielt werden kann. In einer Mischung von 38¼% Parakautschuk,

---

[1]) Weber, L. E.: I. R. J. **63**, 793. 1922.
[2]) J. S. C. I. **47**, 156 T. 1918.
[3]) Teile auf 100 Teile Grundmischung.
[4]) Kratz u. Flower: J. I. E. C. **12**, 971. 1920.
[5]) J. I. E. C. **14**, 385. 1922.   [6]) Rubber Industry 1914, S. 205.

60% ZnO und 1¾% Schwefel, zu der NaOH in steigenden Mengen bis 0,5% hinzugefügt wurde, steigerte sich die beschleunigende Wirkung regelmäßig. Größere Mengen führten eine allmähliche Verzögerung herbei, bis bei einer Zugabe von 5% die Mischung nicht mehr richtig vulkanisierte. Dieses Verhalten dürfte auf die Wechselwirkung zwischen dem Natriumhydroxyd und dem Schwefel zurückzuführen sein, durch die nicht genügend Schwefel für die Vulkanisation zurückbleibt. Wie Martin betonte, könnte die beschleunigende Wirkung des Natriumhydroxydes der Grund für Veränderlichkeiten in der Vulkanisation von Mischungen, die Alkaliregenerat enthalten, sein. Wenn der Waschprozeß nicht vollständig ist, so erteilt das Produkt der Mischung eine größere Vulkanisationsgeschwindigkeit.

Um eine gleichmäßigere Verteilung des Alkalis in der Mischung zu gewährleisten, wurde vorgeschlagen, das Natriumhydroxyd in einem organischen Lösungsmittel aufzulösen oder ein Salz mit einer schwachen organischen Säure zu verwenden. So sind Glycerin[1]) und andere Hydroxylderivate, wie Alkohol und Phenole, verwendet worden[2]). Auch kann z. B. Natriumphenolat in fester Form verwendet werden[3]). Auch andere Natriumsalze, wie das Carbonat, Silicat, Oleat und überhaupt die meisten Natriumsalze schwacher Säuren sind wirksame Beschleuniger.

Ammoniak wirkt als milder Beschleuniger und schon 1881 beschrieb Rowley eine Vulkanisationsmethode, bei welcher die Kautschukschwefelmischung in einem Autoklaven in der Gegenwart von Ammoniak oder in Gegenwart von in der Hitze Ammoniak abgebenden Substanzen im Autoklaven vulkanisiert wurde.

Andere anorganische Beschleuniger sind Arsentrisulfid[4]), Antimonsulfid[5]) und Polysulfide, wie Zinkpersulfid[6]).

Organische Beschleuniger.

Obwohl die organischen Beschleuniger in größerem Maßstabe erst seit etwa 1914 verwendet werden, ist festgestellt, daß organische Substanzen wie Anilin zum besonderen Zwecke der Vulkanisationsbeschleunigung in Amerika schon im Jahre 1906 verwendet wurden und daß im Jahre 1907 Thiocarbanilid verwendet wurde, welches später in großem Maßstabe angewendet wurde[7]). Spence hat behauptet, daß

---

[1]) Dunlop Rubber Co. and Twiss: E. P. 17 756, 1916.
[2]) Desgl. E. P. 125 696.
[3]) North British Rubber Co. u. Porrit: E. P. 149 798.
[4]) Twiss: I. R. W. **65**, 696. 1923.
[5]) Anderson u. Ames: J. S. C. I. **42**, 136 T. 1923.
[6]) J. I. E. C. **14**, 29. 1922.
[7]) Vgl. Geer, W. C.: J. I. E. C. **14**, 372. 1922.

die schnell vulkanisierende Mischung, von der er 1912 berichtete, Piperidin enthielt[1]).

Doch ist die erste Veröffentlichung der Verwendungsmöglichkeit organischer Verbindungen als Beschleuniger in dem Bayer-Patent von 1913[2]), durch das die Verwendung von Piperidin und seine Homologen geschützt wurde, enthalten. Der Gebrauch solcher organischer Beschleuniger in Deutschland scheint auf Schwierigkeiten bei den Versuchen, synthetischen Kautschuk zu vulkanisieren, zurückzuführen zu sein[3]). Die Zugabe organischer Amine sollte ursprünglich das Klebrigwerden und die Zersetzung vulkanisierten synthetischen Kautschuks verhindern[4]). Wahrscheinlich war das Bestreben, dem synthetischen Kautschuk stickstoffhaltige Substanzen einzuverleiben, die der natürliche Kautschuk ja auch enthält, auch ein Grund hierzu. Aus welchem Grunde auch immer diese Substanzen dem Kautschuk beigemischt wurden, ihre beschleunigende Wirkung auf synthetischen und auf Naturkautschuk wurde bald erkannt. Die Verwendung von Piperidin und gewissen aliphatischen Basen blieb jedoch wegen ihrer Flüchtigkeit nicht ohne Einwand, und es wurde bald gefunden, daß die Additionsprodukte mit Schwefelkohlenstoff von gleicher Wirkung sind[5]). Die Reaktion von aliphatischen Aminen mit Schwefelkohlenstoff führt zu den Aminsalzen der entsprechenden Dithiocarbaminsäuren.

$$2 NH(CH_3)_2 + CS_2 = (CH_3)_2N \cdot CSSHNH(CH_3)_2$$
Dimethylamin Dimethylamindimethyldithiocarbonat

Das analoge Piperinderivat $C_5H_{10}N \cdot CSSHC_5H_{11}N$ ist oft unter dem Namen piperidyldithiocarbaminsaures Piperidin beschrieben worden, doch ist diese Bezeichnung nicht korrekt, denn die Verbindung ist ein pentamethylendithiocarbaminsaures Piperidin[6]).

Die Tatsache, daß alle bis dahin entdeckten Beschleuniger starke Basen waren, führte dazu, daß ihre Wirkung mit ihrer Basizität in Verbindung gebracht wurde und damit zu dem Bayerpatent von 1914[7]), in dem Derivate des Ammoniaks basischer Reaktion oder solche, die bei Vulkanisationstemperaturen basisch reagieren und aromatische Basen mit einer Dissoziationskonstante über 1×10^{-5} in ihrer Verwendung als Beschleuniger geschützt wurden. Daß die beschleunigenden Eigenschaften nicht nur basischen Substanzen innewohnen, wurde von Peachey gezeigt[8]), der die Verwendbarkeit von Nitrosoderivaten,

---

[1]) Koll. Zeit. **10**, 303. 1912.
[2]) E. P. 11530. D. R. P. 265221 (1912).
[3]) Gottlob: I. R. J. **58**, 307. 1919.
[4]) E. P. 2313, 1912. D. R. P. 257813 (1911).
[5]) E. P. 11615, 12777. 1913. D. R. P. 266619 (1912).
[6]) Vgl. Luff: Ann. Rept. Appl. Chem. **7**, 327. 1922.
[7]) E. P. 12661, 1914. D. R. P. 280198 (1914).
[8]) E. P. 4263, 1914.

wie p-Nitrosodimethylanilin und später Nitrosobenzol[1]) entdeckte. Später wurden auch Beschleuniger entdeckt, die nicht nur nicht basisch reagierten, sondern sogar keinen Stickstoff enthielten, wie gewisse Xanthate und Dithiosäuren.

Trotzdem besteht der Patentanspruch des Bayerpatentes ungeschwächt fort, denn es ist noch keine Base gefunden, die stärker ist als 1×10^{-8} und die nicht beschleunigende Wirkungen ausübt. Obwohl die Zahl der bis jetzt bekannten organischen Beschleuniger bereits in die Hunderte geht, lassen sie sich doch in wohldefinierte Klassen einteilen, welche in folgendem kurz angeführt werden sollen.

Stickstoffhaltige Beschleuniger.

Ammoniakderivate von Aldehyden. Hexamethylentetramin (auch als HMT, Hexamine oder Hexa bekannt), Aldehydammoniak, Furfuramid (Vulkazol), Hydrobenzamid.

Aliphatische Amine. Piperidin.

Schwefelkohlenstoffadditionsprodukte. Die Reaktion primärer oder sekundärer Amine mit Schwefelkohlenstoff führt zu dem entsprechenden dithiocarbaminsauren Salzen Piperidinpentamethylendithiocarbamat, Dimethylamindimethyldithiocarbamat.

Reaktionsprodukte mit Aldehyden. Benzylidenäthylamin (Benzaläthylamin) $C_6H_5\underset{H}{C} = N(C_2H_5)$.

Aromatische Amine. Anilin, Methyl- und Dimethylanilin, Toluidin, Phenylendiamin, Dimethyl-p-phenylendiamin, Diphenylamin, Aminophenol.

Verbindungen mit Aldehyden. Anhydroformaldehydanilin (Methylenanilin) $C_6H_5N = CH_2$, Methylendiphenyldiamin (aus einem Mol Formaldehyd und 2 Mol Anilin) $CH_2(HNC_6H_5)_2$, Benzylidenanilin (Benzalanilin) $C_6H_5CH = NC_6H_5$.

Verbindungen mit Schwefelkohlenstoff. Hier entstehen Thioharnstoffe, z. B. Thiocarbanilid (Diphenylthioharnstoff) sym. Di-o-tolylthioharnstoff.

Guanidine. Mono-, Di- und sym-Triphenylguanidin.

Nitroderivate. p-Nitrosomethylanilin (Acceleren), p-Nitrosodiphenylamin, p-Nitrosobenzol, p-Nitrosophenol.

Alkaloide. Brucin, Narkotin, Chinoidin,

Thiuramdisulfide. Diese Substanzen entstehen durch die Behandlung von Dithiocarbamaten mit milden Oxydationsmitteln oder mit Halogenen.

$$2NR_2CSSHNHR_2 \xrightarrow{Br_2} NR_2C\underset{S}{S}SC\underset{S}{N}R_2 + 2NHR_2 2HBr.$$

[1]) E. P. 146734.

Beispiele solcher Art sind:
Tetramethylthiuramdisulfid:

$$(CH_3)_2\underset{\underset{S}{\|}}{N}CSSC\underset{\underset{S}{\|}}{N}(CH_3)_2$$

oder Dipentamethylenthiuramdisulfid:

$$(C_5H_{10})\underset{\underset{S}{\|}}{N}CSSC\underset{\underset{S}{\|}}{N}(C_5H_{10}).$$

das Reaktionsprodukt von Piperidin mit Schwefelkohlenstoff. Als andere Typen von Beschleunigern sollen noch die Farbbasen gewisser basischer Farbstoffe erwähnt werden, die dem vulkanisierten Kautschuk in manchen Fällen eine besondere Farbe geben[1]), ferner Benzolsulfamid, Phenylhydroxylamin und Carbothialdin (das Reaktionsprodukt aus Aldehydammoniak und Schwefelkohlenstoff).

Stickstofffreie Beschleuniger.

Xanthogenate. Die wichtigsten Vertreter der stickstofffreien Beschleuniger sind die Xanthogenate, die durch Reaktion von Schwefelkohlenstoff mit alkoholischen Alkalilösungen entstehen.

$$C_2H_5ONa + CS_2 = C\!S\!\!\begin{smallmatrix}\diagup SNa \\ \diagdown OC_2H_5\end{smallmatrix}$$

Die Natrium-, Kalium-, Zink- und Bleisalze sind alle in Gegenwart von ZnO energische Beschleuniger.

Andere stickstofffreie Beschleuniger sind Anthrachinon, Benzochinon (besonders in Verbindung mit dem Peacheyprozeß) und Salze von Dithiosäuren [Bruni[2])], wie z. B. das Zinksalz der Dithiobenzoesäure C_6H_5CSSH und die entsprechenden Disulfide, wie z. B. das Dithiobenzoyldisulfid

$$C_6H_5\underset{\underset{S}{\|}}{C}SSC\underset{\underset{S}{\|}}{C}_6H_5.$$

Der Nutzen der Anwendung von Beschleunigern.

Bei der Einführung von Beschleunigern in eine Kautschukmischung wird die Vulkanisationszeit wesentlich herabgesetzt. Dies allein wäre ein genügender Grund, den Beschleuniger zu benutzen, da dadurch die Produktion einer Vulkanisationsanlage beträchtlich gesteigert werden kann. Es sind jedoch auch noch andere Gründe vorhanden, die die An-

---

[1]) Gaismann u. Rosenbaum: E. P. 141 412.
[2]) Bruni: I. R. J. **64**, 937. 1922. — Romani: Le Caout. et la G. P. **19**, 11, 626. 1922.

wendung von Beschleunigern geraten erscheinen lassen, und manchmal wird der Beschleuniger auch angewendet ohne Hinblick auf die Verkürzung der Heizzeit, die man dadurch evtl. erzielen kann. So ist es z. B. nicht nur möglich, die Vulkanisation in kürzerer Zeit, sondern auch bei niedrigeren Temperaturen herbeizuführen. Dieser Umstand erlaubt z. B. die Verwendung von Farbstoffen, die bei normalen Vulkanisationsbedingungen unbeständig wären. Auch verläuft der Vulkanisationsprozeß bei Anwesenheit von Beschleunigern mit einem geringeren Prozentsatz an Schwefel als sonst notwendig wäre. Infolgedessen verbleibt in dem Fertigfabrikat wenig freier Schwefel und so kann oftmals das Ausblühen der Schwefels verhindert werden. Auch sind die Festigkeitseigenschaften einer vulkanisierten Beschleunigermischung gewöhnlich den Festigkeitseigenschaften einer beschleunigerfreien Mischung überlegen, so daß man nicht mit Unrecht die verbessernde Wirkung des Beschleunigers als noch wichtiger bezeichnen könnte als die beschleunigende.

Die Wirksamkeit verschiedener Beschleuniger.

Wie erwartet werden kann, ist die Wirksamkeit verschiedener Beschleuniger sehr verschieden. Es ist nicht nur dies der Fall, sondern ein besonderer Beschleuniger kann z. B. besondere Wirkungen bei Anwesenheit von bestimmten Mischungsmaterialien zeigen, die bei deren Abwesenheit nicht auftreten. Der bemerkenswerteste Fall dieser Art ist die aktivierende Wirkung des Zinkoxyds. Die Tatsache, daß gewisse Beschleuniger ihre höchste Wirksamkeit nur bei Anwesenheit von Zinkoxyd zeigen, ist schon längere Zeit bekannt, ist jedoch das erstemal direkt im Jahre 1919 von Cranor[1]) ausgesprochen worden. Die Wirkung schon ganz geringer Zinkoxydmengen kann aus den Ergebnissen der Arbeiten von Twiss und seiner Mitarbeiter entnommen werden. So zeigt es sich, daß die Zugabe von $1/2 \%$ Hexamethylentetramin zu einer 90:10-Kautschukschwefelmischung, die für die Herbeiführung größter Festigkeit notwendige Vulkanisationszeit von 80 auf 70 Minuten verringert. Bei Gegenwart von 1% Zinkoxyd wurde die Vulkanisationsdauer auf 40 Minuten abgekürzt[2]). Thiocarbanilid zeigt in Abwesenheit von Zinkoxyd fast gar keine Wirkung[3]). Die aktivierende Wirkung ist ferner sehr ausgesprochen bei den Dithiocarbamaten, z. B. bei dem Piperidinsalz der Pentamethylendithiocarbaminsäure (Vulkacit P). Eine 90:10-Kautschukschwefelmischung, die $0,25\%$ des Beschleunigers enthält, erreicht ihre höchste Festigkeit bei einer Vulkanisation

---

[1]) I. R. J. **63**, 1199. 1919.
[2]) Twiss u. Brazier: J. S. C. I. **39**, 130 T. 1920.
[3]) Twiss, Brazier u. Thomas: J. S. C. I. **41**, 83. 1922 — Whitby and Walker: J. S. C. I. **13**, 818. 1921.

von ungefähr 200 Minuten auf 128° C, 1% Zinkoxyd, der Mischung zugefügt, verkürzt diese Zeit auf 20 Minuten, während bei Gegenwart von 5% Zinkoxyd eine noch kürzere Zeit genügt [1]). Andere Dithiocarbamate zeigen ein ähnliches Verhalten, und tatsächlich wurde durch Tuttle[2]) gezeigt, daß die Zugabe von 0,1% Dimethylamindimethyldithiocarbamat zu einer 90 : 10-Kautschukschwefelmischung, welche zinkoxydfrei ist, die Vulkanisation verzögert. Diese Feststellung wurde jedoch durch die Versuche von Bean nicht bestätigt, welcher fand, daß auch in der Abwesenheit von Zinkoxyd eine, wenn auch geringe Verkürzung der Vulkanisationszeit erzielt wurde[3]). Thiuramdisulfide, Zinkäthylxanthogenat und die Zinksalze der Dithiocarbaminsäuren werden alle in ausgesprochenem Maße durch Zinkoxyd aktiviert. In Mischungen, welche kein Zinkoxyd enthalten, sind diese Beschleuniger ohne Wert, während sie in der Gegenwart von Zinkoxyd so wirksam sind, daß die Bezeichnung Ultra-Beschleuniger für sie verwendet wird[4]). Beim Vergleich der Wirksamkeit von Beschleunigern ist es daher notwendig, die Grundmischung, in der sie verglichen werden soll, so zu wählen, daß ihre volle Aktivität in Erscheinung treten kann.

Dem Vergleich von Beschleunigern geht gewöhnlich ein Studium der Wirkung verschiedener Beschleunigermengen in einer oder mehreren Grundmischungen voran. Hierbei wird die Zeit, die zur Herbeiführung eines bestimmten Vulkanisationsgrades notwendig ist, festgelegt. Der zu erreichende Vulkanisationsgrad kann auf den Vulkanisationskoeffizienten oder auf einen bestimmten Komplex von physikalischen Eigenschaften bezogen werden. In dem zweiten Falle kann die Erzielung der maximalen Festigkeit oder eines bestimmten Dehnungsgrades als Kriterium gewählt werden. Bei der Wahl einer bestimmten Dehnbarkeit kann die Dehnung bei einer gegebenen Belastung oder die Belastung, die zur Erzielung einer bestimmten Dehnung notwendig ist, als Kriterium benützt werden. Um die relative Wirksamkeit von Beschleunigern numerisch auszudrücken, sind verschiedene Methoden vorgeschlagen worden. So bestimmen Kratz, Flower und Coolidge[5]) das Ansteigen des Vulkanisationskoeffizienten einer Beschleunigermischung über das der Basismischung, die unter gleichen Bedinguugen vulkanisiert wurde. Andererseits bestimmen sie die Menge Beschleuniger, die notwendig ist, um die gleichen physikalischen Eigenschaften zu erzielen, wie eine bestimmte Menge des Standardbeschleunigers Anilin. So müssen in einer reinen Kautschukschwefelmischung (92,5 : 7,5) zur Erzielung eines richtig vulkanisierten Produktes in 90 Minuten bei 148° folgende Mengen von Beschleunigern verwendet werden:

---

[1]) Twiss, Brazier u. Thomas: J. S. C. I. **41**, 81. 1922.
[2]) J. I. E. C. **13**, 521. 1921.   [3]) I. R. J. **63**, 354. 1922.
[4]) Bruni: I. R. J. **63**, 64. 1921.   [5]) J. I. E. C. **12**, 322. 1920.

Anilin. 1,000
Harnstoff 0,250
Thioharnstoff 0,300
Monophenylthioharnstoff 0,450
Diphenylthioharnstoff. 0,850
Monophenylguanidin 0,075
sym-Diphenylguanidin 0,075
Triphenylguanidin 0,500
Anhydroformaldehydanilin 0,750
p-Phenylendiamin 0,170
Monoanhydroformaldehyd-p-phenylendiamin 0,140
Dianhydroformaldehyd-p-phenylendiamin . . 0,140

Aus der obigen Tabelle kann man sehen, daß die Aktivität von Beschleunigern stark differiert, daß von Mono- und Diphenylguanidin nur 0,075 Teile notwendig sind, während von Anilin 1,00 Teile notwendig sind. Obwohl diese Methode einen Vergleich der beschleunigenden Wirkung gestattet, zeigt sie nicht die tatsächliche Verringerung der Vulkanisationszeit an.

Die Anwendung eines „Beschleunigungsfaktors", wie er von Twiss und Brazier verwendet wurde[1]), zeigt dagegen die Verkürzung der Vulkanisationszeit, die durch den Beschleunigerzusatz erzielt werden kann, an. Dieser Faktor ist das Verhältnis der zur Herbeiführung eines bestimmten Vulkanisationsgrades notwendigen Zeit in einer Standardmischung, zu der Zeit, in welcher die Vulkanisation bei Beschleunigerzusatz beendet ist. So hat ein Beschleuniger, welcher in einer gegebenen Menge, z. B. 1%, die Heizzeit einer Standardmischung von 250 auf 50 Minuten reduziert, bei der Anwendung von 1% einen Beschleunigungsfaktor von 4. Twiss und Brazier zeigten, daß dieser Faktor, wenn er auch je nach dem besonderen Vulkanisationsgrad schwankt, bei verschiedenen Temperaturen ziemlich unveränderlich ist, denn der Temperaturkoeffizient der Reaktionsgeschwindigkeit für eine Beschleunigermischung ist ziemlich allgemein von der gleichen Ordnung wie der für eine einfache Kautschukschwefelmischung. Der Temperaturkoeffizient für eine 90:10-Kautschukschwefelmischung beträgt für 10^0 zwischen 128 und 168^0 2,3. Die gleiche Mischung mit $1/2$, $1/4$ und $1/8$% Aldehydammoniak zeigt zwischen 118 und 148 Durchschnittswerte für die Temperaturkoeffizienten von 2,3, 2,4 und 2,3. So ist die relative Wirksamkeit verschiedener Beschleuniger ziemlich die gleiche für jede Temperatur innerhalb der gebräuchlichen Grenzen. Dies ist nicht mehr der Fall für Temperaturen unterhalb 108^0 und man erklärt das dadurch, daß man annimmt, daß der Schwefel unterhalb dieser Temperatur in Berührung mit dem Beschleuniger, dem Kautschukharz usw. schmilzt und die Reaktionsgeschwindigkeit dadurch gesteigert wird. Eine weitere Methode, die Beschleunigerwirkung auszudrücken, ist die von Anderson und Ames[2]) angewendete, welche die „prozentuale Be-

[1]) J. S. C. I. **39**, 129 T. 1920.   [2]) J. S. C. I. **42**, 137 T. 1923.

schleunigung" oder die Verkürzung der Heizzeit, die durch die Einführung von Beschleunigern erzielt wurde, ausgedrückt in Prozenten der Vulkanisationszeit der Grundmischung als Vergleichsbasis heranziehen. So bewirkt eine gewisse Beschleunigermenge, die die Vulkanisationszeit von 200 auf 50 Minuten herabsetzt, eine Beschleunigung von $200 - 50 = 150$ Minuten oder 75%.

Wenn auch eine verhältnismäßig große Anzahl von Arbeiten über die Wirksamkeit verschiedener Beschleuniger unter verschiedenen Bedingungen veröffentlicht wurde, so erschwert doch der Mangel an Einheitlichkeit der angewendeten Methoden einen exakten Vergleich sehr. So verwenden verschiedene Forscher als Standard eine 90:10-Kautschukschwefelmischung, während andere geringere Schwefelmengen verwenden, welche eher denen angenähert sind, mit denen man in der Fabrikation zu tun hat. In manchen Fällen wird der Prozentsatz an gebundenem Schwefel als Vulkanisationskriterium herangezogen, in anderen der Punkt höchster Festigkeit und oft auch ein Punkt, an dem eine gegebene Belastung eine gegebene Dehnung erzielt. Nichtsdestoweniger kann ein allgemeiner Überblick über die verhältnismäßige Wirksamkeit verschiedener Klassen von Beschleunigern, die in großem Maßstabe verwendet werden, gewonnen werden. Die größte Aktivität wird zweifellos von den Dithiocarbamaten und der eng verwandten Klasse der Thiuramdisulfide entwickelt. Beide Typen entwickeln ihre höchste Wirksamkeit nur bei der Anwesenheit von Zinkoxyd. So z. B. haben Twiss, Brazier und Thomas[1]) gezeigt, daß bei der Abwesenheit von Zinkoxyd der Beschleunigungsfaktor für 1% Piperidinpentamethylendithiocarbamat in einer 90:10-Kautschukschwefelmischung 7,7 beträgt, während bei Anwesenheit von 20% Zinkoxyd der Faktor für nur $1/4\%$ Beschleuniger größer als 100 ist. Diesem Betrag ist ein Faktor von mehr als 300 für 1% des Dithiocarbamats äquivalent. Für Aldehydammoniak ist der Faktor für $1/4\%$ Beschleuniger in einer ähnlichen Mischung 4, und in diesem Falle wird die Wirksamkeit durch die Zugabe von Zinkoxyd nicht wesentlich beeinflußt.

Thiocarbanilid bewirkt in der Abwesenheit von Zinkoxyd eine ganz geringe Beschleunigung, wenn dieselbe nach den physikalischen Eigenschaften des Vulkanisates beurteilt werden soll, wenn auch ein ausgesprochenes Ansteigen des Vulkanisationskoeffizienten festgestellt werden kann[2]). In der Gegenwart von nur 1% Zinkoxyd ist jedoch der Beschleunigungsfaktor für 1% Beschleuniger in einer 90:10-Kautschukschwefelmischung in der Nachbarschaft von 2[3]). Hexamethylentetramin in Gegenwart von Zinkoxyd liegt ungefähr in der Mitte von Thio-

---

[1]) J. S. C. I. **41**, 81 T. 1922.
[2]) Kratz, Flower u. Shapiro: J. I. E. C. **13**, 129. 1921.
[3]) Twiss u. Brazier: J. S. C. I. **39**, 131. T. 1920.

carbanilid und Aldehydammoniak. In einer 90:10-Kautschukschwefelmischung ist der Beschleunigungsfaktor für $^1/_2\%$ Beschleuniger ungefähr von der gleichen Größenordnung wie der für $^1/_4\%$ Aldehydammoniak. Bei Abwesenheit von Zinkoxyd ist die erzielte Beschleunigung verhältnismäßig gering.

Es sind oft Versuche gemacht worden, chemische und physikalische Eigenschaften von Verbindungen mit ihrer beschleunigenden Wirkung in Verbindung zu bringen. Die mögliche Beziehung zwischen Basizität und beschleunigender Wirkung wurde von Kratz, Flower und Shapiro untersucht[1], welche feststellten, daß die Wirksamkeit, wenn sie an ihrer Wirkung auf den Vulkanisationskoeffizienten gemessen wurde, sich nicht in demselben Verhältnis wie die Dissoziationskonstante veränderte. Eine Anzahl Aminverbindungen wurden in einer 100:8,1-Kautschukschwefelmischung untersucht, wobei molekulare Mengen an Stelle von gleichen Gewichten verglichen wurden. Alle Mischungen wurden gleich lang bei gleich hoher Temperatur vulkanisiert und die Vulkanisationskoeffizienten der Standard- und der Beschleunigermischung bestimmt. Der Unterschied zwischen den Vulkanisationskoeffizienten war bei Paraphenylendiamin am höchsten, welches beinahe die niedrigste Dissoziationskonstante von allen besaß. Benzidin ($K = 7,4 \times 10^{-13}$) zeigt einen Unterschied der Koeffizienten von 3,05, während Methylanilin, dessen Konstante $2,55 \times 10^{-10}$ beträgt, einen Unterschied von nur 0,612 zeigt.

In einer homologen Reihe ist die Aktivität der einzelnen Glieder für molekulare Mengen im allgemeinen äquivalent, und zwar bei einfachen Derivaten. Es sind daher bei Anwendung von gleichen Gewichtsmengen die höheren Glieder verhältnismäßig inaktiver als die niedrigeren Glieder. Dimethylamindithiocarbamat ist schwächer wirksam als das Diäthylderivat[2]. Daß dies nicht stets der Fall ist, zeigt die Tatsache, daß gleiche Gewichtsmengen von Tetraäthylthiuramdisulfid eine etwas stärkere Wirkung zeigen als das entsprechende Tetramethylderivat, besonders bei Abwesenheit von Zinkoxyd[3]. Auch begegnet man manchmal ausgesprochenen Unterschieden in der Wirksamkeit bei Isomeren, so z. B. ist p-Phenylendiamin ein wesentlich wirksamerer Beschleuniger als das entsprechende m-Derivat. Von den Thioharnstoffen, die durch die Wechselwirkung von Schwefelkohlenstoff mit o-, m- und p-Toluidin erhalten werden, ist der Diparatolylthioharnstoff der wirksamste, das o-Derivat das wenigst wirksame.

In Verbindung mit den Dithiocarbamaten ist es interessant zu bemerken, daß Twiss, Brazier und Thomas gezeigt haben[4], daß die

---
[1] J. I. E. C. **13**, 67. 1921.
[2] Schidrowitz, de Gouvea u. Osborne: J. R. J. **64**, 75. 1922.
[3] Twiss, Brazier u. Thomas: J. S. C. I. **41**, 86 T. 1922.   [4] a. a. O.

Derivate primärer Amine wesentlich weniger wirksam sind als die sekundärer Amine, und das gleiche ist von den entsprechenden Thiuramdisulfiden gezeigt worden. Dieselben Autoren haben gezeigt, daß Dithiocarbamate von primären Aminen durch Zinkoxyd längst nicht in gleichem Grade aktiviert werden wie die von sekundären Aminen, und wenn bis zur gleichen Dehnbarkeit vulkanisiert wird, dann ist die Festigkeit von zinkoxydhaltigen Proben geringer als von zinkoxydfreien.

Die Wirkung von Beschleunigern auf die Festigkeitseigenschaften des Vulkanisates.

Wenn die Zeitersparnis, die durch die Vulkanisation mit Beschleunigern erzielt wird, der einzige Vorteil wäre, der aus deren Verwendung entspränge, dann wäre dieser Umstand allein hinreichend gewesen, um das Interesse der Technik an diesen Produkten hervorzurufen. Aus ihrer technischen Verwendung gewann man aber bald die Erfahrung, daß Beschleunigermischungen zu Vulkanisaten von bemerkenswert guten Festigkeitseigenschaften führen. Diese Tatsache wurde zuerst im Jahre 1918 von Spence erkannt[1]), der feststellte, daß der Beschleuniger gewählt worden sei, um nicht nur die Vulkanisation zu beschleunigen sondern auch die physikalischen Eigenschaften zu verbessern. Versuche, die von Cranor beschrieben wurden[2]), bestätigten diese Feststellung und zeigten, daß die hohen Festigkeiten in vielen Fällen mit einem verhältnismäßig niedrigen Vulkanisationskoeffizienten Hand in Hand gingen. Eine Mischung von 100 Kautschuk, 6 Schwefel und 1 Zinkoxyd wurde verschieden lange bei 144° vulkanisiert, um eine Reihe von Proben zu geben, welche dann in bezug auf ihre Alterungseigenschaften untersucht wurden. Die Heizstufe von 130 Minuten hatte einen Vulkanisationskoeffizienten von 2,85 und zeigte die günstigsten Eigenschaften. Die gleiche Mischung mit einem Zusatz von 0,5 °/$_0$ Hexamethylentetramin lieferte nach 50 Minuten ein Produkt mit einem Koeffizienten von 2,83, dessen Festigkeit und Zähigkeit dem beschleunigerfreien Produkt wesentlich überlegen war. $^1/_2$°/$_0$ Dimethylamindimethyldithiocarbamat gab bei 3, 4 und 5 Minuten Heizung Koeffizienten von 1,09, 1,21 und 1,45 und in allen diesen Fällen waren die Festigkeitseigenschaften im Vergleich mit der Grundmischung stark gesteigert. Cranor war der Ansicht, daß die Schwefelmenge, durch deren Bindung dem Effekt der Hitze entgegengewirkt wird, bei sehr stark beschleunigter Reaktion geringer ist als normal. Es wurde gezeigt, daß sehr minderwertiger Kautschuk, der auf andere Art und Weise gar nicht zufriedenstellende Resultate liefert, in einer Beschleunigermischung ganz gute Resultate zeitigt. Andere Forscher haben seither

---
[1]) I. R. W. **57**, 281. 1918.   [2]) I. R. J. 1199 **85**, 1919.

Die Wirkung v. Beschleunigern a. d. Festigkeitseigenschaften d. Vulkanisates. 163

diese Untersuchungen mehrfach erweitert und bestätigt. Schidrowitz und Burnand[1]) gelang es, Bruchfestigkeiten von 270 kg/cm^2 zu erzielen, mit Proben, die mit Piperidinpentamethylendithiocarbamat vulkanisiert waren, wobei die Prüfung nach neunwöchigem Lagern des Vulkanisates ausgeführt wurde. Der Vulkanisationskoeffizient wurde nicht angegeben, kann jedoch aus den angeführten Ziffern auf ungefähr 1,8 berechnet werden. In ähnlicher Weise erzielten Twiss, Brazier und Thomas in einer Mischung, die Tetraäthylthiuramdisulfid enthielt, Bruchfestigkeiten von über 280 kg. Hohen Festigkeiten in Verbindung mit niedrigen Vulkanisationskoeffizienten begegnet man im allgemeinen nur in Mischungen, die neben dem Beschleuniger noch Zinkoxyd enthalten. Bei Abwesenheit von Zinkoxyd zeigen Mischungen mit Aldehydammoniak und Piperidinpentamethylendithiocarbamat durchaus normale Koeffizienten beim Festigkeitsmaximum. Die Schwefelbindung steht gewöhnlich in direkter Proportion zu der Vulkanisationszeit, wenn Zinkoxyd abwesend ist, bei Anwesenheit von Zinkoxyd jedoch ist die Kurve, die die Abhängigkeit des gebundenen Schwefels von der Vulkanisationszeit zeigt, eine gekrümmte Linie[2]). Ein merkwürdiges Phänomen, welches die

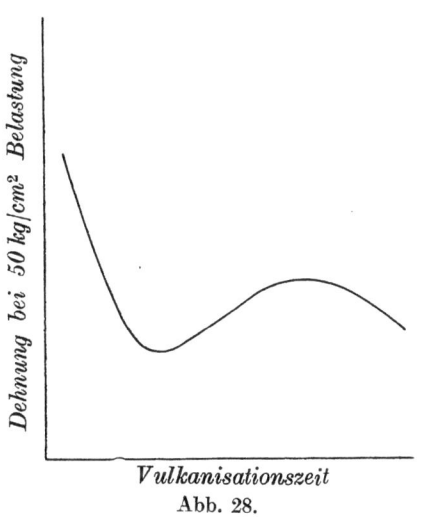

Abb. 28.

Vulkanisation von Beschleunigermischungen begleitet, ist die sogenannte Diskontinuität, auf die Twiss die Aufmerksamkeit gelenkt hat[3]). Bei der Bestimmung der Dehnbarkeit, der Dehnung, die durch eine gegebene Belastung erzielt wird, bei steigenden Vulkanisationsstufen von Mischungen, die Kautschuk, Schwefel, Hexamethylen und Zinkoxyd enthalten, wurde bemerkt, daß der Widerstand gegen die Dehnung zuerst auf normale Art und Weise zunahm, wenn die Heizzeit wuchs, mit anderen Worten die Dehnung, die durch eine gegebene Belastung herbeigeführt wurde, nahm langsam ab. Beim Weiterheizen zeigte sich jedoch ein Steigern der Dehnung, und hernach wurde der Effekt des Heizens wiederum umgekehrt und die Dehnbarkeit zeigte wiederum eine allmähliche Verminderung. Die Kurve, die beim Vergleich der Dehnung bei der Belastung von 50 kg/cm^2

[1]) J. S. C. I. **40**, 272 T. 1921.
[2]) Twiss, Brazier u. Thomas: J. S. C. I. **41**, 81 T. 1922.
[3]) J. S. C. I. **40**, 242. 1921. — T. Twiss u. Howson: J. S. C. I. **39**, 287 T. 1920.

mit der Heizzeit entsteht, war von dem in Abb. 28 abgebildeten Typus. Hierbei soll bemerkt werden, daß diese Umkehrung nicht während der normalen Heizperiode stattfand, sondern nach dem Punkt, auf welchem der Kautschuk technisch richtig vulkanisiert genannt werden würde. Diese Erscheinung unterscheidet sich von der Umkehrungserscheinung, welche beim Weiterheizen von Mischungen beobachtet wird, die geringe Mengen von Schwefel enthalten (siehe S. 101) und welche ihren Grund im Weiterheizen bei Abwesenheit von genügenden Mengen an freiem Schwefel haben. In den von Twiss beschriebenen Fällen zeigt sich die Umkehrung in den Festigkeitseigenschaften schon dann, wenn noch immer eine beträchtliche Menge freier Schwefel vorhanden ist, nnd es ist eine Folge dieses freien Schwefels, daß der normale Vulkanisationseffekt vielleicht das gleichzeitige Erweichen oder die Desaggregation überlagert. Eine Verminderung der Schwefelmenge in der Mischung verzögert oder verhütet das Wiederkehren des normalen Vulkanisationseffektes, wenn das Erweichen normal eingesetzt hat. So nimmt in einer Mischung von 95 Kautschuk, 1 Hexamethylentetramin, 1 Zinkoxyd, die 5% Schwefel enthält, die Dehnbarkeit erst in der normalen Art und Weise ab. Nach dieser Abnahme folgt ein schnelles Ansteigen der Dehnbarkeit und hierauf ein kaum sichtbares Wiederabnehmen der Dehnbarkeit. Mit nur 3% Schwefel unterbleibt diese zweite Abnahme, das Erweichen schreitet von dem Punkt seines Eintretens angefangen wie in normalen Fällen der Umkehrung fort. Das Erweichen findet nicht statt in Mischungen, die nur Kautschuk, Schwefel und Beschleuniger enthalten und tritt nur dann auf, wenn irgendein unlösliches festes Material wie Zinkoxyd, Tonerde oder Ruß vorhanden ist. Der Effekt ist ausgesprochener in Gegenwart von geringen Mengen dieser Mischungsbestandteile und wird unter Umständen durch Zugabe größerer Quantitäten verdeckt. Während dieses Verhalten besonders bei Hexamethylentetramin zu bemerken ist, geben andere Beschleuniger wie p-Toluidin, Anilin, Thiocarbanilid und die Dithiocarbamate diese Wirkung weniger zu erkennen. Bei den letztgenannten ist die Desaggregation sogar in Gegenwart von ganz beträchtlichen Mengen freien Schwefels zu erkennen[1]).

Die Beschleunigung in Gegenwart von geringen Schwefelmengen.

Wenn auch, um die Wirksamkeit von Beschleunigern zu vergleichen, oft Mischungen mit 10% Schwefel angewendet werden, ist es doch allgemein bekannt, daß für technische Zwecke so beträchtliche Schwefelmengen unverwendbar sind, besonders wenn Ultrabeschleuniger ver-

---

[1]) Twiss, Brazier u. Thomas: J. S. C. I. 41, 82 T. 1922.

werdet werden, denn unter diesen Umständen würde die Vulkanisation bei gewöhnlicher Temperatur vor sich gehen und ein übervulkanisierter Kautschuk erhalten werden. Schidrowitz und Burnand[1]) haben die Wirksamkeit von Piperidinpentamethylendithiocarbamat in einer Mischung, die $2^1/_2$ Zinkoxyd und 2% Schwefel enthielt, untersucht. Diese Mischung würde ohne Beschleuniger kein brauchbares Vulkanisat ergeben, doch wurden aus dieser trotz des geringen Schwefelgehaltes Produkte mit bemerkenswert guten Festigkeitseigenschaften erhalten, wenn auch mindestens $^1/_2\%$ Beschleuniger notwendig war. Mit geringeren Mengen zeigten die Vulkanisate minderwertige Festigkeitseigenschaften. Diese Ergebnisse wurden später[2]) in einer Reihe von Versuchen, bei denen die Beschleunigermenge konstant gehalten und die Schwefelmenge variiert wurde, bestätigt. Die volle Wirksamkeit des Beschleunigers trat nur bei mindestens $2^1/_2\%$ Schwefel in Erscheinung. Mit geringeren Mengen gaben die Produkte minderwertige Festigkeitszahlen. In einer ähnlichen Reihe von Versuchen zeigte William[3]), daß in einer Grundmischung von 100 Tl. Kautschuk und 3 Tl. Zinkoxyd Hexamethylentetramin nur dann gute Resultate zeigte, wenn die Mischung davon mindestens $^1/_2$ Tl. in Verbindung mit wenigstens 3 Tl. Schwefel enthielt. Die besten Ergebnisse wurden mit 1% Hexamethylentetramin und 3% Schwefel erhalten. Daraus kann ersehen werden, daß, wenn auch in Gegenwart von Beschleunigern der Schwefelgehalt unter das normale Maß verringert werden kann, die Beschleunigermengen, welche das beste Produkt geben, unter Umständen über die erhöht werden müssen, welche bei höheren Schwefelmengen wirksam sind.

Die Beschleunigung bei niedrigen Temperaturen.

In einem früheren Kapitel wurde gezeigt, daß die Vulkanisation, wenn auch verhältnismäßig langsam, bei Temperaturen vor sich geht, die geringer sind als in der Technik angewendete Temperaturen. Bei Gegenwart von wirksamen Beschleunigern kann jedoch auch bei verhältnismäßig geringen Temperaturen in verhältnismäßig kurzen Vulkanisationszeiten die Vulkanisation bewirkt werden. Eine Mischung, welche z. B. bei 90^0 300 Stunden zur Vulkanisation erfordert, wird bei Zusatz eines Beschleunigers mit einem Beschleunigungsfaktor von 300 vermutlich eine Vulkanisationszeit von 1 Stunde benötigen, ja, die Vulkanisation kann sogar bei gewöhnlicher Temperatur vor sich gehen, wie Cranor gezeigt hat. Eine Mischung, die 6% Schwefel, 1% Zinkoxyd und 1% Dimethylamindimethyldithiocarbamat enthält, zeigte nach

---
[1]) a. a. O.
[2]) Schidrowitz u. Bean: J. S. C. I. **41**, 324 T. 1922.
[3]) I. R. W. **66**, 490. 1922.

einem 33 tägigen Lagern einen Vulkanisationskoeffizienten von 0,77 und Festigkeitseigenschaften von ungefähr 150 kg/cm^2.

Wenn, statt den fertigen Beschleuniger der Mischung beizufügen, der Beschleuniger in statu nascendi auf die Mischung einwirkt, dann wird seine Wirksamkeit wesentlich gesteigert. So hat Bruni gezeigt, daß eine Mischung, die ein aromatisches Amin, wie Anilin, enthält, bei der Einwirkung von Schwefelkohlenstoffdampf bei gewöhnlicher Temperatur vulkanisiert[1]). Ebenso tritt die Vulkanisation bei gewöhnlicher Temperatur viel schneller ein, wenn Piperidin einer Kautschuklösung, die Zinkoxyd und Schwefelkohlenstoff enthält, zugemischt wird, als wenn das fertige Dithiocarbamat zugegeben wird.

Dieses Prinzip ist bei vielen Beschleunigern, die durch Wechselwirkung von zwei Substanzen entstehen, von denen keine eine ausgesprochene Beschleunigerwirkung hat, wenn sie allein verwendet wird, anwendbar. Unter solchen Verhältnissen kann die Vulkanisation bei verhältnismäßig geringer Temperatur durchgeführt werden, wenn man den einen Bestandteil der Kautschukmischung zufügt und diese einer mit dem Dampf des anderen Bestandteiles beladenen Atmosphäre aussetzt. Auf diese Weise können geformte Kautschukgegenstände unter Verwendung solcher Farbstoffe hergestellt werden, die bei gewöhnlichen Vulkanisationstemperaturen unbeständig sind.

Die ausgleichende Wirkung der Beschleuniger auf den Rohkautschuk.

Kurz nach der Einführung des Plantagenkautschuks wurde die Kautschuk verarbeitende Industrie vorstellig, daß, wenn auch die Festigkeitseigenschaften des Plantagenkautschuks im allgemeinen zufriedenstellend waren, von der notwendigen Vulkanisationszeit nicht das gleiche gesagt werden konnte[2]). Es wurde gefunden, daß verschiedene Lieferungen von Kautschuk nicht gleich rasch vulkanisierten, so daß bei der Anwendung der festgelegten Heizzeit und Temperatur die hergestellten Artikel manchmal unter-, manchmal übervulkanisiert waren. Auf dieses Verhalten stieß man viel seltener bei den verschiedenen Arten von brasilianischem Parakautschuk. Sogar bei minderwertigen Wildkautschuken trat dieser Übelstand seltener in Erscheinung. Die Hartnäckigkeit, mit welcher von seiten der verarbeitenden Kreise auf diesen Übelstand hingewiesen wurde, führte zu einer systematischen Untersuchung des Einflusses der verschiedenen Arten der Bereitung auf die Eigenschaften des Kautschuks, im besonderen auf die erforderliche Vulkanisationszeit. Die Ergebnisse dieser Untersuchungen wur-

---

[1]) J. S. C. I. **40**, 520a. 1921. Vgl. auch Bedford u. Sebrell: J. I. E. C. **13**, 1034. 1921.

[2]) Williams: Rubber Industrie 1914, S. 284. — Schidrowitz: ibid., S. 212.

Die ausgleichende Wirkung der Beschleuniger auf den Rohkautschuk. 167

den im 10. Kapitel erörtert, und man kann daraus ersehen, daß ausgesprochene Unterschiede in der Vulkanisationsintensität des Plantagenkautschuks durch Einflüsse hervorgerufen werden können, die in fast jedem Abschnitt des Bereitungsprozesses ihre Ursache haben können. Als Folge dieser Ergebnisse wurden Versuche gemacht, die Bereitung des Kautschuks zu vereinheitlichen, so daß jede besondere Kautschuksorte stets die gleichen Vulkanisationseigenschaften zeigen sollte. Obwohl jetzt schon weniger von den Verschiedenheiten des Rohkautschuks gehört wird als früher, muß man sich doch vor Augen halten, daß ein Teil der ostasiatischen Kautschukprodukte, ungefähr 20 $^0/_0$, in Form von ungeräucherten Sheets auf kleinen Eingeborenenplantagen erzeugt wird, wo der Mangel einheitlicher Bereitungsverfahren vorausgesetzt werden kann. Außerdem trifft man auch bei den hochwertigen Plantagensorten auch heute noch auf Verschiedenheiten.

Es ist oft darauf hingewiesen worden, daß diese Schwankungen in der Vulkanisationsintensität nicht von beträchtlicher Bedeutung sind, da durch die Zugabe von Beschleunigern die Vulkanisationszeit so wesentlich verringert wird, daß die Unterschiede eliminiert oder so geringfügig werden, daß man sie vernachlässigen kann. Es soll daran erinnert werden, daß vielleicht der erste Fall von Rohkautschukschwankungen, von dem berichtet wurde, jener einer Kautschukladung war, die zu einer bleiglättehaltigen Mischung verarbeitet wurde[1]). Die Bleiglätte hat also nicht die Verschiedenheiten in der Vulkanisationszeit beseitigt. Stevens hat auch gezeigt[2]), daß die Glätte zwar in den meisten Fällen diese Schwankungen verdeckt, in manchen Fällen jedoch, besonders dann, wenn ein Kautschuk, der durch Schimmel angegriffen wurde, verwandt wurde, die Schwankungen in der Vulkanisationszeit durch die Zugabe von Bleiglätte hervorgehoben werden. Es wurde die Ansicht ausgesprochen, daß durch den Schimmel ein Teil des acetonlöslichen Materials zersetzt werde, welches für die Entwicklung der beschleunigenden Wirkung von Bedeutung ist. Man kann erwarten, daß die Zugabe organischer Beschleuniger die Schwankungen in der Vulkanisationszeit ausgleicht, besonders dann, wenn die Beschleunigermenge so groß ist, daß die Vulkanisationszeit sehr herabgesetzt wird. Diese Frage wurde von Martin und Davey untersucht, welche in einer Reihe von Versuchen in einer Mischung von 90 Kautschuk, 10 Schwefel, 2 Glätte, 1 Magnesiumoxyd und 1 Hexamethylentetramin verschiedene Kautschukproben untersuchten[3]). Hierbei zeigte es sich, daß, wenn man die Dehnung durch eine gegebene Belastung und die Vulkanisationszeit bis zum Festigkeitsmaximum als Vergleichsbasis heranzog, die Unterschiede, die in reinen Kautschuk-

---

[1]) Thornton: J. R. J. **49**, 532 b. 1910.
[2]) Bull. R. G. A. **4**, 520. 1922. [3]) J. S. C. I. **42**, 98 T. 1923.

schwefelmischungen gefunden wurden, auch nach Zugabe der angeführten Beschleuniger bestehen bleibt. In manchen Fällen zeigte es sich, daß Kautschuksorten, welche verhältnismäßig schnell in der Abwesenheit von Beschleunigern vulkanisierten, bei Anwesenheit verhältnismäßig langsamer vulkanisieren. Wenn man den Vulkanisationskoeffizienten nach einer gewissen Heizzeit als Vergleichsgrundlage heranzog, dann waren die beobachteten Verschiedenheiten geringer bei der beschleunigerhaltigen Mischung. Zwei von den Kautschuksorten, welche verschiedene Heizintensität zeigten, wurden in einer Mischung von 90 Kautschuk, 10 Schwefel, 5 Zinkoxyd und 1 Beschleuniger mit folgenden Beschleunigern untersucht: Thiocarbanilid, Aldehydammoniak, p-Phenylendiamin, m-Phenylendiamin, „Suparac" (Piperidinpentamethylendithiocarbamat auf kolloidalem Kaolin) und p-Nitrosodimethylanilin. In jedem Falle erreichte die Kautschukmenge mit dem schneller heizenden Kautschuk die charakteristischen Vulkanisationseigenschaften rascher als die Mischung mit dem langsamer heizenden Kautschuk. In einer Mischung, die an Stelle der 5 Gewichtsteile Zinkoxyd, 90 Gewichtsteile auf 100 Gewichtsteile Kautschuk enthielt, konnten die Verschiedenheiten des Kautschuks praktisch vernachlässigt werden, und zwar in den Mischungen, die Hexamethylentetramin, Paraphenylendiamin und Suparac enthielten. Doch waren sie immer noch vorhanden in der Aldehydammoniak- und in geringem Maß in der thiocarbanilidhaltigen Mischung.

Die Wirkungsweise der Beschleuniger.

Die Wirkung der Beschleuniger, besonders in ihrer Abkürzung der Vulkanisationszeit, wird gewöhnlich der Überführung des Schwefels in eine aktive Form, evtl. durch die intermediäre Bildung einer Verbindung, die Schwefel in statu nascendi abspalten kann, zugeschrieben. Wie Peachey gezeigt hat (siehe S. 84), bewirkt nascierender Schwefel die Vulkanisation bei gewöhnlicher Temperatur ziemlich augenblicklich. Es erscheint daher sehr wahrscheinlich, daß die beschleunigte Vulkanisation von dem Schwefel hervorgerufen wird, der von einem instabilen Derivat abgespalten wird und daß dieses Derivat durch eine Reihe von Reaktionen entsteht, an denen der Beschleuniger teilnimmt. Die meisten Theorien, welche bislang vorgeschlagen wurden, sind auf einer Annahme dieser Art begründet. Da die verschiedenen Verbindungen, die als Beschleuniger wirken, aus gänzlich verschiedenen Klassen der organischen Chemie entstammen, dürfte ihre Wirkungsweise verschieden sein und eine einleuchtende Theorie, welche von allgemeiner Anwendbarkeit ist, ist bis heute noch nicht formuliert worden. Für primäre oder sekundäre Amine nimmt Ostromysslenski die intermediäre Bildung von Thioozoniden an, die den Schwefel in aktiver Form abspalten. $2\,RNH_2 + 4S = RNHSSSNHR + H_2S$ [1]). Auf welche Weise die Zersetzung des Thioozonids vor sich geht, ist nicht klar ausgesprochen, ist jedoch als Zersetzung unter gleichzeitiger Bildung des ursprünglichen Amins oder eines aminhaltigen Restes, der dann mit einer weiteren Quantität Schwefel reagiert, um neuerlich instabiles Thioozonid zu bilden, beschrieben. Es ist schwierig, anzunehmen, daß aus dem hypothetischem Ozonid das ursprüngliche Amin wieder rückgebildet werden kann, denn zwei Wasserstoffatome sind von der ersten Reaktion mit Schwefel verbraucht worden. Die eine annehmbare Erklärung wäre die, daß eines von den drei Schwefelatomen des Thioozonids abgespalten wird, wie ein gewöhnliches Ozonid einen Sauerstoff abspaltet, wenn auch in diesem Fall die Annahme gemacht werden müßte, daß die zurückbleibende Schwefelverbindung wieder neuen Schwefel binden können müßte. Kratz, Flower und Coolidge[1]) nehmen an, daß die Schwefelbindung am Stickstoffatom, welches dann fünfwertig wird, vor sich geht.

$$RNH_2 \longrightarrow \underset{S}{RH_2N}$$

Diese Art der Schwefelbindung ist locker und der Schwefel wird dann durch den Kautschuk aufgenommen, das Amin rückgebildet und der Prozeß beginnt von neuem. Eine andere Erklärung wurde von Scott und Bedford[3]) vorgeschlagen, welche annehmen, daß die Vulkanisation durch Polysulfide bewirkt wird, die dem Ammoniumpolysulfid analog gebaut sind. Die Bildung der Polysulfide soll auf folgende Weise vor sich gehen:

$$RNH_2 + H_2S \longrightarrow \underset{SH}{\overset{H+xS}{RNH_2}} \longrightarrow \underset{\underset{Sx}{SH}}{\overset{H}{RNH_2}}$$

Der für die Bildung des Aminhydrosulfids notwendige Schwefelwasserstoff entsteht aus der bekannten Wechselwirkung zwischen Schwefel und den Begleitsubstanzen des Kautschuks. Das Polysulfid wird als die Quelle des aktiven Schwefels angesehen. Verbindungen, die auf diese Art reagieren, werden als „Hydrogensulfid-Polysulfid" bezeichnet, und zu dieser Klasse gehören alle basischen organischen Beschleuniger, welche Polysulfide bilden, die dem Ammoniumpolysulfid analog gebaut sind. Eine zweite Klasse von Verbindungen, als „Carbosulfhydryl-Polysulfid"-Beschleuniger bezeichnet, umschließt jene, welche die Gruppe CSH enthalten, wie die Thioharnstoffe, Merkaptane und

[1]) J. S. C. I. **35**, 370. 1916. [2]) J. I. E. C. **12**, 317. 1920.
[3]) J. I. E. C. **13**, 125. 1921.

Dithiocarbamate. Die Thiuramdisulfide werden für Derivate von Gliedern dieser Gruppe betrachtet, die durch Abspalten von Wasserstoff in Form von Schwefelwasserstoff daraus entstanden sind. Verbindungen, welche zur Carbosulfhydrylklasse gehören, bilden mit Schwefel direkt Polysulfide, während bei den Hydrosulfidverbindungen vorher die Bildung von Schwefelwasserstoff notwendig ist. Daraus folgt, daß die Carbosulfhydrylbeschleuniger in extrahiertem Kautschuk ihre Wirkung beibehalten sollten, während die Hydrosulfidbeschleuniger unter diesen Umständen unwirksam sein müßten, da kein Schwefelwasserstoff gebildet wird. Dies ist jedoch nur dann wahr, wenn das acetonunlösliche stickstoffhaltige Material nicht auch mit Schwefel Schwefelwasserstoff liefert.

Die anorganischen Beschleuniger werden von Scott und Bedford in zwei Klassen eingeteilt. 1. Primäre Beschleuniger, das sind die, welche Polysulfide direkt zu bilden imstande sind, wie z. B. Natriumhydrosulfid oder Calciumsulfid und 2. sekundäre Beschleuniger, von denen angenommen wird, daß sie als Schwefelwasserstoffakzeptoren den Schwefelwasserstoff aus den organischen Polysulfiden entfernen und so die Abspaltung von aktivem Schwefel unter Rückbildung des ursprünglichen Amins erleichtern. Einzelne anorganische Oxyde und Hydroxyde wirken sowohl als primäre wie auch als sekundäre Beschleuniger. So wirken Natrium- und Calciumhydroxyd zuerst als sekundäre Beschleuniger, nachdem sie aber Sulfide gebildet haben, die unter Schwefelbindung zu Polysulfiden werden, wirken sie als primäre Beschleuniger. Bleiglätte und Zinkoxyd auf der anderen Seite können nur als sekundäre Beschleuniger wirken und bilden unter Vulkanisationsbedingungen keine Polysulfide. Diese Ansicht wurde jedoch später durch die Entdeckung, daß Zinkpersulfide kräftige Vulkanisationsmittel sind, modifiziert[1]). Nicht genug daran, es wurden später experimentelle Beweise erhalten, welche anzeigten, daß diese Persulfide bei Vulkanisationsbedingungen entstanden. Unter diesen Umständen können Oxyde wie Bleiglätte und Zinkoxyd auch als primäre Beschleuniger betrachtet werden. In ähnlicher Weise werden auch bei Anwesenheit von Dithiocarbamaten Zinksalze gebildet, welche durch Addition von Schwefel Polysulfide ergeben. Als Beispiele der Hydrosulfid-polysulfid-Beschleuniger sollen Aldehydammoniak und Phenylendiamin und die phenylierten Guanidine angeführt werden, von denen die beiden letzten auch in die Carbosulfhydrylklasse gehören. Aldehydammoniak liefert Ammoniak, wenn er für sich allein erhitzt wird und Schwefelwasserstoff, wenn er mit Schwefel erhitzt wird, und wird nur als Hydrosulfidpolysulfid-Beschleuniger angesehen. Die Wirkung von

---

[1]) Bedford u. Sebrell: J. I. E. C. 14, 31. 1922.

Paraphenylendiamin ist ähnlich, denn unter Vulkanisationsbedingungen reagiert es mit Schwefel unter Bildung von Ammoniak und Schwefelwasserstoff. Hexamethylentetramin soll beim Erhitzen mit Schwefel sowohl Schwefelwasserstoff als auch unter anderen Verbindungen Schwefelkohlenstoff und Ammoniak bilden, welche Dithiocarbamate bilden, die die Gruppe $=$CSH enthalten. Phenylierte Guanidine ergeben mit Schwefelwassserstoff Thioharnstoffe und freie Amine und fungieren sowohl als Hydrosulfid- wie auch als Carbosulfhydrylpolysuflid-Beschleuniger. Die Meinung von Bedford und Sebrell geht dahin, daß alle Klassen von organischen Beschleunigern mit Ausnahme von Nitrosoderivaten nach folgendem Schema reagieren:

$$RH + S \rightarrow RSH$$
$$2\,RSH + S \rightarrow RSSR + H_2S$$
$$RSSR + S_{x-2} \rightarrow RS_xR \rightarrow RSSR + S_{x-2}$$
$$\text{aktiver Schwefel}$$

oder noch allgemeiner

$$RS_xR \rightarrow RSR + S_{x-1}$$
$$\text{aktiver Schwefel}$$

wobei R Wasserstoff, ein Metall oder einen Rest bedeuten kann.

Diese Autoren sehen die molekulare Form des abgespaltenen Schwefels als den wesentlichen Faktor der beschleunigten Vulkanisation an. Während die Ansichten von Bedford und seinen Mitarbeitern auf der Annahme der intermediären Bildung von Polysulfiden beruhen, haben Bruni und Romani[1]) eine Theorie formuliert, die auf der gesteigerten Aktivität gewisser Beschleuniger bei Anwesenheit von Zinkoxyd basiert. Bei den Dithiocarbamaten und den Thioharnstoffderivaten sei die Aktivität eine Funktion der Gruppierung

$$-\overset{S}{\underset{S-}{C}} \quad \text{bzw.} \quad =C\overset{S-}{\underset{S-}{\diagdown}}$$

und nicht der Amingruppe.

In der Gegenwart von Zinkoxyd wird zuerst das Zinksalz des Dithiocarbamats gebildet. Dieses reagiert mit Schwefel, und es entsteht das entsprechende Thiuramdisulfid. In dem besonderen Fall des Dimethylamindimethyldithiocarbamats tritt folgende Reaktionsfolge ein:

$$2\,[(CH_3)_2NCSHNH(CH_3)_2] + ZnO \rightarrow \begin{matrix}(CH_3)_2N-\overset{S}{C}-S\\(CH_3)_2N-\underset{\|}{C}-S\\S\end{matrix}\!\!>\!Zn + H_2O$$

$$\underset{\text{Dimethylamindimethyldithiocarbamat}}{S} \qquad \underset{\text{Zinkdimethyldithiocarbamat}}{+ 2\,NH(CH_3)_2}$$

---

[1]) I. R. J. **62**, 63. 1921.

$$\begin{array}{c}\text{(CH}_3)_2\text{N}-\overset{\text{S}}{\underset{\|}{\text{C}}}-\text{S}\\ \text{(CH}_3)_2\text{N}-\underset{\|}{\text{C}}-\text{S}\\ \overset{}{\text{S}}\end{array}\!\!\!\!\!\!\text{Zn} + \text{S}\;\dashrightarrow\;\begin{array}{c}\text{(CH}_3)_2\text{N}-\overset{\text{S}}{\underset{\|}{\text{C}}}-\text{S}\\ \text{(CH}_3)_2\text{N}-\underset{\|}{\text{C}}-\text{S}\\ \overset{}{\text{S}}\end{array}\!\!+\;\text{ZnS}$$

Tetramethylthiuramdisulfid

Unter dem Einfluß der Hitze zersetzt sich dieses Disulfid und bildet das Monosulfid und freien Schwefel, der für die Vulkanisation zur Verfügung steht. Wie Romani früher gezeigt hat[1]), sind die Thiuramdisulfide imstande, die Vulkanisation des Kautschuks ohne Schwefelzusatz zu bewirken, wenn auch in diesem Falle große Mengen von ungefähr 5% (auf die angewendete Kautschukmenge berechnet) verwandt werden müssen[2]).

Man nimmt an, daß die Wirkung der Zinkalkylxanthate analog der Wirkung der Dithiocarbamate verläuft, und daß die entsprechenden Disulfide, die Dixanthogene, welche zuert gebildet werden, den notwendigen Schwefel liefern.

$$\begin{array}{c}\text{C}_2\text{H}_5\text{O}\overset{\text{S}}{\underset{\|}{\text{C}}}\text{S}\\ \text{C}_2\text{H}_5\text{O}\underset{\|}{\text{C}}\text{S}\\ \overset{}{\text{S}}\end{array}\!\!\text{Zn}+\text{S}\;\dashrightarrow\;\begin{array}{c}\text{C}_2\text{H}_5\text{O}\overset{\text{S}}{\underset{\|}{\text{C}}}-\text{S}\\ \text{C}_2\text{H}_5\text{O}\underset{\|}{\text{C}}-\text{S}\\ \overset{}{\text{S}}\end{array}\;\rightarrow\;\begin{array}{c}\text{C}_2\text{H}_5\text{O}\overset{\text{S}}{\underset{\|}{\text{C}}}\\ \text{C}_2\text{H}_5\text{O}\underset{\|}{\text{C}}\\ \overset{}{\text{S}}\end{array}\!\!\!\!\text{S} + \text{S}$$ aktiver Schwefel

Zinkäthylxanthogenat   Diäthyldixanthogen

Auch die Thioharnstoffderivate sollen auf ähnliche Weise reagieren. Der erste Schritt besteht in der Bildung von Phenylsenföl. Dieses reagiert mit freiem Schwefel unter Bildung von Merkaptobenzthiazol.

$$\text{C}=\text{S}\begin{array}{c}\nearrow\text{NHC}_6\text{H}_5\\ \searrow\text{NHC}_6\text{H}_5\end{array}\;\rightarrow\;\text{S}=\text{C}=\text{N}-\text{C}_6\text{H}_5 + \text{NH}_2\text{C}_6\text{H}_5$$

$$\text{C}_6\text{H}_5\text{N}=\text{C}=\text{S} + \text{S}\;\rightarrow\;\text{C}_6\text{H}_4\begin{array}{c}\nearrow\text{N}\\ \searrow\text{S}\end{array}\!\!\text{CSH}$$

Merkaptobenzthiazol

Dieses ist eine saure Verbindung, welche allein noch nicht Beschleunigung hervorrufen kann. In Gegenwart von Zinkoxyd wird jedoch das Zinksalz gebildet und durch eine Reihe von Reaktionen, welche den oben genannten ähnlich sind, wird das entsprechende Disulfid gebildet.

---

[1]) J. S. C. I. **40**. 520 A. 1921.
[2]) Vgl. Twiss, Brazier u. Thomas: J. S. C. I. **41**, 86 T. 1922.

$$\underset{S}{\overset{N}{C_6H_4}}\!\!\diagup\!\!CSH \longrightarrow \underset{S}{\overset{N}{C_6H_4}}\!\!\diagup\!\!CSZnSC\!\!\diagdown\!\!\underset{S}{\overset{N}{C_6H_4}} \overset{+\,S}{\longrightarrow}$$

$$\underset{S}{\overset{N}{C_6H_4}}\!\!\diagup\!\!CS\!\!-\!\!SC\!\!\diagdown\!\!\underset{S}{\overset{N}{C_6H_4}} + ZnS$$

Wie im Falle des Thiuramdisulfids wird die Vulkanisation durch den Schwefel bewirkt, welcher beim Übergang des Disulfides in das Monosulfid in Freiheit gesetzt wird. Gemäß der Theorie von Bruni und Romani ist jedes Atom Schwefel, welches aktiviert wird und für die Vulkanisation in Betracht kommt, äquivalent $2C=S$-Gruppen, gleichviel, ob dieselben in einem Dithiocarbamat, Xanthogenat oder Thioharnstoff enthalten sind. Gleichzeitig müßte eine molekulare Menge Zinksulfid gebildet werden. Wenn angenommen wird, daß der gesamte Schwefel, der mit dem Kautschuk in Bindung tritt, durch solche Reaktionen wie die obige entsteht, dann müßte die Bindung eines vulkanisierten Kautschuks mit einem Koeffizienten von 1,0 bei Anwendung von Dimethylamindimethyldithiocarbamat das Vorhandensein von ungefähr 10% Beschleuniger erfordern. Es ist jedoch bekannt, daß sehr geringe Mengen einer solchen Verbindung, z. B. weniger als $0,5\%$ in einer 90 : 10 Kautschukschwefelmischung, die Zinkoxyd enthält, bewirken können, daß die Vulkanisation in wenigen Minuten bei 140° beendet ist. Das könnte dadurch erklärt werden, daß das Monosulfid, das aus dem Thiuramdisulfid oder einem anderen Disulfid gebildet wurde, unter Bindung von Schwefel das Disulfid zurückzubilden imstande sei, welches sich dann wiederum zersetzt. Unter diesen Umständen würde die Anwesenheit einer geringen Menge eines Beschleunigers, der ein instabiles Disulfid unter Vulkanisationsbedingungen bilden kann, genügen, um eine große Menge Schwefel in die aktive Form überzuführen, wobei das Monosulfid als Überträger wirken könnte. Ob eine solche Reaktionsfolge von Bruni und Romani angenommen wird, geht aus ihrer Erklärung des Reaktionsmechanismus der Ultrabeschleuniger nicht klar hervor, wenn auch ihre Ansichten auf diese Weise von Bedford interpretiert wurden. In diesem Punkt erinnert die Theorie von Bruni und Romani an die Polysulfidtheorie von Scott und Bedford und unterscheidet sich eigentlich von dieser nur durch den angenommenen Schwefelüberträger. Beide Theorien benötigen eine besondere Erklärung der Zinkoxydwirkung auf die Aktivierung des Beschleunigers. Nach Bruni und Romani ist Zinkoxyd notwendig, um ein Zinksalz zu bilden, welches bei der Reaktion mit Schwefel Thiuram- oder andere Disulfide bildet. Scott und Bedford

---

[1] J. I. E. C. 14, 857. 1922.

nahmen an, daß das Zinkoxyd dadurch wirkt, daß ein Zinksalz gebildet wird, welches durch Schwefelbindung Polysulfide zu bilden imstande ist. Bedford und Sebrell haben gezeigt[1]), daß organische Zinksulfide sich schon bei gewöhnlicher Temperatur bilden, z. B. haben sie gefunden, daß eine zinkoxyd- und schwefelhaltige Kautschuklösung nach der Zugabe von Anilin oder Toluidin und Schwefelkohlenstoff beim Stehen klar wurde. Dies wird dem Zinkoxyd, welches ein in Benzol lösliches Zinksalz bildet, zugeschrieben. In manchen Fällen wurden auch Kristalle des Zinksalzes in der Lösung ausgeschieden. Die Notwendigkeit, daß ein Zinkoxydüberschuß über die zur Bildung des Zinksalzes notwendigen Mengen vorhanden sein muß, wird jedoch nicht zufriedenstellend erklärt. Es wurde gezeigt[2]), daß sogar bei der Zugabe von bereits fertigen Zinkdithiocarbamaten oder Zinkalkylxanthogenaten zu einer Kautschukschwefelmischung eine überschüssige Zinkoxydmenge zur Beschleunigung notwendig ist und auf ähnliche Weise werden Thiuramdisulfide durch die Zugabe von Zinkoxyd aktiviert. So muß die Wirkung des Zinkoxyds noch weiter gehen als bis zur Bildung des Zinksalzes eines sauren Derivates des Beschleunigers. Bedford und Grey[3]) und Whitby[4]) haben die Meinung ausgesprochen, daß die Funktion des Zinkoxyds auch in der Neutralisation der sauren Substanzen, die teils aus der Zersetzung des Beschleunigers stammen, teils in den Kautschukharzen vorhanden sind, bestehen können. Eine Erklärung des Reaktionsmechanismus von Nitrosoverbindungen, im besonderen von Nitrosobenzol und Nitrosophenol, welche keine Aminogruppe enthalten, ist bis jetzt noch nicht geliefert worden. Bruni und Romani[5]) nehmen an, daß eine Reaktion in der Weise vor sich geht, daß die Nitrosogruppe mit der Doppelbildung des Kautschukkohlenwasserstoffes sich in derselben Art verbindet wie Nitrosobenzol mit ungesättigten Verbindungen wie Safrol und Eugenol Derivate bildet[6]). Eine andere Erklärung, die von Bedford und Sebrell vorgeschlagen wurde[7]) ist die, daß die Nitrosobeschleuniger in einer ähnlichen Weise wirken, wie die Bleiglätte, durch Einleitung einer Reaktion, bei der Schwefelwasserstoff durch Oxydation entfernt wird. Ganz allgemein nimmt man an, daß die Beschleunigung nicht direkt durch die in die Kautschukmischung eingeführte Verbindung bewirkt wird, sondern durch ein Produkt, welches durch die Reaktion mit Schwefel gebildet wird und diees Annahme hat zu dem Versuch geführt, den Be-

---

[1]) J. I. E. C. **13**, 1035. 1921.
[2]) Twiss, Brazier u. Thomas: J. S. C. I. **41**, 81 T. 1922.
[3]) I. R. J. **64**, 604. 1922.   [4]) J. S. C. I. **42**, 370 R. 1923.
[5]) a. a. O.
[6]) Angeli, Alessandri u. Pegna: J. C. S. **98**, Abs. 1, 552. 1910.
[7]) J. I. E. C. **13**, 1036. 1921.

schleuniger vor dem Einmischen mit Schwefel reagieren zu lassen[1]). Der Vorteil, der durch diesen Vorgang erzielt zu werden beansprucht wird, liegt darin, daß in manchen Fällen die Reaktion mit Schwefel nur bei Temperatur oberhalb der Vulkanisationstemperatur vor sich geht, so daß unter diesen Umständen die zugegebenen Substanzen nicht als Beschleuniger wirken würden. Wenn jedoch die Substanz mit Schwefel auf die für die Reaktion mit Schwefel notwendige Temperatur erhitzt wird, bevor sie in den Kautschuk eingemischt wird, wird das Reaktionsprodukt Beschleunigung bewirken.

Die Anwendung der Beschleuniger.

Wenn auch die Anzahl der Verbindungen, die als Beschleuniger wirken können, eine ganz beträchtliche ist, so werden doch nur wenige von diesen in großem Maßstabe in der Technik gebraucht. Die Betrachtungen, welche die verarbeitende Industrie in der Wahl der geeigneten Beschleuniger beeinflussen, sind von Rosenbaum[2]) und von L. E. Weber[3]) erörtert worden. An erster Stelle muß betont werden, daß der geeignetste Beschleuniger nicht einer von den aktivsten sein muß. Tatsächlich kann die Aktivität gewisser Beschleuniger, besonders die Wirksamkeit bei verhältnismäßig niedrigen Temperaturen, im Betriebe zu beträchtlichen Störungen Anlaß geben, da sie zur Anvulkanisation der Mischung während der Verarbeitung führen können. Dies kann schon während der vorbereitenden Operationen des Mischens, Kalanderns und Ziehens auf der Schlauchmaschine eintreten und die Mischung für den folgenden Gebrauch unbrauchbar machen. Um solchen Gefahren aus dem Wege zu gehen, ist es zweckmäßig, die Mischung in zwei getrennten Teilen anzufertigen, von denen der eine den Beschleuniger und die anderen Mischungsbestandteile mit Ausnahme des Schwefels enthalten kann, während dieser in den anderen eingemischt wird. Diese beiden Teile werden dann getrennt gemischt und gewalzt, bis sie nahezu die erwünschte Plastizität haben und werden erst dann vereinigt, so daß das folgende Walzen nunmehr von ganz kurzer Dauer ist. Doch kann auch hier, wenn es sich um sehr aktive Beschleuniger und um große Stücke Mischung handelt, die Mischung genügend lange Zeit Wärme zurückhalten und Anvulkanisation eintreten. Ein anderes Hindernis für die Anwendung von sehr aktiven Beschleunigern sind die geringen Mengen, in denen sie angewendet werden. Hierbei kann schon ein geringer Wägefehler beträchtliche Störungen verursachen. Aus diesem Grunde werden solche Beschleuniger häufig auf Zinkoxyd niedergeschlagen auf den Markt gebracht.

[1]) Goodyear Rubber Company, E. P. 130857.
[2]) I. R. J. **63**, 225. 1922.   [3]) I. R. J. **63**, 793. 1922.

Eine andere Methode, welche patentiert wurde, besteht in der Bildung des Beschleunigers auf irgendeinem Substrat, wie z. B. Kaolin[1]). Z. B. kann Piperidin von Kaolin absorbiert werden und dieses Gemisch dann dem Dampf von Schwefelkohlenstoff ausgesetzt werden, wobei sich das Dithiocarbamat bildet. Diese Mischung besteht dann aus ungefähr 1 Gewichtsteil Beschleuniger und 3 Gewichtsteilen Kaolin. Auf diese Weise wird das Einmischen in den Kautschuk erleichtert und Wägefehler auf ein Minimum reduziert.

Im allgemeinen wird eine sehr starke Reduktion der Vulkanisationszeit, z. B. auf 5 Minuten, gar nicht angestrebt, da es sehr schwierig ist, die Heizzeit und Temperatur ganz genau zu kontrollieren. In einem solchen Falle würde ein Fehler von wenigen Minuten oder wenigen Graden eine viel zerstörendere Wirkung haben als ein gleich großer Fehler bei einem Produkt, das auf eine längere Vulkanisationszeit eingestellt ist. Ein anderer Punkt, auf welchen bei der Wahl des Beschleunigers Rücksicht genommen werden muß, ist die Giftigkeit. Paraphenylendiamin, welches sehr gute Resultate gibt, ist äußerst giftig und wird heute sehr wenig verwendet. Es ist vielleicht der giftigste Beschleuniger, von dem bis heute berichtet wurde[2]). Hexamethylentetramin verursacht ab und zu einen Hautausschlag, dessen Auftreten durch Waschen der Hände und Arme in Natriumbicarbonatlösung verhindert werden kann[3]). Anilin, welches einstmals in großem Maßstabe, heute aber selten angewendet wird, hat auch unangenehme Nebenwirkungen und von p-Nitrosodimethylanilin hat man auch festgestellt, daß es zu Hautausschlägen führen kann[4]).

XIII. Die Fabrikationsmethoden.

In den vorstehenden Kapiteln sind die verschiedenen Methoden erläutert worden, durch welche der Rohkautschuk und seine Eigenschaften durch das Einmischen von geeigneten Mischmaterialien und durch den Vulkanisationsprozeß verbessert werden kann. Es wird von Interesse sein, die allgemeinen Gesichtspunkte, nach denen diese Methoden in den Fabrikationsprozessen enthalten sind, zu betrachten. Eine ins einzelne gehende Beschreibung der Kautschukwarenfabrikation ist jedoch nicht beabsichtigt.

Die erste Periode besteht in der Vorbereitung des Rohkautschuks für die Verarbeitung in der Fabrik. Es kommt oft vor, daß der Kautschuk fremde Bestandteile enthält, wie Sand, Erde, Holzsplitter usw.

---

[1]) Schidrowitz u. Catalpo Ltd.: E. P. 170682.
[2]) J. I. E. C. **10**, 865. 1918.
[3]) Shepard u. Krall: I. R. W. **61**, 75. 1919.
[4]) Report of the Chief Inspector of Factories and Workshops, 1922.

und, wie z. B. Parakautschuk, 15 bis 17%/$_0$ Feuchtigkeit. Es mag befremdend erscheinen, daß der Plantagenkautschuk, der unter soviel Vorsichtsmaßregeln bereitet wird, Fremdkörper enthalten soll[1]), doch ist dies durch die Behandlung während des Transportes, besonders durch das häufige Öffnen der Kisten in den Häfen der Fall[2]). Es ist leicht begreiflich, daß ein Holzsplitter, der nicht rechtzeitig entfernt und mit dem Kautschuk verarbeitet wird, z. B. in einem Fahrradschlauch zu Undichtigkeiten führen kann.

Abb. 29. Kautschukwäscherei.

Der Kautschuk wird zuerst einem Waschprozeß unterworfen, indem er durch eine Anzahl von Walzwerken, ähnlich denen, die bei der Crêpebereitung angewendet werden, hindurchgeschickt wird. Beim Passieren der Walzen, welche gewöhnlich gerieft sind, rinnt ein Strom von Wasser aus einem durchlöcherten Rohr auf den Kautschuk und auf diese Weise werden die Fremdkörperchen ausgewaschen, der Kautschuk in Bruchstücke zerrissen, welche aber zusammenhalten und ein zusammenhängendes Fell mit einer crêpeartigen Oberfläche bilden (Abb. 29).

---

[1]) Porritt, B. D.: I. R. J. **64**, 421. 1922. — Symposium of Views of American Manufacturers, I. R. W. **66**, 602. 1922.

[2]) Stevens, H. P.: I. R. J. **64**, 825. 1922.

178 Die Fabrikationsmethoden.

Nachdem der Kautschuk diese Walzwerke einige Male passiert hat, werden die Felle aufgehängt und bei ungefähr 35⁰ in einem Raum, durch den ein kontinuierlicher Luftstrom geleitet wird, getrocknet (Abb. 30). Kürzlich ist ein Trockensystem eingeführt worden, in welchem der Kautschuk in einer Kammer, die als „Hunter Kiln" bezeichnet wird[1]), einer Temperatur zwischen 40 und 75⁰ ausgesetzt wird, wobei die Atmosphäre mit einer relativen Feuchtigkeit von 20 bis 75% beladen ist. Luft, mit einer relativen Feuchtigkeit von 40% (um einen

Abb. 30. Kautschuktrocknung.

mittleren Wert anzunehmen) und einer Temperatur von 70⁰, wird bis zum Sättigungspunkt pro Luftvolumen 8 mal soviel Wasser aufnehmen als gewöhnliche atmosphärische Luft, die auf 30⁰ erwärmt ist. Es wird behauptet, daß durch diese Apparatur, durch die Anwesenheit der Feuchtigkeit in der Luft, das Klebrigwerden des Kautschuks, wie es beim Trocknen in gewöhnlicher Luft von derselben Temperatur der Fall sein könnte, vermieden wird. In diesem Zusammenhang möge daran erinnert werden, daß Stevens gezeigt hat, daß vulkanisierter Kautschuk viel weniger schnell in feuchter als in trockener Luft entartet (siehe S. 105). Die Anwendung einer feuchten Atmosphäre ge-

---

[1]) E. P. 138915.

stattet daher, daß der Kautschuk bei verhältnismäßig hohen Temperaturen und daher in einer viel kürzeren Zeit als in einem gewöhnlichen Trockenraum getrocknet werden kann. Eine andere Methode, den Kautschuk zu trocknen, besteht in der Anwendung eines Vakuumtrockners, einer Kammer, aus der die Luft ausgepumpt werden kann und welche dann auf eine geeignete Temperatur durch Dampf oder heißes Wasser erwärmt wird.

Das Walzen.

Der gewaschene und getrocknete Kautschuk oder der Rohkautschuk, falls Waschen und Trocknen nicht notwendig ist, wird dann der ersten

Abb. 31. Strang von Mischwalzen; auf den Tischen Puppen gemischten Kautschuks.

Bearbeitung unterzogen. Diese ist unter dem Namen Walzen oder Mastizieren bekannt und dient dem Zweck, den Kautschuk plastisch zu machen, um den Schwefel und die anderen notwendigen Füllmittel einzumischen. Dieses Mastizieren wird gewöhnlich dadurch vorgenommen, daß der Kautschuk zwischen Stahlwalzen, die langsam in entgegengesetzter Richtung mit verschiedenen Geschwindigkeiten rotieren, hindurchgeschickt wird (siehe Abb. 31). Hierbei entsteht

Wärme, und um das Überhitzen zu vermeiden, werden die Walzen durch einen Wasserstrom gekühlt, welcher kontinuierlich durch eine zentrale Bohrung strömt. Der Kautschuk wird allmählich plastisch und bildet ein zusammenhängendes Fell, welches auf einer der Walzen festliegt. Während des Prozesses werden Stücke von den Rändern des Felles ausgeschnitten und in die Mitte der Walzen gelegt, so daß eine homogene Masse entsteht. Die weitere Verarbeitung dieses mastizierten Kautschuks hängt von der Art des Artikels, welcher erzeugt wird, und von der Vulkanisationsmethode, welche verwendet wird, ab.

Die Heißvulkanisation.

Wenn als Vulkanisiermittel Schwefel verwendet werden soll und ein Heißvulkanisationsprozeß in Anwendung kommen soll, dann ist die nächste Operation das Mischen, in welcher die Mischungsbestandteile dem plastischen Kautschuk einverleibt werden. Das Mischen wird auf ähnlichen Walzen vorgenommen, wie das vorhergehende Mastizieren. Der Schwefel und die anderen Mischmaterialien werden allmählich zugegeben und bilden mit dem Kautschuk ein homogenes Gemisch. Die Mischwalzen sind gewöhnlich mit Hauben versehen, welche mit Exhaustoren verbunden sind, durch welche Staubteilchen, die sonst in die Luft des Raumes gelangen könnten und die Gesundheit der Arbeiter schädigen könnten, abgesaugt werden. In gewissen Fällen, wo Bleiverbindungen eingemischt werden, müssen unter Umständen besondere Vorsichtsmaßregeln angewendet werden, wie sie z. B. in England durch die India Rubber Regulations von 1922 vorgeschrieben worden sind. Wo solche Einrichtungen nicht vorhanden sind und das Gesetz sie dennoch vorschreibt, behelfen sich die Fabrikanten dadurch, daß sie schon fertige Kautschukglättemischungen, die bereits fertig erhalten werden können, kaufen[1]). Solche Mischungen von Kautschuk und Glätte stauben nicht mehr und fallen daher nicht unter die Bleiverbindungen, deren Anwendung das Gesetz regelt.

Die plastische Mischung von Kautschuk, Schwefel und anderen Mischungsbestandteilen ist nun in einem klebrigen Zustand und enthält alle für die Vulkanisation notwendigen Bestandteile. Die Vulkanisation tritt jedoch nicht früher ein, bevor nicht die notwendige Temperatur auf die Mischung einwirkt.

So kann ein komplizierter Artikel, wie z. B. ein Handschuh, aus verschiedenen Kautschukstücken, welche infolge des klebrigen Zustandes des Kautschuks miteinander verbunden werden können, zusammengesetzt werden. Wenn der unvulkanisierte Artikel fertig zusammengesetzt ist, wird er erhitzt und die Klebrigkeit verschwindet

---

[1]) J. S. C. I. **41**, 325 R. 1922.

mit dem Fortschreiten der Vulkanisation, und die Form, die während der Vulkanisation angenommen wird, wird endgültig festgehalten. Dies ist das Grundprinzip der Kautschukfabrikation, daß die plastische, formbare und klebrige Mischung auf die verschiedenste Art und Weise behandelt und geformt werden kann und durch die Vulkanisation ihre Plastizität verliert und dafür elastisch wird und die Form, die sie während der Vulkanisation erhalten hat, beibehält.

Die Behandlung, die dem Mischen folgt, hängt ab von der Natur des Artikels, der hergestellt werden soll und besteht entweder in der Herstellung einer mehr oder minder konzentrierten Lösung, wenn ein gummierter Stoff hergestellt werden soll, oder im Kalandern, der Herstellung einer Platte von einheitlicher Dicke, oder endlich im Ziehen auf der Schlauchmaschine, der Herstellung eines Schlauches oder eines massiven Stranges.

Die Herstellung gummierter Stoffe.

Das Gummieren von Stoffen wird gewöhnlich auf der Streichmaschine vorgenommen. Bei der Streichmaschine wird der Stoff über eine Rolle geführt, auf der ein stumpfes Messer lastet, vor dem eine gewisse Menge mehr oder minder konzentrierte Kautschuklösung aufgelegt ist. Dabei ist das Messer so justiert, daß eine ganz dünne Schicht der Lösung von dem Stoff mitgenommen werden kann. Hinter dem Messer wird der Stoff über eine Heizplatte geführt, welche das Lösungsmittel verdunsten läßt, so daß am Ende der Heizplatte der Stoff bzw. die daraufliegende Kautschukschicht trocken ist. Die Kautschuklösung wird durch Bearbeiten des Kautschuks oder der Mischung mit der notwendigen Lösungsmittelmenge in geeigneten Knetmaschinen hergestellt. Als Lösungsmittel dient Benzin oder Benzol. In den Kautschuk werden zuerst die notwendigen Füllmittel, Farbstoffe, und im Falle Heißvulkanisation angewendet werden soll, Beschleuniger und Schwefel beigemischt. Dann wird er in die Knetmaschine gebracht, welche gewöhnlich aus einem Kessel besteht, in welchem schaufelartige Rührflügel rotieren. Während des Streichens wird das verdampfte Lösungsmittel häufig zurückgewonnen. Zu diesem Zweck sind eine Anzahl von Verfahren vorgeschlagen worden[1]). Um eine Kautschukschicht von der notwendigen Stärke zu erzeugen, ist es notwendig, den Stoff einigemal, unter Umständen bis 20 mal, über die Streichmaschine zu führen. Der Stoff kann auf einer oder auf beiden Seiten gummiert werden. Oftmals wird der gestrichene Stoff auch doubliert, d. h. ein einseitig gestrichenes Gewebe wird mit einem anderen Gewebe doubliert, welches fest auf der gummierten Oberfläche festhaftet, die, da eben der Kautschuk un-

---

[1]) Wild: I. R. J. **65**, 313. 1923.

vulkanisiert ist, klebrig ist. Wenn das Gewebe nur auf einer Seite gummiert wird, dann wird die klebrige Oberfläche des Kautschuks mit gewissen Materialien, wie Kreide oder Stärkemehl, bestaubt, welche das Festkleben an anderen Oberflächen verhindert. Die Vulkanisation wird gewöhnlich so durchgeführt, daß der Stoff um eine Trommel gewickelt wird und außen einige weitere Lagen eines Deckstoffes herumgewickelt werden. Die Trommel wird dann in einem Autoklaven in Dampf vulkanisiert. Dies kann z. B. 4 Stunden bei einer Temperatur von 140° oder bei Anwendung von Beschleunigern einen kürzeren Zeitraum beanspruchen. In solchen Fällen, in denen die Gummierung zwischen zwei Gewebelagen, wie z. B. bei doublierten Stoffen, liegt, oder, wo die Gummierung eine schwarze Farbe haben soll, kann die Vulkanisation durch Einwirkung trockener Hitze bewirkt werden. In diesem Fall ist es notwendig, der Mischung Bleiglätte einzuverleiben, denn nur auf diese Art und Weise wird ein Produkt von geeigneter Beschaffenheit erhalten. Gummierte Stoffe können auch kalt vulkanisiert werden. In diesem Falle enthält die Lösung keinen Schwefel. Das gummierte Gewebe kann entweder mit Schwefelchlorürlösung oder in dessen Dampf, oder mit Hilfe des Peachey-Verfahrens vulkanisiert werden. Bei der Kaltvulkanisation wird das Schwefelchlorür in einem Lösungsmittel wie Benzin oder Tetrachlorkohlenstoff gelöst und das gummierte Gewebe mit der Chlorschwefellösung in geeigneter Weise in Berührung gebracht, so daß die Oberfläche der Kautschukschicht vulkanisiert wird. Andererseits kann das gummierte Gewebe in einer Kammer dem Dampf des Schwefelchlorürs ausgesetzt werden. In beiden Fällen ist es notwendig, das vulkanisierte Material hernach in einer Ammoniakatmosphäre zu lüften, um irgendwelche Säuren, welche sich aus dem Schwefelchlorür gebildet haben könnten, zu neutralisieren.

Das Kalandern.

Der Zweck des Kalanderns ist der, Platten von einheitlicher Dicke, welche zur Herstellung von Kautschukartikeln dienen, zu erzeugen. Die Mischung, welche alle notwendigen Vulkanisationsbestandteile enthält, wird zuerst wiederum plastisch gemacht und dann in den Kalander geführt, welcher gewöhnlich aus 3 Walzen, die vertikal übereinander gelagert sind, besteht. Die obere und untere Walze drehen sich in dem gleichen Sinne, die mittlere in entgegengesetztem Sinne. Der plastische Kautschuk wird zwischen den beiden oberen Walzen durchgeschickt, haftet an der mittleren Walze, geht dann zwischen dieser und der unteren Walze hindurch, wobei mit der gleichen Geschwindigkeit eine Gewebelage hindurchgeht. Diese wird zuerst mit einem geeigneten Material eingestaubt, z. B. mit Kreide oder Stärke, um ein zu festes Ankleben der Kautschukplatte zu verhindern, und so wird das Gewebe mit der

Die Herstellung von Kautschukgegenständen. 183

anhaftenden Kautschukplatte um eine hölzerne Rolle gerollt. Die Platte ist dann für den Gebrauch fertig. In manchen Fällen sind die Kalanderwalzen graviert und das eingravierte Muster wird dann von der Kautschukplatte behalten.

Abb. 32. Dreiwalzenkalander.

Das Ziehen auf der Schlauchmaschine.

Wenn der Kautschukgegenstand in langen Stücken von bestimmtem Querschnitt hergestellt werden soll, wie dies z. B. bei Schläuchen oder Wagenreifensträngen der Fall ist, dann wird der plastische Kautschuk in eine Maschine eingeführt, die im Prinzip aus einem Hohlzylinder mit einer Transportschnecke, die sich ziemlich genau an die Wände des Zylinders anschließt, besteht. Die Drehung der Transportschnecke führt den Kautschuk an das Mundstück, durch dessen Form dem austretenden Strang der erwünschte Querschnitt gegeben werden kann. Der austretende Strang wird dann auf einem Transportband hinweggeführt.

Die Herstellung von Kautschukgegenständen.

In den obigen Abschnitten sind die Grundoperationen der Kautschukverarbeitung beschrieben. Die folgende Bearbeitung richtet sich nach der Natur des Artikels, der hergestellt werden soll.

Formartikel. Die Herstellung von Formartikeln folgte gleich der Entdeckung der Vulkanisation. Im Jahre 1846 patentierte Hancock ein Verfahren, um Kautschukgegenstände aus einer Mischung von Kautschuk mit anderen Substanzen, in oder auf Formen oder Platten durch die Vulkanisation herzustellen oder zu formen, wobei die Gestalt solcher Artikel erhalten bleibt[1]). Der Prozeß besteht im Prinzip darin, daß die Mischung zwischen die beiden Hälften der Form gebracht wird und das Ganze einer zur Vulkanisation geeigneten Temperatur ausgesetzt wird, wobei die Form unter Druck steht. Hierbei wird gewöhnlich eine hydraulische Presse angewendet, wenn auch in manchen Fällen eine Schrauben-Spindelpresse verwendet wird. In manchen Fällen werden die Preßplatten im Dampf geheizt und die Hitze durch die Wände der Form, welche dazwischen gelagert wird, zugeleitet. Auf diese Weise werden die meisten kleinen Artikel hergestellt. Andererseits wird der zur Vulkanisation notwendige Druck auch oft in einem Autoklaven erzeugt, in welchen die Formen auf einem Rahmen eingeführt werden. Hierauf wird der Autoklav geschlossen und Dampf hindurchgeleitet. Diese Methode wird gewöhnlich bei der Fabrikation von Reifen angewendet. Als Ergebnis der Hitze tritt die Vulkanisation ein und der Kautschuk behält die scharfen Eindrücke der Form. Hohlkörper werden aus kalanderter Platte hergestellt und hierbei wird der innere Druck durch Einschluß einer gewissen Menge von Ammoniumcarbonat, welches bei der Vulkanisationstemperatur verdampft, erhalten.

Während gewisse Artikel in zweiteiligen Formen hergestellt werden können, ist die Konstruktion der Form in manchen Fällen komplizierter. Eine solche Form kann auch aus 3 oder 4 Teilen bestehen, z. B. muß bei der Vulkanisation von Reifen nicht nur für Formen, die den Reifen umschließen, gesorgt werden, sondern der Reifen muß gleichzeitig um einen zentralen Dorn gelegt werden. Während dieser früher aus Metall war, wird in neuerer Zeit, besonders seit der Einführung der Cordreifen, ein Kautschukheizschlauch zu diesem Zweck verwendet.

Die Vulkanisation in freiem Dampf.

Eine andere Methode, um Kautschuk heiß zu vulkanisieren, ist das Vulkanisieren in freiem Dampf. In diesem Falle wird der Artikel nicht zwischen den Oberflächen einer Form eingeschlossen, sondern nur unter geeigneten Bedingungen dem Dampf von geeignetem Druck und geeigneter Temperatur ausgesetzt. In manchen Fällen wird der Gegenstand in Talkum eingebettet, in einen Autoklaven eingeführt und strömender Dampf von 3 bis 4 Atm. Überdruck eingeführt. Auf diese Weise werden die normalen Kautschukschläuche hergestellt. Trotzdem kann

---

[1]) E. P. 11135.

es notwendig sein, den Kautschukartikel über eine Form zu stülpen, damit er seine Gestalt behält. So wird z. B. ein Handschuh auf einer Form oder einem Leisten zusammengesetzt und das Ganze in Talkum eingebettet. Kautschukschläuche wiederum werden auf einen Metalldorn aufgezogen und die äußere Oberfläche mit einem Gewebestreifen eingewickelt. Der Zweck des Einbettens in Talkum oder Einwickelns in Gewebe ist, die Oberfläche vor den Spuren des kondensierten Dampfes zu bewahren. In genannten Fällen wird das Erhitzen in einem Kessel unter verhältnismäßig hohem Druck ausgeführt, doch bei der Wahl einer geeigneten Mischung kann der Kautschukgegenstand auch in einer heißen Atmosphäre bei gewöhnlichem Druck erhitzt werden. Diese Methode wird gewöhnlich bei der Herstellung von schwarzen Artikeln, z. B. Gummischuhen, angewendet, in welchen Fällen der Kautschuk Bleiglätte enthalten muß, da nur unter dieser Bedingung die Vulkanisation zufriedenstellende Resultate gibt.

Gummischwamm.

Die Fabrikation von Schwammgummi ist als Ergebnis der zufälligen Bildung von Poren während der Vulkanisation entwickelt worden. Diese Beobachtung führte zu Versuchen durch Einmischen von Ammoniumcarbonat oder anderen flüchtigen Stoffen oder Verbindungen, die ein flüchtiges Produkt liefern, ein im hohen Grade poröses Vulkanisat herzustellen. In neuerer Zeit sind Methoden entwickelt worden, dem Kautschuk eine Zellstruktur zu verleihen, indem die Mischung hohen Gasdrucken ausgesetzt wird. Die Mischung sättigt sich auf diese Weise mit Gas, und beim Nachlassen des Druckes entweicht das Gas unter Bildung von feinen Poren[1]). Man hat kürzlich die Erfahrung gemacht, daß Kautschuk dieser Art ein sehr wirksames Wärmeisoliermittel ist und dieses Produkt ist daher als Isoliermittel für Kühlapparate empfohlen worden. Eine Abart dieses Prozesses besteht in dem Einmischen von Kohlenpulver, welches die Absorption von Gasen erleichtert. Eine weitere Methode, um Schwammgummi herzustellen, ist die von Schidrowitz und Goldsborough beschriebene[2]), welche dem Latex die notwendigen Treibmittel einverleiben.

Tauchartikel.

Eine andere Methode, um Kautschukgegenstände herzustellen, ist das als Tauchen bekannte Verfahren, in welchem eine Form in eine Lösung von Kautschuk in einem geeigneten Lösungsmittel getaucht wird. Die Form wird dann aus der Lösung herausgezogen und es bleibt eine

---

[1]) Pfleumer: E. P. 11624. 1911. — Marchall: E. P. 162176. 1920.
[2]) E. P. 111194. 1914.

dünne Schicht der Kautschuklösung darauf zurück. Diese Lösung trocknet dann zu einer dünnen Haut und der Tauchprozeß wird so oft wiederholt, bis die Haut die erforderliche Stärke hat. Der Gegenstand wird dann durch Eintauchen in eine verdünnte Chlorschwefellösung vulkanisiert. Auf diese Weise werden Artikel wie Operationshandschuhe, Sauger usw. hergestellt.

Hartgummi.

Die als Hartgummi oder Ebonit bekannte schwarze Substanz entsteht bei der Anwendung von großen Schwefelmengen, z. B. $50^0/_0$, auf den angewendeten Kautschuk berechnet. Die Vulkanisation benötigt eine beträchtliche Zeit. Große Mengen von Hartgummiartikeln werden in Formen hergestellt, doch würde die lange Dauer der Vulkanisation einen großen Vorrat an Formen erfordern, der beträchtliche Kosten verursachen würde. Es ist daher üblich, den Kautschuk nur einen Teil der notwendigen Vulkanisationszeit in Formen zu vulkanisieren und die Vulkanisation auf geeigneten Dornen zu beenden. Eine andere Methode besteht im Einlegen der Kautschukplatte zwischen Zinnfolie. Diese eingelegten Platten werden dann in einer Stanzpresse in die erwünschte Form gebracht, wobei die Zinnfolie die Gestalt des Artikels während der Vulkanisation bewahrt.

XIV. Analysenmethoden.

In Verbindung mit der Fabrikation von Kautschukgegenständen kommt
 1. Rohkautschuk,
 2. Mischmaterialien,
 3. Vulkanisierter Kautschuk
zur chemischen Untersuchung.

Rohkautschuk.

In den Tagen, bevor die Plantagen die Hauptmengen des verarbeiteten Kautschuks lieferten, als die Bezugsquellen eine große Anzahl von Wildkautschuken auf den Markt brachten, die mittels der primitiven Methoden der Eingeborenen gewonnen worden waren, war eine scharfe Untersuchung jeder einzelnen Lieferung eine Notwendigkeit.

Der Kautschuk, den man heute erhält, ist jedoch von einer bemerkenswert einheitlichen Zusammensetzung und eine Analyse wird selten verlangt. Abgesehen von der möglichen Anwesenheit von mechanischen Verunreinigungen, wie Holz, Sand usw., ist es sehr wenig wahrscheinlich, daß andere fremde Bestandteile, sei es zufällig oder aus anderen Gründen, vorhanden sind. Das äußere Aussehen des Kautschuks ist gewöhnlich eine genügende Garantie, daß er von Verfälschungen frei ist. Jedenfalls wird Kautschuk niemals auf der Basis einer besonderen chemischen Zusammensetzung gehandelt. Nicht einmal auf Basis des Vorhandenseins gewisser mechanischer Eigenschaften, sondern lediglich auf Grund seines Aussehens.

Bestimmung des Waschverlustes. Die Anwesenheit einer abnormalen Menge mechanischer Verunreinigungen wird durch den Gewichtsverlust beim Waschen in dem bereits beschriebenen Prozeß ans Licht gebracht. Eine gewogene Menge des Kautschuks wird auf diese Weise behandelt und auf die gewöhnliche Art getrocknet und der Gewichtsverlust auf diese Weise festgestellt. Feuchtigkeit, mechanische Verunreinigungen und wasserlösliche Substanzen werden auf diese Weise entfernt. Typische Zahlen für Waschverluste sind folgende:

	Prozent
Para fine Hard	16—18
Plantagen-Smoked Sheet	1,0—1,3
Plantagen-Pale Crêpe	0,5—1,0
Brauner Plantagen-Crêpe	4—6

Der Kautschuk nach dem Waschen und Trocknen dient zur Probenahme für die weiteren Analysen, abgesehen von der Feuchtigkeitsbestimmung.

Feuchtigkeit: Wenn der Kautschuk genügend rein ist, um ohne vorhergehendes Waschen verwendet zu werden, ist es notwendig, die vorhandene Feuchtigkeit zu bestimmen, da die Verwendung eines Kautschuks von zu hohem Feuchtigkeitsgehalt (mehr als $1/2\%$) zu porösen Vulkanisaten führen könnte. Sowohl Crêpe als Sheets nehmen Feuchtigkeit aus der Luft auf, und zwar hängt die aufgenommene Wassermenge von der relativen Feuchtigkeit der Luft ab. Dies wurde klar von Vandeleur nachgewiesen, der mit Laboratoriumsproben gearbeitet hat[1]) und von Whitby[2]), der mit großen Versuchsmengen unter tropischen Bedingungen arbeitete. Crêpe zeigt ein größeres Bestreben, Feuchtigkeit aus der Luft aufzunehmen als Sheets, wahrscheinlich infolge seiner größeren Oberfläche, doch halten Sheets die Feuchtigkeit unter normalen atmosphärischen Bedingungen hartnäckiger zurück, da in Sheetskautschuk die hygroskopischen Serumsubstanzen noch vorhanden sind. Die Feuchtigkeit kann durch Trocknen bei $100°$ in einem Dampftrockenschrank bestimmt werden, und wenn die Bestimmung nicht allzusehr in die Länge gezogen wird, so ist die Gefahr, durch Oxydation des Kautschuks einen Fehler zu machen, sehr gering. Im Falle von sehr feuchten Proben wird das Trocknen am besten in einem Rohr vorgenommen, durch welches ein inertes Gas

---

[1]) Delft. Comm. **2**, 40.   [2]) J. S. C. I. **37**, 278 T. 1918.

wie Wasserstoff, Stickstoff oder Leuchtgas, das von Kohlendioxyd befreit ist, geleitet wird.

Wässeriger Auszug. Im allgemeinen ist in normalem Plantagenkautschuk wasserlösliches Material nicht in beträchtlichen Mengen vorhanden, doch kann das Wasserlösliche in Fällen, in denen ein Verdampfungsprozeß bei der Kautschukbereitung angewendet wurde, wie z. B. bei der Herstellung von Sprühkautschuk (siehe S. 31), 7 bis 8% betragen. So wird, wenn der Sprühkautschuk eine normale Plantagensorte werden sollte, die Bestimmung des Wasserlöslichen vielleicht eine anerkannte technische Untersuchung werden.

Harze. Die Harzbestandteile des Rohkautschuks werden durch Extraktion einer fein zerschnittenen Probe mit heißem Aceton in einem geeigneten kontinuierlichen Extraktionsapparat bestimmt, wobei einem solchen, der mit Schliffen an Stelle von Korken versehen ist, der Vorzug zu geben ist. Die American Chemical Society empfiehlt die Anwendung eines Extraktionsapparates nach Wiley[1]), in welchem die Extraktionshülse und der Kühler in einem großen Gefäß mit dem siedenden Lösungsmittel angebracht sind[2]). Eine andere verwendbare Modifikation des Extraktionsapparates nach Wiley ist die von Schidrowitz vorgeschlagene[3]), in welcher das Gefäß, das das siedende Lösungsmittel enthält, mit einem mit Quecksilber verschlossenen Einsatz versehen ist, in welchem ein weites Rohr, welches die Extraktionshülse enthält, eintaucht, welche wiederum gerade oder von der Konstruktion, die Knöfler angegeben hat, sein kann. Der Kühler ist an dem oberen Ende des weiten Rohres angebracht und die Dämpfe tropfen nach der Kondensation auf den Inhalt der Hülse und von da zurück in das Gefäß. Nach 5stündiger Extraktion wird der Rückstand nach dem Verdunsten des Acetons bei 90° zur Konstanz getrocknet. Der Acetonextrakt wird gewöhnlich als Harz bezeichnet, doch haben Spence und Kratz gezeigt[4]), daß auch stickstoffhaltige Substanz vorhanden ist. Der Stickstoffgehalt, berechnet auf den Kautschuk, ist gewöhnlich von der Größenordnung von 0,05%. In dem Falle des ,,Gesamt"-Kautschuks (eingetrockneter Latex) enthält der Acetonextrakt eine gewisse Menge wasserlösliches Material, wenn die Probe nicht vorher mit Wasser gewaschen wurde.

Proteine. Die stickstoffhaltigen Bestandteile des Kautschuks können auf direktem Wege bestimmt werden (siehe S. 37), so wie Spence und Kratz angegeben haben[5]), deren Methode in der Auflösung des Kaut-

---

[1]) J. I. E. C. **15**, 309. 1923.
[2]) J. S. C. I. **12**, 548. 1893; J. I. E. C. **9**, 314. 1917.
[3]) Schidrowitz u. Kaye: J. S. C. I. **26**, 127. 1907.
[4]) Koll. Zeit. **14**, 268. 1914. Vgl. auch Decker: Delft. Comm. **2**, 55.
[5]) Koll. Zeit. **14**, 262. 1914.

schuks in ein geeignetes Lösungsmittel besteht, wobei nach Zugabe von Trichloressigsäure, um die Viscosität der Lösung zu vermindern, das suspendierte Material abfiltriert werden kann. Das gebräuchlichere Verfahren ist eine Stickstoffbestimmung nach Kjeldahl und eine Berechnung des Proteins mit Hilfe eines geeigneten Faktors. Howie[1]), der Wilforths Kupfersulfatverfahren verwendet, zeigte, daß es nicht notwendig ist, bis zur völligen Oxydation des Kohlenstoffes zu erhitzen. Nach 3 oder 4 Stunden ist die Überführung in Ammoniak vollständig, wenn auch die Lösung noch immer dunkel gefärbt ist. Der Umrechnungsfaktor von Stickstoff zu Protein 6,25 wird gewöhnlich für den Ausdruck der gefundenen Stickstoffprozente in Prozenten stickstoffhaltiger Substanz verwendet. Nach Spence und Kratz jedoch[2]) wäre ein höherer Faktor korrekter, da nach deren Meinung nicht ein einfaches Protein, sondern ein Glykoprotein vorhanden ist. Der Prozentsatz des in Plantagenrohkautschuk und Parakautschuk vorhandenen Stickstoff schwankt im allgemeinen zwischen 0,45 und 0,50 %. Davon sind ungefähr 10 % in acetonlöslicher Form vorhanden.

Asche. Die Probe wird in einem offenen Tiegel verascht und die Asche direkt gewogen. Die Menge der Asche schwankt in verschiedenen Proben. Parakautschuk enthält 0,03 bis 0,5 % Asche, die besseren Plantagensorten einen ähnlichen Prozentsatz. Minderwertigere Plantagensorten, dunkle Crêpes, enthalten bis 1 % gemäß der Anwesenheit von Erde und Sand. Sprühkautschuk enthält noch mehr (1,2 bis 1,5 %) und diese Asche ist gewöhnlich stark alkalisch, so wie die von Parakautschuk. Die Asche von Plantagenkautschuk enthält neben den gewöhnlich vorhandenen anorganischen Substanzen Spuren von Reagenzien, die teils als Antikoagulantien gedient haben, teils dem Nachdunkeln oder der Schimmelbildung in Crêpe oder Sheets entgegenwirken sollten.

Kautschuk. Die Menge des im Rohkautschuk vorhandenen Kautschuks wird gewöhnlich indirekt bestimmt, d. h. durch Subtraktion der Summe der anderen Bestandteile von 100 %. Für technische Zwecke sind die so erhaltenen Ziffern von genügender Genauigkeit. Sie sind auch verläßlicher als die durch eine direkte Bestimmungsmethode erhaltenen.

Die einfachste der direkten Bestimmungsmethoden ist die von Fendler beschriebene[3]), welche in der Fällung des Kautschuks aus einer Lösung des Rohkautschuks mit Hilfe einer Flüssigkeit, in der die anderen Bestandteile löslich sind, besteht: 2 g der Probe werden in 100 cm^2 Petroläther gelöst, die Lösung durch Glaswolle abfiltriert und der Kautschuk mit absolutem Alkohol gefällt. Es ist jedoch schwierig,

---

[1]) J. S. C. I. **37**. 85 T. 1918.   [2]) a. a. O.
[3]) J. S. C. I. **23**, 764. 1904.

die letzten Spuren des Lösungsmittels zu entfernen, und oft reißt auch der Niederschlag einen Teil der Harze mit. Spence[1]) empfahl, den Kautschuk in Benzol zu lösen und die unlöslichen Bestandteile absitzen zu lassen und einen aliquoten Teil in einen Strom von Kohlendioxyd einzudampfen. Von den Derivaten des Kautschuks sind das Tetrabromid und das Nitrosit die einzigen, deren Zusammensetzung genügend bekannt sind, daß sie zu analytischen Bestimmungsmethoden herangezogen werden können. Eine Methode der Kautschukbestimmung im Rohkautschuk, die auf der Bildung des Tetrabromids beruhte, wurde von Budde[2]) vorgeschlagen. Diese Methode besteht darin, die Probe zuerst in Tetrachlorkohlenstoff aufzulösen und nach 24stündigem Stehen eine Lösung von Brom mit einer geringen Menge Jod in Tetrachlorkohlenstoff hinzuzufügen. Aus dem Reaktionsgemisch wird das Tetrabromid mit Alkohol herausgefällt und dann mit Portionen eines Gemisches von Alkohol und Tetrachlorkohlenstoff, sowie nachher mit reinem Alkohol gewaschen. Das Tetrabromid wird dann in Schwefelkohlenstoff gelöst und durch Zusatz von Leichtpetroleum wiederum ausgefällt. Nach dem Abfiltrieren wird der Niederschlag mit Alkohol gewaschen, bis die letzten Spuren freies Brom entfernt sind. Die Lösung wird dann mit einem Gemisch von Salpetersäure ($D = 1,4$) und einem Überschuß von $n/5$-Silbernitrat erhitzt, um das Tetrabromid unter Bildung von Bromsilber zu zersetzen. Das unveränderte Silbernitrat wird nach Vollhard oder einer anderen Methode gemessen und auf diese Weise das als Tetrabromid vorhandene Brom bestimmt. Man erhält dann den Prozentsatz an Kautschuk gemäß der Formel $C_{10}H_{16}Br_4$ durch Multiplikation der gefundenen Brommenge mit dem Faktor 0,425. Die Tetrabromidmethode war oft der Gegenstand von Auseinandersetzungen, da behauptet wurde, daß durch Substitution der Anteil des in Bindung gehenden Broms vermehrt wird, eine Fehlerquelle, welche nur in gewissem Maße durch den Verlust an HBr infolge Instabilität des Tetrabromids kompensiert wird[3]). Des ferneren ist die Wechselwirkung des Broms mit den Nichtkautschukbestandteilen eine weitere Fehlerquelle. Auch ist gegen die Methode der Weiterbehandlung des Tetrabromids Widerspruch erhoben worden. Spence, Galletly und Scott[4]) haben gezeigt, daß bei der Behandlung mit Salpetersäure Bromverluste, wahrscheinlich in Form eines organischen Derivates, vorkommen können, die vermutlich auf noch vorhandene Spuren von Alkohol oder Filterfasern im Tetrabromid zurückzuführen sind. Um diese Verluste zu vermeiden, wurde vorgeschlagen, mit Natrium-Kalium-

---

[1]) Gummi Zeit. **22**, 188. 1908.   [2]) Gummi Zeit· **24**, 4. 1909.
[3]) So z. B. Harries u. Rimpel: Gummi Zeit. **23**, 1370. 1909. — Henrichsen u. Kindscher: Chem.-Ztg. **35**, 329. 1911. — Spence: Gummi Zeit. **24**, 212. 1909.
[4]) Gummi Zeit. **25**, 801. 1911.

carbonatgemisch zu schmelzen, und Utz[1]) empfahl, das Tetrabromid mit einer Mischung von Silbernitrat, Schwefelsäure und Kaliumbichromat in einem Destillierkolben zu erhitzen und die überdestillierenden Dämpfe in einem Kugelrohr, das mit einer Mischung von Natriumhydroxyd und Natriumsulfit beschickt ist, aufzufangen. Die Absorptionsflüssigkeit wird dann mit Salpetersäure angesäuert und das Brom nach Zugabe überschüssigen n/5-Silbernitrats wie nach Budde bestimmt. Die Tetrabromidreaktion wurde kürzlich von Beans und Mc Adams untersucht[2]), welche ein rein volumetrisches Verfahren vorgeschlagen haben, welches auf der Methode von Mc Ilhiney[3]) beruht, die zur Bestimmung der stattfindenden Addition beim Bromieren ungesättigter Öle besteht. Die Methode besteht im Lösen einer gewogenen Menge mit Aceton extrahierten Kautschuks in reinem Tetrachlorkohlenstoff. Das unlösliche Material wird abfiltriert und ein gewogenes Volumen Bromtetrachlorkohlenstofflösung in genügender Menge hinzugefügt, so daß ein Überschuß von 150 % über die theoretisch notwendige Menge vorhanden ist. Nachdem die Reaktion im Dunkeln 2 bis 4 Stunden vor sich gegangen ist, wird das überschüssige Brom mit Kaliumjodid umgesetzt und das in Freiheit gesetzte Brom mit Natriumthiosulfat titriert. Bromwasserstoff, der sich durch Substitution gebildet haben kann, wird dann durch Zugabe von Kaliumjodat bestimmt, indem ebenfalls das auf diese Weise freigewordene Jod bestimmt wird. In der Annahme, daß eine wirkliche Substitution stattgefunden hat und daß die Brommenge, die in das Molekül eingetreten ist, der durch die zweite Titration bestimmten gleich ist, wird die erste Titration, um den als substituierendes Brom bestimmten Wert korrigiert, und die Autoren behaupten, auf diese Weise genaue Resultate zu bekommen. Fischer, Gray und Merling jedoch haben bei der Nachprüfung dieser Methode nicht übereinstimmende Resultate erhalten können[4]).

Die Nitrositmethode zur Kautschukbestimmung wurde zuerst von Harries vorgeschlagen und ist ein Ergebnis seiner Untersuchungen über die Wirkung von Stickstofftrioxyd auf Kautschuk (siehe S. 65)[5]). Von den 3 Derivaten ist das Nitrosit C, welches bei Einwirkung des feuchten Gases auf eine Lösung von Kautschuk in feuchtem Benzol entsteht, dasjenige, welches die definierteste Zusammensetzung hat. Diese entspricht der empirischen Formel $C_{10}H_{15}N_3O_7$. Harries löst den Kautschuk in Benzol und leitet nitrose Gase, die durch Erhitzen von Salpetersäure (D = 1,3) mit Arsentrioxyd erhalten werden, in die Lösung ein, bis sich dieselbe grün färbt. Der gebildete Niederschlag wird in einem Goochtiegel abfiltriert, die Fällung gewaschen und erneut

[1]) Gummi Zeit. **26**, 968. 1912.   [2]) J. I. E. C. **12**, 673. 1920.
[3]) J. Am. Chem. Soc. 1899, 1084.   [4]) J. I. E. C. **13**, 1031. 1921.
[5]) B. **35**, 3256. 4429. 1902; **36**, 1937. 1903.

mit den nitrosen Gasen behandelt. Nach neuerlicher Filtration wird das Nitrosit in Leichtpetroleum und dann mit Äther gewaschen, schließlich bei 80° C getrocknet und gewogen.

Alexander[1]) empfiehlt die Anwendung von Salpetersäure (D = 1,4), also einer höheren Konzentration als sie Harries angewendet hat, und seiner Meinung nach entspricht das unter diesen Umständen erhaltene Derivat eher einem Nitrosit der empirischen Formel $C_9H_{12}N_2O_6$. Die Bildung dieser Verbindung wird durch die Annahme erklärt, daß während der Reaktion Oxydation stattfindet und Kohlendioxyd abgespalten wird. In diesem Fall müßte der Faktor zur Umrechnung von Nitrosit auf Kautschuk umgeändert werden, um mit der Zusammensetzung, die Alexander angibt, übereinzustimmen. Der angenommene Verlust von Kohlendioxyd während der Bindung des Nitrosits wird von Wesson nicht bestätigt[2]), der eine Methode, die auf der Verbrennung des Nitrosits und Wägung des Kohlendioxyds beruht, ausgearbeitet hat. Auf diese Art umgeht man die sonst notwendige Annahme einer bestimmten Zusammensetzung des Nitrosits, da, sofern während der Reaktion mit den nitrosen Gasen kein Kohlenstoffverlust eintritt, das Nitrosit den Gesamtkohlenstoff des Kautschuks enthalten wird und daher durch die Verbrennung die gebildeten Kohlendioxydmengen direkt auf die äquivalente Kautschukmenge umgerechnet werden können. Wesson und Knorr[3]) verwenden die nasse Verbrennung für die Nitrositzersetzung, die durch Erhitzen mit einem Gemisch von Kaliumbichromat und Schwefelsäure ausgeführt wird. Tuttle und Yurow haben diese Methode untersucht und eine Anzahl von Abänderungen des Verfahrens eingeführt. Die mit Aceton extrahierte Probe wird in Chloroform gelöst und nitrose Gase, die aus Arsentrioxyd und Salpetersäure (D = 1,3) gewonnen werden, eingeleitet, bis die grüne Farbe der Lösung bestehen bleibt. Dann läßt man das Reaktionsgemisch über Nacht stehen, filtriert durch einen Goochtiegel und dampft das Filtrat zur Trockne ein[4]). Der Rückstand samt dem auf dem Filter verbliebenen Anteil wird in Aceton gelöst, filtriert, gewogen, und nach dem Absitzen wird ein aliquoter Teil der Flüssigkeit stark eingedampft und in ein Verbrennungsschiffchen übergeführt. Die letzten Spuren des organischen Lösungsmittels werden durch Zugabe von verdünntem Ammoniak und Verdampfen entfernt. Das Schiffchen wird in einen Verbrennungsofen gebracht und die Verbrennungsprodukte durch eine Reihe von Absorptionsgefäßen geleitet. Von diesen enthalten die ersten drei Schwefelsäure und Kaliumbichromat, das vierte Zinkstaub, das fünfte und sechste Natronkalk und Calcium-

---

[1]) Ber. **40**, 1070. 1907.   [2]) J. I. E. C. **6**, 495. 1914.
[3]) J. I. E. C. **9**, 139. 1917.
[4]) I. R. W. **57**, 17. 1917. U. S. Bureau of Standards Techn. Paper 1919. Nr. 145.

chlorid, das siebente Schwefelsäure und Kaliumbichromat, das achte verdünnte Palladiumchloridlösung, dieses letzte dient dazu, Kohlenoxyd anzuzeigen, dessen Anwesenheit auf unvollständige Verbrennung hindeutet. Aus der Gewichtszunahme der Röhrchen 5, 6 und 7 ersieht man das Kohlendioxydgewicht und daraus das Kautschukgewicht. Die direkten Methoden, die eben angeführt wurden, sind auch auf die Analyse von vulkanisiertem Kautschuk anwendbar und werden dort noch besonders erwähnt werden. Für die Analyse des Rohkautschuks ist jedoch die indirekte Methode die geeignetste.

Mischmaterialien.

Die Methoden, die verschiedenen Füllstoffe, welche in Kautschukmischungen eingemischt werden, zu analysieren, müssen nicht im besonderen besprochen werden, da sie auf den gewöhnlichen analytischen Methoden, die allgemein für Mineralien, Öle usw. verwendet werden, beruhen. Trotzdem müssen gewisse Punkte bei der Untersuchung von Rohmaterialien für die Kautschukindustrie beachtet werden. So müssen Verunreinigungen, welche auf den Kautschuk zersetzend wirken, streng vermieden werden. Z. B. würde die Anwesenheit von Kupfer oder Mangan zu schneller Zerstörung des vulkanisierten Kautschuks führen.

Auch dürfen die Mischmaterialien nicht sauer sein und auf solche Stoffe, die infolge ihrer Herstellungsweise Säure enthalten könnten, muß besonders geachtet werden. Lampenruß, der aus schwefelhaltigen Ölen bereitet ist, könnte Schwefelsäure enthalten, und in ähnlicher Weise besitzt sublimierter Schwefel hier und da saure Reaktion.

Auf der anderen Seite dürfen auch Materialien, welche sonst neutral sein sollen, nicht alkalisch sein, da ihre Einführung in eine Mischung die Vulkanisationsgeschwindigkeit steigern könnte und daher bei dem Fabrikationsgang ein übervulkanisiertes Produkt erhalten werden könnte. Im allgemeinen sollen alle Füllstoffe oder Farbstoffe frei von Sandkörnern sein, da diese Partikelchen in den fertigen Artikeln störend wirken können. Eine mikroskopische Untersuchung zeigt schnell die Anwesenheit von unerwünscht großen Teilchen. Auch müssen Stoffe, die an der Luft eine Veränderung erleiden, sorgfältig kontrolliert werden, da sonst unvollständige Vulkanisation eintreten könnte, so z. B. bildet der Kalk beim Lagern Calciumcarbonat, welches ohne Einwirkung auf die Vulkanisationsgeschwindigkeit ist und in einer Mischung daher die Rolle des Kalks nicht spielen kann.

Im allgemeinen sollen nur solche Farbstoffe verwendet werden, welche unter Vulkanisationsbedingungen ihre Farbe behalten und ein Hinweis auf ihre Beständigkeit kann daraus erhalten werden, daß sie mit Schwefel auf 140^0 erhitzt werden, unter welchen Bedingungen sie keine merklichen Veränderungen erleiden sollten. Im besonderen sollen weiße Farbstoffe frei von Blei sein, welches während der Vulkanisation Bleisulfid bildet und zum Nachdunkeln des fertigen Produktes führt. Lithopone soll frei von natürlichem Schwerspat sein, dessen Anwesenheit durch mikroskopische Untersuchung nachgewiesen werden kann[1]). Antimonsulfid soll auf Anwesenheit von freiem Schwefel, ferner auf Gips und die höheren Sulfide untersucht werden, welche bei der Vulkanisation Zersetzung erleiden und Schwefel abspalten können, der dann die Vulkanisation beeinflußt. Luff und Porritt[2]) empfehlen, eine gewogene Probe in einem verschlossenen Rohr in Gegenwart einer Spur Ammoniak auf 150^0 zu erhitzen, um allen ,,unlöslichen Schwefel", der anwesend sein könnte, in die lösliche Form zu überführen und gleichzeitig den Schwefel aus dem höheren Sulfid wie dem Tetrasulfid Sb_2S_4[3]) oder dem Pentasulfid in Freiheit zu setzen.

Über den Effekt, den die verschiedene Partikelgröße der Füllstoffe ausübt, wurde schon früher berichtet (siehe S. 129). Es wurde gezeigt, in welchem Maße die Eigenschaften des vulkanisierten Kautschuks von diesem Faktor abhängig sind. Im Zusammenhang damit ist es wichtig, daß die Partikelgröße in solchen Fällen ermittelt wird, wo die Festigkeitseigenschaften dadurch beeinflußt werden können.

Die Methode, die die zufriedenstellendsten Resultate gibt, ist die von Green[4]) beschriebene, welche in einer derartigen Präparation des Pigments auf einem Objektträger besteht, daß eine Mikrophotographie bei einer bekannten Vergrößerung davon gemacht werden kann. Das Negativ wird in einen Projektionsapparat gebracht und ein Bild auf eine Tafel projiziert, die in kleine Quadrate zur Erleichterung des Zählens geteilt ist. Die Totalvergrößerung, die so erhalten wird, beträgt 20 bis 25 tausend Durchmesser. Die Abbildung jedes Teilchens wird dann mit Hilfe eines Maßstabes gemessen und die durchschnittliche Teilchengröße bestimmt.

Vogt[5]) wendet eine nephelometrische Methode an, in welcher ein bekanntes Gewicht in einem bekannten Volumen eines geeigneten Mediums dispergiert wird, z. B. in Glycerin, und die Höhe der Säule, die zur Verdeckung einer gegebenen Lichtquelle notwendig ist, bestimmt wird. Das dieser Methode zugrunde liegende Prinzip ist, daß je kleiner die Partikelchen, desto größer der eingenommene Raum zwischen dem Beobachter und der Lichtquelle sein wird und daher desto geringer die Dicke der zur Verdeckung der Lichtquelle notwendigen Schicht sein

---

[1]) Stewart: J. S. C. I. **39**, 188 T. 1920.
[2]) J. S. C. I. **40**, 275 T. 1921.
[3]) Kirchhof: Zeit. anorg. Chemie **112**, 67. 1920. — Short u. Sharp: J. S. C. I. **41**, 109 T. 1922.
[4]) J. Frankl. Inst. **192**, 637. 1921.   [5]) I. R. W. **66**, 347. 1922.

wird. Die Methode ist wahrscheinlich geeigneter zur Bestimmung der relativen Partikelgröße von Proben des gleichen Füllmittels als zum Vergleich von verschiedenen Stoffen mit verschiedenen optischen Eigenschaften[1]).

Vulkanisierter Kautschuk.

Aus den vorhergehenden Abschnitten ist es klar, daß Gegenstände, die aus vulkanisiertem Kautschuk hergestellt sind, außer Kautschuk und Schwefel noch Pigmente, Füllstoffe, Öle, bituminöse Substanzen und Beschleuniger enthalten können. Wenn die Kaltvulkanisation und damit Schwefelchlorür angewendet wurde, dann ist auch Halogen vorhanden. Im allgemeinen besteht die Analyse von vulkanisiertem Kautschuk in der Bestimmung des freien und des an Kautschuk gebundenen Schwefels, der mit verschiedenen Lösungsmitteln extrahierbaren organischen Substanz, der anorganischen Bestandteile und gewisser organischer Substanzen, die nicht extrahierbar sind, wie Leim, Cellulose und freier Kohlenstoff.

Um Extraktionen vorzunehmen, wird die Probe gewöhnlich zu feinen Schnitzeln geschnitten, auch kann sie in geeigneten Apparaturen, so wie die von Archbutt[2]), welche aus zwei geriffelten Metallwalzen besteht, die im Verhältnis 1 : 2 übersetzt sind und an ein Kautschukwalzwerk erinnern, gemahlen werden. Wheatley und Porritt[3]) empfehlen, eine sich rasch drehende kreisförmige Feile zu benutzen, welche in Fällen, in denen die Probe von einer verhältnismäßig großen Härte ist, zufriedenstellende Resultate ergibt.

Acetonextrakt. 1 bis 2 Gramm der zerkleinerten Probe werden in einer Filterhülse 8 Stunden lang mit heißem Aceton in einem kontinuierlich arbeitenden Apparat extrahiert. Auf diese Weise wird der freie Schwefel, die mineralischen und pflanzlichen Öle, das Paraffin, ein Teil der bituminösen Substanzen und gewisse Beschleuniger oder deren Zersetzungsprodukte entfernt. Die Acetonlösung wird in einem Kolben verdampft und der Rest bei 80° zur Konstanz getrocknet, wobei die Gewichtszunahme die Gesamtmenge des acetonlöslichen Materials angibt.

Unverseifbare Substanzen. Diese werden in einem besonderen Teil des Acetonextraktes mit der gewöhnlichen, bei Ölen verwendeten Methode bestimmt. Paraffin im Unverseifbaren wird gewöhnlich durch Lösen in heißem Alkohol und Ausfrieren in Eis bestimmt, wodurch das Paraffin abgetrennt wird. Das Ganze wird filtriert und das Paraffin vom Filter mittels Benzol oder Chloroform weggelöst, die Lösung in einem gewogenen Kolben verdampft und der so erhaltene Rückstand

---
[1]) Feldenheimer: Rubber Age **3**, 8. 1922.
[2]) Analyst. **38**, 550. 1913.   [3]) J. S. C. I. **34**, 587. 1915.

gewogen. Anderes unverseifbares Material besteht aus Teilen des Kautschukharzes, aus den Mineralölen oder den acetonlöslichen Teilen des Bitumens.

Chloroformextraktion. Die mit Aceton behandelte Probe wird mit Chloroform extrahiert, welches einen Teil der teerigen oder bituminösen Substanz entfernt. Weber[1]) empfiehlt die Extraktion mit Pyridin, doch haben Britland und Potts[2]) gezeigt, daß dadurch ein Teil des Kautschuks „gelöst" wird. Aus ähnlichen Gründen sind gegen die Verwendung von Schwefelkohlenstoff, den Caspari[3]) empfiehlt, von Porritt und Anderson[4]) Einwände erhoben worden. Es soll bemerkt werden, daß Bitumen gewöhnlich acetonlösliche Bestandteile enthält, während der Rest in Schwefelkohlenstoff löslich ist, doch kann durch die Vulkanisation ein Teil in diesen beiden Lösungsmitteln unlöslich werden, so daß sogar nach der Extraktion mit Schwefelkohlenstoff der gesamte Bitumengehalt sich daraus noch nicht bestimmen läßt[5]).

Extraktion mit alkoholischer Kalilauge. Nach der obigen Behandlung wird die Probe bei 80⁰ getrocknet und dann mit normaler alkalischer Lauge sechs Stunden lang gekocht. Die Flüssigkeit wird in einem Kolben filtriert und der Kautschuk mit Alkohol gewaschen, der zu dem Filtrat hinzugefügt wird. Der Rückstand wird endlich zwei oder dreimal in kochendem Wasser gewaschen, welches auch der alkoholischen Lauge hinzugefügt wird und nach Zugabe einer dem Alkohol gleichen Wassermenge wird das Ganze mit Salzsäure angesäuert, um fette Säuren abzuscheiden. Diese werden dann mit drei aufeinanderfolgenden Portionen Äther ausgeschüttelt, die drei Ausschüttelungen vereinigt, und nach dem Verdunsten werden die fetten Säuren getrocknet und auf die normale Weise gewogen. Durch Multiplikation mit 10/9 wird das Gewicht der aus fetten Ölen hergestellten Faktis ermittelt. Die Behandlung mit alkoholischer Lauge entfernt gewisse anorganische Bestandteile wie Bleiglätte oder Antimonsulfid. Daher kann das von der Extraktion mit alkoholischer Lauge zurückbleibende Material nicht zur Bestimmung der anorganischen Bestandteile benutzt werden.

Bestimmung der anorganischen Füllstoffe. In manchen Fällen, in denen die eingemischten anorganischen Bestandteile gegen Hitze beständig sind, kann deren Bestimmung durch einfaches Veraschen ausgeführt werden. Gewöhnlich wird diese Operation so ausgeführt, daß der Tiegel in eine mit einem Loch versehene Asbestplatte gesetzt und

---

[1]) The Chemistry of India Rubber, 1902. Griffin.
[2]) J. S. C. I. **29**, 1142. 1910.
[3]) India Rubber Laboratory Practice, Macmillan, 1914.
[4]) Rubber Industry 1914. S. 184.
[5]) Porritt u. Anderson: Rubber Industry 1914, S. 185.

vorsichtig erhitzt wird, so daß der Kautschuk nicht abbrennt, sondern einfach unter Zersetzung abdestilliert wird. Die einzelnen Bestandteile der Asche können dann auf dem normalen Wege der quantitativen Analyse ermittelt werden. Dieses Verfahren kann nicht in allen Fällen verwendet werden, und zwar dann nicht, wenn flüchtige Verbindungen wie Zinnober oder Goldschwefel vorhanden sind, von denen nur ein Teil oder sogar gar nichts nach der Veraschung zurückbleiben könnte. Carbonate, welche bei verhältnismäßig niedrigen Temperaturen der Zersetzung unterliegen, wie z. B. basisches Magnesiumcarbonat, würden bei einer solchen Bestimmung ebenso zu fiktiven Werten Anlaß geben. Andere Füllstoffe wie Talkum, Kaolin und Asbest verlieren chemisch gebundenes Wasser und gewisse Sulfide, wie z. B. Zinksulfid, können bei der Veraschung in Oxyde übergeführt werden. Auch können die Bestandteile der Asche beim Zutritt von Sauerstoff miteinander reagieren. So bildet sich z. B. aus einem Gemisch von Kreide und Chromtrioxyd an der Oberfläche Calciumchromat. Organische Füllstoffe, wie Leim, Ruß und Cellulose verbrennen und erscheinen nicht in der Asche. Es ist daher von Vorteil, sich zuerst durch eine qualitative Analyse zu überzeugen, was für Stoffe im Kautschuk vorhanden sind, und hierbei gibt die Farbe der Probe einen Hinweis auf ihre Zusammensetzung. So enthält eine schwarze Mischung entweder Ruß oder Blei in Form von Glätte, deren Anwesenheit zu der Bildung des schwarzen Bleisulfides während der Vulkanisation führt. Eine rote Probe kann Zinnober, Goldschwefel, Eisenoxyd oder einen organischen Lack enthalten. In solchen Fällen, in denen die Prüfungen die Gegenwart von Substanzen anzeigen, die bei der Veraschung Veränderungen erleiden können, muß eine besondere Analysenmethode angewendet werden. Es wurde schon früher erwähnt, daß vulkanisierter Kautschuk nicht auf dieselbe Weise wie Rohkautschuk in Lösung gebracht werden kann, doch kann man durch Erhitzen mit gewissen hochsiedenden organischen Lösungsmitteln bei verhältnismäßig hohen Temperaturen, wobei der Kautschuk eine Art Zerstörung erleidet, Lösungen erhalten. Verschiedene Methoden, um die Nichtkautschukbestandteile von Mischungen durch solch einen Prozeß vom Kautschuk abzutrennen, sind oft beschrieben worden. So hat Weber vorgeschlagen, die Probe mit Nitrobenzol zu kochen[1]). Die Anwendung dieses Lösungsmittels gibt zu vielen Einwänden Anlaß, besonders zu dem, daß der Kautschuk teilweise oxydiert wird. Seither sind viele organische Lösungsmittel vorgeschlagen worden, darunter Anisol, Phenetol, Cumol und hochsiedendes Petroleum. Das mit Aceton extrahierte Material wird in einem Kolben mit Rückfluß so lange erhitzt, bis Teilchen unzersetzten Kautschuks nicht mehr erkennbar sind. Das Ganze wird dann mit

Äther verdünnt und das Unlösliche absitzen gelassen oder die Abtrennung durch Zentrifugieren beschleunigt. Die klare Flüssigkeit wird abfiltriert und der Rückstand auf dem Filter mit Äther gewaschen. Das unlösliche Material, das auf diese Weise gewonnen wird, enthält außer den anorganischen Bestandteilen gewisse organische Bestandteile, wie Leim, Ruß und Cellulose. Diese Methode gibt in manchen Fällen zufriedenstellende Resultate, doch stößt man häufig auf Schwierigkeiten, besonders dann, wenn feinverteilte Substanzen vorhanden sind, wie Zinkoxyd, Tonerde und Ruß, da diese geraume Zeit in Suspension verbleiben und außerdem durch das Filter gehen. Gemäß der Schwierigkeiten, die die Bestimmung der genannten Füllstoffe auf eine oder die andere der angegebenen Arten machen, kann es oft notwendig sein, die Bestandteile der Mischung einzeln zu bestimmen. Antimon wird am besten nach einem Verfahren bestimmt, das dem von Schmitz[1]) ausgearbeiteten ähnlich ist. Der mit Aceton extrahierte Kautschuk wird durch Erhitzen mit kaliumsulfathaltiger Schwefelsäure in einem Kjeldahlkolben zersetzt. Das Antimon wird in der sauren Flüssigkeit volumetrisch oder gravimetrisch bestimmt. Die saure Lösung wird verdünnt, Natriumsulfit hinzugefügt, um das Antimon zu reduzieren, und das überschüssige Schwefeldioxyd durch Kochen entfernt. Sodann wird Salzsäure hinzugefügt und eine aliquote Menge mit eingestellter Permanganatlösung titriert. Wenn Eisen vorhanden ist, dann ist es notwendig, das Antimon zuerst als Sulfid zu fällen, abzufiltrieren, wieder zu lösen und dann zu titrieren, oder das Antimon kann durch Erhitzen mit konzentrierter Salpetersäure in das Tetroxyd übergeführt werden und als solches gewogen werden. Quecksilber kann auf ähnliche Weise bestimmt werden. Das Reaktionsprodukt wird verdünnt und das Quecksilber als Sulfid gefällt. Frank und Birkner[2]) behandeln eine $1/2$ Gramm-Probe mit 10 Gramm Ammoniumpersulfat und 10 cm³ rauchender Salpetersäure (D = 1,5). Die Mischung wird, nachdem die erste stürmische Reaktion vorbei ist, leicht erwärmt. Der Überschuß der Salpetersäure wird dann durch stärkeres Erhitzen entfernt und die Schmelze mit 10 cm² Salzsäure (D = 1,12) aufgenommen und die Lösung verdünnt. Quecksilber oder Antimon können dann auf die übliche Weise bestimmt werden. Wo Carbonat anwesend wird, empfiehlt Goldberg die Veraschung der Probe in einem Porzellanschiffchen in einem Glasrohr durchzuführen[3]) und einen Strom von Stickstoff während des Erhitzens hindurchzuleiten. Das beim Erhitzen entweichende Kohlendioxyd wird in einem Natronkalkrohr aufgefangen und der Gewichtsverlust dem Gewicht des Rückstandes im Schiffchen zugezählt, um das Gesamtgewicht der anorganischen Bestandteile zu erhalten.

---

[1]) Gummi Zeit. **25**, 1928. 1911.   [2]) Chem.-Ztg. **34**, 49. 1910.
[3]) Chem.-Zg. **37**, 85. 1913.

Um Irrtümer, die auf die Oxydation während der Veraschung zurückzuführen sind, zu vermeiden, kann man Goldbergs Methode oder eine ähnliche von Schaeffer[1]) ausgearbeitete verwenden, welche im Erhitzen in einem Kohlendioxydstrom besteht. Auf diese Weise enthält der Rückstand nur als solche vorhandene Sulfide mit Ausnahme von Zinnober, welcher sich verflüchtigt. Der Sulfidschwefel wird in dem Rückstand auf normale Weise bestimmt. Immerhin ist die Möglichkeit einer Bildung von Sulfiden aus anwesenden Oxyden während der Veraschung vorhanden, wenn auch die Wahrscheinlichkeit dieses Vorganges durch Arbeiten mit mit Aceton extrahierten Proben gering ist.

Leim. Die fein zerteilte Probe, die zuerst mit Aceton extrahiert wurde, wird mit Wasser erwärmt und durch einen Zusatz von Gerbsäure auf die Anwesenheit von Leim geprüft. Epstein und Lange[2]) ziehen es vor, zuerst die Probe 16 Stunden bei 120° mit Kresol zu digerieren, wobei der Kautschuk in Lösung gebracht wird. Das Ganze wird dann mit Petroläther verdünnt und der Leim und die anderen unlöslichen Bestandteile setzen sich ab. Nach dem Dekantieren der überstehenden Flüssigkeit wird der Rest auf einem Goochfilter mit Petroläther und heißem Benzol gewaschen und getrocknet. Der so vorbereitete Rückstand wird dann mit Wasser ausgekocht und die filtrierte Lösung mit Tannin geprüft. Proben, die Leim enthalten, zeigen gewöhnlich beim Trocknen bei 100° einen merklichen Gewichtsverlust, da hierbei das im Leim vorhandene Wasser entweicht. Wenn Knochenleim verwendet wurde, dann zeigt sich eine abnormale Phosphatmenge in der Asche. Auch die Bestimmung des im Acetonextrakt anwesenden Stickstoffes nach Kjeldahl vervollständigt die Leimbestimmung. Der im Kautschuk vorhandene Stickstoff muß von dem Gesamtergebnis abgezogen werden. Hierfür kommt ein Durchschnittswert von 0,5% auf den Kautschuk berechnet in Frage. Es ist daher notwendig, die Kautschukmenge in der Probe ungefähr zu kennen, bevor der Leimgehalt berechnet werden kann. Die so erhaltene Zahl wird mit 6,5 multipliziert und gibt dann den Prozentsatz an handelsüblich trockenem Leimen, der 15% Wasser enthält. Bei dieser Bestimmung ist die Annahme gemacht worden, daß der im Acetonextrakt anwesende Stickstoff nur aus dem Kautschuk oder dem Leim stammen kann, doch trifft dieses nicht immer zu, da zahlreiche stickstoffhaltige Beschleuniger während der Vulkanisation zum Teil in acetonlösliche Substanzen übergehen. Diese Bestimmung gibt daher nur einen ungefähren Hinweis auf den vorhandenen Leim.

Ruß in seinen verschiedenen Formen kann durch Zerstörung des Kautschukanteils mit Salpetersäure, welche den freien Kohlenstoff

---
[1]) J. I. E. C. **4**, 836. 1912. [2]) I. R. W. **63**, 4216. 1920.

nicht angreift, bestimmt werden. Nach dem Verfahren von Smith und Epstein[1]) wird eine Probe von 1 Gramm zuerst mit Aceton und dann mit Chloroform extrahiert, sodann getrocknet und in ein Becherglas übergeführt, das einige cm² konzentrierte Salpetersäure (D = 1,4) enthält, und das Ganze eine Stunde lang im Dampfbad erhitzt. Die Flüssigkeit wird dann durch Asbest und einen Goochtiegel filtriert und der Rückstand mit Salpetersäure gewaschen. Das Waschen wird dann abwechselnd mit Aceton und Benzol fortgesetzt, bis das Filtrat farblos abläuft. Blei wird durch Waschen mit Ammoniumacetat, Metalloxyde mit 5% Salzsäure entfernt. Der Tiegel wird dann in einem Luftbad bei 150° getrocknet und in diesem Stadium sind nur der Ruß und die unangreifbaren anorganischen Substanzen, die die obige Behandlung überstanden haben, vorhanden. Hierauf wird der Tiegel samt Inhalt gewogen, der Ruß abgebrannt und der Gewichtsverlust bestimmt. Dieser Gewichtsverlust entspricht dem Gewicht des vorhandenen Rußes. Die Autoren finden, daß der Durchschnittswert als Ruß, der auf diese Weise gefunden wird, 105% des tatsächlich vorhandenen beträgt und empfehlen daher, die erhaltenen Werte mit dem Faktor $\frac{100}{105}$ zu multiplizieren.

Sulfidschwefel. Die Methode, die für die Bestimmung des Sulfidschwefels zufriedenstellende Resultate gibt, ist die von Stevens angegebene[2]), welche auf der Reaktion der Sulfide mit Salzsäure, wobei Schwefelwasserstoff entsteht, beruht. Die Einwirkung der Säure wird dadurch erleichtert, daß die Probe in Äther gequollen wird. Die Zersetzung wird in einem Kolben ausgeführt, der einen doppelt gebohrten Pfropfen enthält, durch welchen ein Einleitungsrohr bis auf den Boden des Kolbens und ein Ableitungsrohr für die entweichenden Gase geführt sind. In den Kolben werden 10 bis 20 cm² reine konzentrierte Salzsäure gebracht, dieselbe mit einer Schicht von 20 bis 30 cm² Äther bedeckt, die Luft durch einen Kohlendioxyd- oder Stickstoffstrom entfernt. Das Ableitungsrohr ist mit zwei Absorptionskolben, die Bleiacetatlösung enthalten, verbunden, und die gewogene zerkleinerte Probe wird dann in die Mischung von Äther und Salzsäure gebracht und die Reaktion bei gewöhnlicher Temperatur 15 bis 30 Minuten ablaufen gelassen, wobei ein kontinuierlicher Gasstrom langsam durch den Apparat geleitet wird. Der Äther bewirkt die Quellung des Kautschuks, die Säure dringt so ins Innere der Probe und bewirkt Freisetzung des Schwefelwasserstoffes, welcher in dem Absorptionsröhrchen Bleisulfid ausfällt. Der Kolben wird dann in warmes Wasser getaucht, der Äther abgedampft und in dem Absorptionskolben gesammelt. Der Inhalt

---

[1]) J. I. E. C. **11**, 33. 1919. [2]) Analyst **40**, 275. 1915.

der Kolben wird dann vereinigt, der Äther verdunstet und zur Lösung des gebildeten Bleicarbonats Essigsäure hinzugefügt. Das Bleisulfid wird dann auf einem Filter gesammelt und mit Wasser gewaschen. Das Filtrierpapier und das Bleisulfid werden dann in eine verstöpselte Flasche übergeführt, eingestellte Jodlösung hinzugefügt und das Ganze 15 Minuten lang geschüttelt. Der Jodüberschuß wird dann mit Thiosulfat titriert und aus der verbrauchten Jodmenge das Bleisulfid berechnet, aus dem der Sulfidschwefel berechnet werden kann. Wenn auch diese Methode nur auf solche Sulfide anwendbar ist, welche durch Salzsäure zersetzbar sind, ist sie bei vulkanisierten Kautschukmischungen deswegen anwendbar, weil im allgemeinen dort keine anderen Sulfide verwendet werden. In dem einzigen Fall des Zinnobers ist es ja möglich, den Schwefel durch die Bestimmung des Quecksilbers zu errechnen.

Kohlendioxyd. CO_2 wird durch Zersetzung der ursprünglichen Probe mit verdünnter Salzsäure und Austreiben des Gases durch einen Strom gereinigter Luft oder Stickstoffes bestimmt. Um den Schwefelwasserstoff zurückzuhalten, soll zu dem Reaktionsgemisch Kupfersulfat hinzugefügt werden. Das gebildete Gas wird durch ein Chlorcalciumröhrchen geführt und das Kohlendioxyd in Kalilauge oder Natronkalk aufgefangen. Pearson[1] empfiehlt, die Probe mit Eisessig zu erhitzen, dabei wird die Probe gänzlich vom Eisessig durchdrungen. Der Apparat besteht aus einem Kolben, der mit einem kurzen Rückflußkühler versehen ist, welcher wiederum mit einem U-Rohr, das festes Bleiacetat enthält, verbunden ist. Dieses wiederum ist mit einem zweiten U-Rohr verbunden, dessen einer Schenkel mit Natriumacetat und dessen anderer Schenkel mit Calciumchlorid gefüllt ist. Die Absorption wird in einem Natronkalkrohr, welches mit einem Chlorcalciumrohr verbunden ist, durchgeführt, und durch Wägung vor und nach dem Versuch wird die Kohlensäuremenge bestimmt. Während der ganzen Operation wird durch den Apparat Luft geleitet.

Cellulose kann in dem Kautschuk entweder in Form von zusammenhängenden Geweben, wie z. B. in den Gewebeeinlagen eines Reifens oder in gummierten Stoffen enthalten sein, oder kann in gemahlenem Zustand dem Kautschuk einverleibt sein und bildet dann mit ihm eine mehr oder weniger homogene Masse. Gewebe als solches kann nach Porritts Methode bestimmt werden[2], nach welcher die Probe zuerst in Schwefelkohlenstoff gequollen wird und dann mit hochsiedendem Petroleum in ähnlicher Weise, wie auf Seite 197 beschrieben ist, erhitzt wird. Auf diese Weise wird der Kautschuk entfernt und das Gewebe bleibt von Kautschuk frei zurück, enthält jedoch immer noch einen

---

[1] Analyst **45**, 405. 1920.   [2] J. S. C. I. **38**, 50 T. 1919.

Anteil der anorganischen Füllstoffe, welche zwischen den Fäden zurückbleiben. Die Probe wird mit Äther gewaschen, getrocknet, mit Sodalösung und hierauf mit verdünnter Essigsäure gekocht, um anorganische Bestandteile, welche nicht hitzebeständig sind, zu entfernen. Das Gewebe wird dann mit Wasser gewaschen, bei 100° getrocknet und gewogen. Dann wird die Cellulose verbrannt, der anorganische Rückstand gewogen und der Glühverlust als Gewicht der wasserfreien Cellulose betrachtet. Das Ergebnis kann auf lufttrockene Cellulose durch Hinzufügung von 8,5% des erhaltenen Wertes umgerechnet werden. Die Methode ist in allen solchen Fällen anwendbar, wo die Mischmaterialien keinen Kohlenstoff und keinen Kaolin enthalten. Diese beiden würden durch die angegebene Behandlung nicht entfernt werden und zu falschen Werten Anlaß geben, da der Ruß bei der Verbrennung verlorengeht und der Kaolin gebundenes Wasser verliert. Sobald Kaolin vorhanden ist, kann die Cellulose durch Verbrennung, wie Porritt vorgeschlagen hat, bestimmt werden. In Mischungen, in denen Ruß vorhanden ist, oder wo die Cellulose in Form von Abfall in den Kautschuk eingemischt ist, ist die Methode von Epstein und Moore geeigneter[1]). Die Probe wird in einem Kolben mit Kresol 4 Stunden auf 165° erhitzt. Hierauf wird das Ganze mit Petroläther verdünnt und durch einen Goochtiegel filtriert. Nachdem zuerst mit heißem Benzol und dann mit Aceton nachgewaschen wurde, wird der Rückstand in Kolben mit heißer 10prozentiger Salzsäure in den Goochtiegel übergeführt und das Waschen mit Salzsäure einige Male wiederholt. Der auf dem Filter verbleibende Rückstand wird bis zur Chlorfreiheit mit heißem Wasser und dann bis zur Farblosigkeit mit Aceton gewaschen. Dann wird er mit einer Mischung von Schwefelkohlenstoff und Aceton behandelt. mit Alkohol gewaschen, bei 105° getrocknet und gewogen. Die Cellulose im Rückstand wird durch einstündiges Erhitzen auf einem Dampfbad mit 15 cm² Essigsäureanhydrid und 5 cm² konzentrierter Schwefelsäure acetyliert. Sodann wird abfiltriert, mit Essigsäure gewaschen, bei 150° getrocknet und der Gewichtsverlust als Cellulose berechnet.

Kautschuk. Es ist bereits bei der Besprechung der Kautschukbestimmung im Rohkautschuk festgestellt worden, daß eine genügend genaue Bestimmung des Kautschukkohlenwasserstoffes durch Bestimmung der übrigen Bestandteile und Subtraktion von 100 durchgeführt werden kann. Dasselbe kann von vulkanisiertem Kautschuk gesagt werden, wenn auch in solchen Mischungen, wo Leim, Bitumen und Cellulose vorhanden sind, die auf direktem Wege erhaltenen Resultate eher mit der tatsächlichen Zusammensetzung übereinstimmen als die durch die Differenzmethode erhaltenen. Die Bildung von Kautschuk-

---

[1]) I. R. J. **56**, 559. 1920.

tetrabromid ist als Bestimmungsmethode auch für vulkanisierten Kautschuk angewendet worden. In der von Axelrod vorgeschlagenen Modifikation des Buddeschen Verfahrens[1]) wird eine 1 Gramm-Probe 2 Stunden lang in 100 cm^2 Petroleum, das bis zu 300^0 siedet, in einem Kolben mit Rückflußkühlung erhitzt. Auf diese Weise wird der Kautschuk zerstört und bildet eine Lösung, von der 10 cm^2 entfernt werden und mit Buddescher Bromlösung (siehe S. 190) behandelt werden. Nach drei- bis vierstündigem Stehen werden 100 bis 150 cm^2 absoluter Alkohol hinzugefügt, der Niederschlag absitzen gelassen, abfiltriert und mit einer Mischung gleicher Volumina Alkohol und Tetrachlorkohlenstoff, zum Schluß mit Alkohol gewaschen, bei 60^0 getrocknet und gewogen. Die Fällung wird verascht und der Rückstand gewogen und als Kautschuhtetrabromid angesehen. Theoretisch ist der Faktor für die Umrechnung des Gewichtes von Kautschuktetrabromid auf den Kautschukkohlenwasserstoff 0,298, doch schloß Axelrod aus einer Reihe von Bestimmungen, daß ein Faktor von 0,314 bessere Resultate gibt, da der verwendete Kautschuk ja noch die üblichen Begleitsubstanzen, Harze usw. enthält. Es wurde festgestellt, daß in allen Fällen das gefällte Tetrabromid den gesamten gebundenen Schwefel enthält, welcher natürlich in verschiedenen Mischungen differiert, und deswegen ist eine Korrektur des Faktors notwendig. Dies wurde besonders von Hübener[2]) betont, der empfahl, mit Aceton extrahierte Proben (0,2 Gramm) direkt mit einer Mischung von 5 bis 10 cm^3 Brom und 100 cm^3 Wasser in einem Kolben schwach auf einem Sandbad zu erwärmen bis die Reaktion vollendet ist. Der Bromüberschuß wird dann durch stärkeres Erhitzen vertrieben, das Reaktionsprodukt filtriert, mit heißem Wasser gewaschen und dann in einen Kolben übergeführt, der überschüssiges gefälltes Silbernitrat und 20 cm^3 konzentrierte Salpetersäure enthält. Die Bestimmung wird dann, wie beim Rohkautschuk beschrieben ist, ausgeführt, indem das überschüssige Silbernitrat durch Titration gemessen wird. Die Methode wurde von verschiedenen Autoren kritisiert[3]), deren Versuche, die mit einer Anzahl von Mischungen durchgeführt wurden, zeigten, daß schon deswegen keine verläßlichen Resultate erhalten werden können, weil die Bromierung nicht immer vollständig ist.

Das Nitrositverfahren, welches ebenfalls schon beschrieben wurde (siehe S. 191), wurde auch auf die Bestimmung des Kautschuks im Vulkanisat angewendet und wird auf ähnliche Weise wie beim Rohkautschuk ausgeführt, mit der Abänderung, daß die Probe vor dem Einleiten der nitrosen Gase in einem geeigneten Lösungsmittel gefällt

---

[1]) Gummi Zeit. **21**, 1229. 1907.   [2]) Chem.-Ztg. **33**, 648. 662. 1909.
[3]) Hinrichsen u. Kindscher: Chem. Ztg. **36**, 217, 230. 1912. — Becker: Gummi Zeit. **26**, 1503. 1912. — Esch.: Chem.-Ztg. **35**, 971. 1911.

wird. Nach Tuttle ist die von Tuttle und Yurow modifizierte Nitrositmethode von Wesson die einzige direkte Methode für die Bestimmung des Kautschukkohlenwasserstoffes, die zu brauchbaren Resultaten führt[1]). Von den beiden Methoden ist die, die auf der Bildung des Tetrabromids beruht, einfach auszuführen, und wenn sie auch nicht äußerst genaue Resultate gibt, können sie in Verbindung mit der Differenzmethode oftmals genügen. Das Nitrositverfahren andererseits benötigt, wenn es auch verläßlichere Ergebnisse gibt, beträchtlichere Zeit und verlangt die Benutzung einer komplizierten Apparatur.

Eine dritte Methode für die Bestimmung des Kautschukkohlenwasserstoffes ist die vom U. S. Joint Rubber Insulation Committee[2]) empfohlene, doch ist sie nicht bei solchen Mischungen anwendbar, die Ruß, Bitumen oder Zinnober enthalten. Die Methode beruht auf der Lösung der im Kautschuk enthaltenen anorganischen Bestandteile mit Salzsäure. Diejenigen anorganischen Bestandteile, welche hierbei nicht weggelöst werden, erleiden beim Erhitzen keine Veränderung. Wenn der Kautschuk nun getrocknet und gewogen wird und dann verascht wird, dann ist der Gewichtsverlust als Kautschuk anzusehen. Vor der Behandlung mit Salzsäure muß die Probe erst mit Aceton, alkoholischem Kali und schließlich mit Chloroform extrahiert werden.

Freier Schwefel wird in dem Acetonextrakt durch Zugabe von rauchender Salpetersäure mit einigen Tropfen Brom, Bedecken des Kolbens mit einem Uhrglas und 5stündigem Erhitzen im Dampfbad bestimmt. 1 Gramm Kochsalz wird dann hinzugefügt, die Salpetersäure nach Entfernung des Uhrglases verdampft und die letzten Spuren durch Zugabe von Salzsäure und nochmaliges Verdampfen entfernt. Die so gebildete Schwefelsäure wird dann mit Bariumchlorid gefällt und auf die übliche Weise bestimmt. Pearson[3]) empfiehlt die Anwendung von rauchender Salpetersäure, um die Extraktion auszuführen, welche durch allmähliche Zugabe von kleinen Mengen Kaliumpermanganat vervollständigt wird. Das Reaktionsgemisch wird zur Trockne verdampft, mit Salzsäure behandelt, neuerlich verdampft und nochmals mit Salzsäure aufgenommen und das Sulfat mit Bariumchlorid gefällt. In der von der American Chemical Society[4]) beschriebenen Methode wird Bromwasser allein als Oxydationsmittel angewendet. 50 cm² Wasser und 2 cm² Brom werden dem Acetonextrakt zugefügt und das Ganze zuerst vorsichtig $1/2$ Stunde lang erwärmt, hierauf direkt auf dem Dampfbad erhitzt, bis die Lösung farblos ist. Nach dem Ab-

---

[1]) The Analysis of Rubber, American Chemical Society, Monograph Series, S. 79.
[2]) J. I. E. C. **9**, 310. 1917.   [3]) Analyst **45**, 405. 1920.
[4]) J. I. E. C. **15**, 308. 1923.

filtrieren und Verdünnen auf 175 cm^2 wird die Schwefelsäure im Bariumchlorid gefällt.

Gesamtschwefel. Der Gesamtschwefelgehalt einer Probe ist manchmal von Interesse, ist jedoch im allgemeinen weniger wichtig als die Kenntnis des an Kautschuk gebundenen Schwefels, des Vulkanisationskoeffizienten. Für die Bestimmung des Gesamtschwefels sind verschiedene Methoden vorgeschlagen worden, doch hat es sich gezeigt, daß im allgemeinen die Methode von Carius bei weitem die verläßlichste ist. Der einzige Nachteil dieser Methode ist eine gewisse Unsicherheit der Resultate, die bei Vorhandensein von unlöslichen Sulfaten, wie Bleisulfat, entstehen kann. Auch Bariumsulfat bleibt unlöslich und der vorhandene Schwefel erscheint nicht in dem gefundenen Resultat. Auch die Anwesenheit von Bariumcarbonat führt zu fiktivem Werte, denn während der Oxydation bildet sich mit der entstehenden Schwefelsäure Bariumsulfat, welches beim Abfiltrieren auf dem Filter zurückbleibt. Wenn daher der Gesamtschwefel bestimmt werden soll, dann muß der Filterrückstand, wo die Mischung solche Bestandteile enthält, geschmolzen werden. Der ursprünglich von Henriquez[1]) vorgeschlagenen Methode wird allgemein der Vorzug gegeben. In dem Verfahren sind von verschiedenen Forschern Änderungen vorgeschlagen worden[2]). In der Modifikation, die kürzlich von dem Committee of the Am. Chem. Soc.[3]) angenommen wurde, wird eine Probe mit Gewichten von 0,5 Gramm in einem Tiegel von 75 cm^2 Fassungsraum mit 15 cm^2 einer Mischung von Salpetersäure und Brom oxydiert. Der Tiegel wird mit einem Uhrglas bedeckt eine Stunde in der Kälte stehen gelassen, sodann eine Stunde lang erhitzt und schließlich das Deckglas entfernt und der Tiegel mit Wasser ausgespült. Der Inhalt des Tiegels wird dann zur Trockne verdampft (es ist am besten, 0,2 bis 0,3 Gramm Kaliumnitrat vor dem Verdampfen hinzuzufügen, da sonst, besonders in Mischungen, die frei von Oxyden sind, leicht eine Verkohlung eintritt, wobei die freie Schwefelsäure durch die organischen Verbindungen zu Schwefeldioxyd reduziert wird), 3 cm^2 Salpetersäure hinzugefügt, der Tiegel wiederum bedeckt und dann kurze Zeit auf einem Dampfbad erhitzt. Nach dem Trocknen werden 5 Gramm Natriumcarbonat in kleinen Portionen hinzugefügt, und zwar so, daß das Salz an der Seite des Tiegels hereinfällt und nicht direkt in die Säure fällt. Das Uhrglas wird mit heißem Wasser abgespült, die Mischung mit einem Glasstab umgerührt und auf einem Dampfbad getrocknet. Das getrocknete Gemisch wird dann geschmolzen

---

[1]) Z. angew. Chem. **34**, 802. 1899.
[2]) Wagner: Gummi Zeit. **21**, 657. 1907. — Hübener: Gummi Zeit. **24**, 213. 1909. — Waters u. Tuttle: J. I. E. C. **3**. 734. 1911.
[3]) J. I. E. C. **15**, 309. 1923.

und die Reaktion durch Rühren kontrolliert. Die Schmelze wird abkühlen gelassen und der Tiegel in ein 400 cm^3-Becherglas gebracht und so viel destilliertes Wasser zugegeben, bis der Tiegel bedeckt ist. Dann wird das Ganze 2 Stunden im Dampfbad digeriert. Nach dem Abfiltrieren in einem 400 cm^3-Becherglas, welches 5 cm^3 konzentrierte Salzsäure enthält, wird der Rest mit heißem Wasser gewaschen und das Filtrat schließlich gänzlich angesäuert. Dann wird auf einem Dampfbad erwärmt, Bariumchlorid hinzugefügt und der Schwefel auf die übliche Weise bestimmt.

Es sind auch Verfahren beschrieben worden, welche die vorherige Behandlung mit Säure nicht enthalten wie z. B. das von Kaye und Sharp[1]), in welchem die Probe einfach mit einer Mischung von Zinkoxyd und Kaliumnitrat geschmolzen wird und das von Alexander[2]), der die bekannte Natriumperoxydschmelze anwendet.

Der Haupteinwand gegen ein Verfahren dieser Art ist, daß die Kautschukteilchen nicht innig mit der Schmelzmischung gemischt werden können und daß daher eine unvollständige Oxydation stattfindet. Mischungen, welche in einen verhältnismäßig fein verteilten Zustand gebracht werden können, können auf diese Weise behandelt werden, besonders dann, wenn die Reaktion in einer Parrschen „Schwefelbombe" ausgeführt wird[3]).

Der an Kautschuk gebundene Schwefel.

Die Kenntnis der Schwefelmenge, die an Kautschuk gebunden ist, ist notwendig, um den Vulkanisationskoeffizienten zu berechnen. In Mischungen, die nur Kautschuk und Schwefel enthalten, oder in solchen, welche keine Sulfate, Sulfide oder solche Verbindungen enthalten, die während der Vulkanisation zur Bildung von Sulfiden oder Sulfaten Anlaß geben, ist die Bestimmung des an Kautschuk gebundenen Schwefels eine verhältnismäßig einfache Sache. Die Probe wird zuerst mit Aceton extrahiert, sodann, wenn Faktis vorhanden ist, mit alkoholischer Lauge und der Schwefel im Rückstand, und zwar am besten nach der Methode von Carius bestimmt. Der Vulkanisationskoeffizient C errechnet sich dann aus der Gleichung $c = \dfrac{100\,S}{K}$ wobei S die Menge des gebundenen Schwefels und K die Menge des Kautschuks in Prozenten bedeuten. Den Kautschuk errechnet man aus der Differenzmethode nach einer vollständigen Bestimmung der anderen Substanzen, und er wird gewöhnlich als technisch reiner Kautschuk ausgedrückt, das ist ein Kautschuk, der die natürlichen Verunreinigungen enthält.

---

[1]) I. R. J. **44**, 1189. 1912.   [2]) Gummi Zeit. **18**, 729. 1904.
[3]) J. I. E. C. **11**, 230. 1919.

In komplizierteren Mischungen, wo ein solches Verfahren unanwendbar ist, ist es zweckmäßig, so viel schwefelhaltige Substanzen als möglich vor der Bestimmung des gebundenen Schwefels zu entfernen. So kann zur Bestimmung des gebundenen Schwefels bei zink- oder bleisulfidhaltigen Mischungen der von der Sulfidschwefelbestimmung übrigbleibende Rückstand verwendet werden. Dieser Rückstand kann immer noch Bleisulfid enthalten, und in diesem Fall muß die Bestimmung nur in einem Teil des Rückstandes ausgeführt werden, während das Sulfid in einem anderen Teil nach dem Veraschen bestimmt wird. Bariumsulfat, wenn es vorhanden ist, wird bei der Filtration der sauren Flüssigkeit, die man bei der Oxydation nach Carius erhält, auf dem Filter zurückbleiben, und der anwesende Schwefel beeinträchtigt die Bestimmung nicht.

Sachverzeichnis.

Acceleren 155
Acetonextrakt, Anwesenheit von
  Stickstoff im 188
— Extraktion 188
Aktive Füllstoffe 128
Aldehydammoniak 155
Alkaloide als Beschleuniger . . . 155
Alterung 104
—, beschleunigte 107
—, chemische Veränderungen während der 106, 110
—, von Kautschukmischungen . 141
—, Veränderungen des Vulkanisationskoeffizienten während der 108, 109
Aminophenol 155
Ammoniak als Antikoagulans . 4, 15
Amyrinacetate im Kautschukharz 35
Analyse von Rohkautschuk . . . 186
— von Rohmaterialien der Kautschukindustrie 193
— von vulkanisiertem Kautschuk 195
Anhydroformaldehydanilin . . . 155
Anilin 155
Anthrachinon 156
Antikoagulantien . . . 4, 13, 14, 15, 28
Antimon, Bestimmung von Antimon in vulkanisiertem Kautschuk 198
Antimonoxyd 123
Antimonsulfid 123
—, Alterung von Mischungen, die enthalten 142
—, Analyse von 194
Apocynaceen 19
Arsentrisulfid 125, 153
Asche des Kautschuks, Alkalität der 189
—, Bestimmung der 189
—, Zusammensetzung der . . . 10

Baryt, Vergleich von natürlichem und gefälltem 135
—, Wirkung des — auf die Festigkeitseigenschaften . . . 128, 130

Beschleuniger, anorganische . . . 149
—, organische 153
—, Basizität der 154, 161
—, Giftigkeit der 176
—, Nutzen der Anwendung der . 156
—, Vulkanisation mit — in Gegenwart geringer Schwefelmengen 164
—, Wirksamkeit verschiedener . . 157
—, Wirkung auf die Festigkeitseigenschaften der Vulkanisate 162
—, Wirkung der — bei niedriger Temperatur 165
—, Wirkungsweise der 168
—, Zeitpunkt der ersten Anwendung der 153
Beschleunigungsfaktor 159
Benzaläthylamin 155
Benzolsulfamid 156
Benzylidenäthylamin 155
Bitumen, Bestimmung von . 195, 196
Black hypo 126
Bleichromat 125
Bleibende Dehnung, hervorgerufen durch kristallinische Füllmittel 139
Bleiglätte siehe Bleioxyd.
Bleioleat 152
Bleioxyd, gesetzliche Regelung der Verwendung von — in England 180
—, Theorie der Beschleunigerwirkung des 170
—, Verwendung des — bei der Vulkanisation durch trockene Hitze 185
—, Wechselwirkung des — mit Schwefel während der Vulkanisation 145
—, Wirkung von Schimmel auf die Aktivität des 167
—, Wirkung der Kautschukharze auf die Beschleunigung durch 150
Bleithiosulfat 126
Bleiverbindungen als Beschleuniger 150
Brom, Wirkung des — auf Kautschuk 63

Sachverzeichnis.

Brucin 155
Butadien 58, 59
Byrne-Verfahren 32

Cadmiumsulfid 125
Cameroonkautschuk 19
Carbosulfhydrylpolysulfidbeschleuniger 170
Carbothialdin 156
Castilloa elastica 18
— Ulei 18
Ceara-Kautschuk 18, 19
Cellulose, Bestimmung der — in vulkanisiertem Kautschuk . . 201
Centrals Kautschuk 18
Chemische und physikalische Eigenschaften von vulkanisiertem Kautschuk. Beziehungen zwischen den 110
Chlor, Wirkung auf Kautschuk . . 62
Chlorwasserstoff, Wirkung auf Kautschuk 64
Chromylchlorid, Wirkung auf Kautschuk 69
Chrysil-Kautschuk 21
Coagulatex 28
Crepe, brauner 34
—, heller 33
Dambonit 9, 10
Dambose 9, 10
Dead Borneo 20
Dehnung, bleibende 101
Depolymerisation 47
Desaggregation 47
Dimethylamindimethyldithiocarbamat 156
Dimethylamindiäthyldithiocarbamat 156
Dimethylbutadien 58, 59
Dimethylcyclooctadien 52
Dimethyl-p-phenylendiamin . . . 155
Dinitrohydrocuminsäure 54
Diphenylamin 155
Diphenylguanidin 155
Diphenylthioharnstoff s. Thiocarbanilid 155
Diskontinuität der Vulkanisation 163
Dithiobenzoyldisulfid 156
Dithiosäuren 156
Dixanthogene 156

Ebonit 186
Eisenoxyd 124

Entrefine Hard Para 17
Enzyme, Wirkung auf die Koagulation 15
Erythren 58, 59
Extraktion mit Aceton 188
— mit alkoholischer Lauge . . . 196
— mit Wasser 188

Faktis, Bestimmung 127
Fegematerialien 182
Festigkeitseigenschaften, Beziehung zwischen den — und dem Vulkanisationskoeffizienten 108,109
— von Beschleunigermischungen 162
— von vulkanisiertem Kautschuk 93
—, Veränderung der — beim Lagern 105
—, Veränderung der — mit der Temperatur 100
Festigkeitsprodukt 104
Feuchtigkeit, Bestimmung der — im Rohkautschuk 187
Ficus elastica 20
Fine hard Para 16, 17
First Latex Kautschuk 31
Flußsäure 28
Formaldehyd, Wirkung des — auf den Latex 28
Funtumia elastica 114
Formartikel 19
Furfuramid 155
Füllstoffe, Reaktion der — während der Vulkanisation . . . 144
—, Wirkung der — auf die Festigkeitseigenschaften der Vulkanisate 128
Gasruß 126
—, Bestimmung des — im vulk. Kautschuk 199
Gilsonit 128
Goldschwefel 123, 124
Guanidine 155
Guayule 20, 21

Harnstoff 159
Hartgummi 186
Harze im Kautschuk, Bestimmung der 188
—, Bromabsorbtionszahl der . . 36
—, Chemische Zusammensetzung und Eigenschaften der 35
—, Menge der — im Kautschuk 35
—, Notwendigkeit des Vorhanden-

seins von — für die Aktivierung
  der Bleiglätte 150
Harze, Optische Aktivität der . . 35
—, Verseifungszahl der 36
Hevea brasiliensis . . 9, 11, 16, 22
Heveën 49
Hexamethylentetramin 155
Hohlkörper 184
Hunter Klin 178
Hydrierung des Kautschuks . . 66, 80
Hydrobenzamid 155
Hydrogensulfid Polysulfidbeschleu-
  niger 170

Inositolderivate 9, 10, 37
Islands Kautschuk 16
Isopren 49
—, Chemische Konstitution . . . 50
—, Polymerisation 56
—, Synthese 57

Jelutong 20
Jodwirkung auf Kautschuk . . 63, 64

Kalandern 182
Kaltvulkanisation 8, 186
Kamerunkautschuk 19
Kaolin als Füllmittel 131
— als Träger für Beschleuniger 176
Kautschin 48
Kautschuk, Bereitung von che-
  misch reinem — aus Rohkaut-
  schuk 48
—, Bestimmung des — -Gehaltes
  im Rohkautschuk 189
—, Bestimmung des — -Gehaltes
  in vulkanisierten Mischungen 202
—, Geschichte des 1
—, Synthese des 49
—, Tetrabromid 63
—, vulkanisierter 7, 70
—, Wirkung von Lösungsmitteln
  auf vulkanisierten Kautschuk 71
—, Zurichtung von Analysenpro-
  ben von 195
Kautschukhydrochlorid 64
Klebrigkeit . . . . . 5, 44, 69—70
Koagulantien 28
—, Wirkung auf die Eigenschaften
  des Kautschuks 114
Koagulation des Milchsaftes, Me-
  thoden der 28
—, anaerobe 29

Koagulation, mit Essigsäure . . 28
— durch Gefrieren 29
— Ilcken-Down-Verfahren . . . 29
— durch Räuchern 16
— mittels Reagentien 13
— mit Säure 13
—, spontane 13
—, Theorien der 14
—, Verhütung der . . . 14, 15, 16, 28
—, Wirkung der — auf die Vulkanisationsgeschwindigkeit . . . 114
—, durch Zentrifugieren 13
Koagulum 12
Kongo-Kautschuk 20
Kupferwirkung auf Kautschuk . . 69

Laevulinsäure 52
— -aldehyd 52
— -aldehydperoxyd 52
Lagern des Kautschuks, Einfluß
  auf die Vulkanisationseigen-
  schaften 119
Landolphia-Kautschuk 19
Latex 9
—, Azidität des 11
—, Ausbeute an 27
—, Export des 4
—, Größe der Teilchen im . . . 11
—, Gummieren von Geweben mit 3, 4
—, Konservierung von 4
—, physikalische Eigenschaften des 13
—, spezifisches Gewicht des . . . 14
—, Verhütung der Koagulation von
  4, 14, 15, 16, 28
—, die ersten Versuche mit . . . 4
—, Verwendung des — durch die
  Eingeborenen 1, 2
—, Vorhandensein von Kautschuk
  im 12
—, Vulkanisation des 86
—, Chemische Zusammensetzung
  von 9
Latexometer 12
Leim in Kautschukmischungen,
  Bestimmung von 199
Lithopone 122
Lupeol 36
Magnesia, calcinierte s. Magne-
  siumoxyd 4
Magnesiumoxyd, beschleunigende
  Wirkung von 151
—, Wirkung des — auf die Festig-
  keitseigenschaften 142

Sachverzeichnis.

Magnesiumoxyd, Wirkung der Kautschukharze auf 152
Magnesiumkarbonat. 132, 152
Manicoba-Kautschuk 18
Masticator 3
Mastizieren, Effekt des — auf die Viskosität von Lösungen. . . 4
Mercaptobenzthiazol 172
Metalle, Wirkung von — auf Kautschuk 69
Methylendiphenyldiamin. 155
Methylinositol 9
d-Methylinositol 9
Metrolac hydrometer 12
M. R. siehe unter Bitumen.
Monophenylguanidin 155

Natrium, Glycerat als Beschleuniger 153
—, Hydroxyd als Beschleuniger 153
—, Silicofluorid als Verhütungsmittel der Schimmelbildung 120
—, Phenolat als Beschleuniger. . 153
Negroheads 17
Nitrosit 64
—, Methode um den Kautschukkohlenwasserstoff als — zu bestimmen 191
—, Die — des Kautschuks . . . 65
Nitrosobenzol 155
p-Nitrosodimethylanilin 155
p-Nitrosodiphenylamin 155
p-Nitrosophenol 155
Nitrosoverbindungen, Theorie der Beschleunigerwirkung von . . 174

Ölbad, Vulkanisation im . . . 77, 96
Optimalvulkanisation 103
Oxydation von Kautschuk . . 65, 16
Ozonide des Kautschuks, Zersetzung der 52

Pale Crepe 33
Para-Kautschuk, Die Arten des 15
Paraffin, Die Bestimmung von . 195
Parthenium argentatum 20
Patentplatte 4
Peptone 14
Phenole im Kautschuk . . . 32, 116
Phenylendiamine, Vergleich der Aktivität der isomeren . . . 161
Phenylsenföl 172
Phenylthioharnstoff 159

Phosphorsäure im Latex 10
Pigmente 125
—, blaue 125
—, gelbe 125
—, grüne 125
—, rote 123
—, schwarze 125
—, weiße 122
Pinakon 59
Piperidin, Mischung mit Kaolin 154, 155
Piperidinpentamethylendithiocarbamat 155
Piperylen 58
Plantagenkautschuk 22
—, Arten des 31
—, Geschichte des 22
—, Koagulation des 28
—, Schwankungen in den Eigenschaften des 166
—, Methoden, den — zu zapfen. 26
Polypren 50
Polyprensulfid 73
Pontianac 20
Preußischblau 125
Proteine, siehe Stickstoffhaltige Substanzen.
Prüfstücke zur Bestimmung der Festigkeitseigenschaften . . . 94
Purub 28

Quebrachitol 10
Quecksilber, Bestimmung von — in vulkanisiertem Kautschuk . . 197
Quellung von Rohkautschuk . . 39
—, von vulk. Kautschuk . . 71, 92

Rambong Kautschuk 20
Räuchern des Kautschuks . . 16, 32
Regenerat 126
Rohkautschuk, Absorption des Lichtes durch 45
—, Depolymerisation des 46
—, zersetzende Destillation des 48
—, Einwirkung der mechanischen Bearbeitung auf 46
—, — von Halogenen auf 62
—, — von Halogenwasserstoffen auf 64
—, — der Hitze in Luft oder anderen Gasen auf 44
—, — des Knetens auf 46
—, — von Kupfer auf 69
—, — des Lichtes auf 45

Sachverzeichnis.

Rohkautschuk, Einwirkung von Lösungsmitteln auf 39
—, — von Metallen auf 69
—, — von Oxydationsmitteln auf 67
—, — von Ozon auf 52
—, — von Reduktionsmitteln auf 66
—, — von Salpetersäure auf . . 65
—, — von Schwefelsäure auf . . 65
—, — von Stickoxyden. 64
—, Inositolderivate im 37
—, komplexe Natur des Kohlenwasserstoffs im 39
—, mineralische Bestandteile im 38
—, Pektinform des 39
—, physikalische Eigenschaften des 83
—, Quellung des 40
—, spezifisches Gewicht des. . . 39
—, Waschen des 177
—, Zusammensetzung des 34
Rostigkeit 120

Sahnebildung 12
Salpetersäure, Wirkung der — auf Kautschuk 65
Schimmel 119
—, Wirkung der —-Bildung auf glättehaltige Mischungen. . . 167
—, Wirkung der Bildung von — auf die Vulkanisationseigenschaften 119, 120
Schlauchmaschine, Bearbeitung des Kautschuks auf der 183
Schlippesches Salz 123
Schopper-Maschine 94
Schwammgummi 185
Schwankungen in den Eigenschaften des Kautschuks. 167
Schwefel, aktiver 171
—, Anwesenheit von — in Derivaten des vulk. Kautschuks 79, 205
—, —, freier Bestimmung. . . 204
—, Entfernung des — aus vulk. Kautschuk 74, 75, 76
—, Gesamt-—-Bestimmung . . . 205
Schwefelchlorür, Vulkanisation mittels 86, 186
Schwerspat, Vergleich von natürlichem und gefälltem 135
—, Wirkung des — auf die Festigkeitseigenschaften . . . 128, 130
Sernamby 17
Serum. 12
Slab-Kautschuk, gereifter . . . 31, 117

Slope 99, 113
Smoked sheet 31
—, Festigkeit 113
—, Vulkanisationsgeschwindigkeit 113, 117
Solarisieren 5
Sprühkautschuk 31
—, Asche im 189
—, wäßriger Extrakt im 188
Stickstoff, Anwesenheit des — im Acetonextrakt 188
—, Bestimmung des 189
Stickstoffhaltige Bestandteile des Kautschuks 36
—, Art der Verteilung der — im Kautschuk 14, 37
—, Bestimmung der 189
—, chemische Eigenschaften der 37
—, Verfahren, die — zu isolieren 37
Streichmaschine 181
Sulfidschwefel, Bestimmung im vulkanisierten Kautschuk . . . 200
Synthetischer Kautschuk 49

Talkum, Wirkung auf die Festigkeitseigenschaften 128
Tauchartikel 185
Teilchengröße von Füllmitteln, Bestimmung der 194
—, Einfluß der — auf die Festigkeitseigenschaften 129
Tetrabromid, Kautschuk. . . .62, 63
—, Bestimmungsmethode des Kautschukkohlenwasserstoffes mittels des 190, 191
Tetramethylthiuramdisulfid . . . 156
Thiocarbanilid, Theorie der Wirkung des — als Beschleuniger 172
Thiuramdisulfid 156
Timonox. 123
Titanoxyd 123
Toluidin 155
Triphenylguanidin 155
Trocken von Kautschuk 189
Type 99, 113

Ultrabeschleuniger 158, 173
Ultramarin. 125
Ultraviolettes Licht, Vulkanisation mittels. 85
—, Wirkung des — auf Lösungen 43, 85
—, Wirkung des — auf den Kautschuk 45
Upriver-Para-Kautschuk 16

Sachverzeichnis.

Vegetable black 125
Viskosität von Kautschuklösungen 41
—, Bestimmung der Wirkung des Erhitzens in verschiedenen Gasen auf die 44
—, Einfluß des Lichtes auf die 43
—, Einfluß des Mastizierens auf die 47
—, Einfluß von Trichloressigsäure auf die 37
—, —, als Hinweis auf die Güte des Kautschuks 43
Volumenzuwachs von vulkanisiertem Kautschuk bei der Dehnung 147
Vulkanisation 70
— mittels Antimonjodid 89
— mittels Benzoylperoxyd . . . 90
— von Beschleunigermischungen 161, 162
—, Diskontinuität der 163
—, Entdeckung der 5
— mittels Halogenen 89
—, Heiß- 180
—, Herkunft der Bezeichnung . 7
— im Schwefelbad 6
— des Latex 86
— von Kautschuklösungen . . . 87
— mittels Nitrobenzol 89
— Theorie der 71
— Temperaturkoeffizient der 78, 159
— mittels Selen 9
— mittels Schwefel 6, 70
— mittels Schwefelchlorür . . . 8
—, Wirkung der Hydrierung des Kautschuks auf die 80
—, Wirkung des Mastizierens auf die 77
—, Wirkung verschiedener S-Modifikationen auf die 83
—, Wirkung der Temperatur bei der 72, 78
—, Wirkung der Dauer der 72, 73, 77, 78
Vulkanisationsgeschwindigkeit . . 113
—, Wirkung des Alters der Bäume auf die 113
—, von Alaun auf die 115
—, — von Antikoagulantien auf die 114
Vulkanisationsgeschwindigkeit, Wirkung von Flußsäure auf die 115
—, — der Koagulationsmethode auf die 114
—, — von verschiedenen Mengen des Koagulationsmittels auf die 115
—, — des Lagerns des Kautschuks auf die 119
—, — von Natriumbisulfit auf die 117
—, — der Reifung des Slabkautschuks auf die 115
—, — der Rostigkeit auf die . . 120
—, — von Schimmel auf die . . 119
—, — von Schwefelsäure auf die 114
—, — der Verdünnung des Milchsaftes auf die 114
—, — des Zapfverfahrens auf die 113
Vulkanit 186
Vulkazol 155

Waschverlust 187
Wäßriger Extrakt von Kautschuk 188
Weake fine Para 18
Weichmachungsmittel 126
Weißer Faktis 127
Widerstandsenergie 131
Wildkautschuk 15

Xanthogenate 156

Zapfmethode, Einfluß auf die Eigenschaften des Kautschuks . . 113
Zinkäthylxanthogenat 156
Zinkchromat 125
Zinkoxyd 128
—, Aktivierung durch Beschleuniger 171, 173, 174
—, Wechselwirkung mit Schwefel während der Vulkanisation . 145
—, Wirkung des Erhitzens auf . 135
—, Wirkung auf die Festigkeitseigenschaften von vulkanisiertem Kautschuk 128
Zinnober 124
Zucker, Vorkommen im Rohkautschuk 37
Zugdehnungskurve 98

Verlag von Julius Springer in Berlin W 9

Der Kautschuk. Eine kolloidchemische Monographie. Von Dr. **Rudolf Ditmar**, Graz. Mit 21 Figuren im Text und auf einer Tafel. (148 S.) 1912. 6.30 Goldmark; gebunden 8.40 Goldmark.

Untersuchungen über die natürlichen und künstlichen Kautschukarten. Von **Carl Dietrich Harries**. Mit 9 Textfiguren. (267 S.) 1919. 14.50 Goldmark.

Lunge-Berl, Chemisch-technische Untersuchungsmethoden. Unter Mitwirkung von zahlreichen Fachgelehrten herausgegeben von Ing.-Chem. Dr. **Ernst Berl**, Professor der Technischen Chemie und Elektrochemie an der Technischen Hochschule zu Darmstadt. Siebente, vollständig umgearbeitete und vermehrte Auflage. In 4 Bänden:

Dritter Band. Mit 235 in den Text gedruckten Figuren. (1393 S.) 1923. Gebunden 44 Goldmark.

Inhaltsübersicht: Gasfabrikation, Ammoniak. — Die Industrie des Steinkohlenteers. — Braunkohlenteerindustrie. — Mineralöle. — Fette und Wachse. — Erzeugnisse der Fettindustrie. — Die Untersuchung der Balsame, Harze und Gummiharze. — Drogen und galenische Präparate. — Ätherische Öle. — Chemische Präparate. — Die Weinsäure-Industrie. — Die Zitronensäurefabrikation. — Die Milchsäure-Industrie. — **Kautschuk und Kautschukwaren.** — Die Untersuchung und Wertbestimmung von Rohkautschuk. — Die für die Kautschukindustrie außer Kautschuk in Betracht kommenden Rohstoffe. — Die analytischen Methoden der Untersuchung von Kautschukwaren und ihre Ausführung im einzelnen. — Die Prüfung der Kautschukwaren auf ihre Gebrauchsfähigkeit. — Mechanisch-technologische Prüfung von vulkanisierten Gummiwaren. — Kolloidchemische Untersuchungsmethoden.

Erster Band: Mit 291 Textfiguren und einem Bildnis. (1132 S.) 1921. Gebunden 36 Goldmark.

Zweiter Band: Mit 313 Textfiguren. (1456 S.) 1922. Gebunden 48 Goldmark.

Vierter Band: Mit 125 Textfiguren. (1164 S.) 1924. Gebunden 40 Goldmark.

Lunge-Berl, Taschenbuch für die anorganisch-chemische Großindustrie. Herausgegeben von Professor Dr. **E. Berl** in Darmstadt. Sechste, umgearbeitete Auflage. Mit 16 Textfiguren und 1 Gasreduktionstafel. (350 S.) 1921. Gebunden 9.60 Goldmark.

Verlag von Julius Springer in Berlin W 9

Fortschritte in der anorganisch-chemischen Industrie.
An Hand der deutschen Reichspatente dargestellt. Mit Fachgenossen bearbeitet und herausgegeben von Ing. **Adolf Bräuer** und Dr.-Ing. **J. d'Ans.** Erster Band (1877—1917). In drei Teilen.
I. Teil. (1192 S.) 1921.   69 Goldmark
II. Teil. (1447 S.) 1922.   75 Goldmark
III. Teil. (1289 S.) 1923.   100 Goldmark
Zweiter Band (1918—1923). I. Teil.   Erscheint im Frühjahr 1925.

Der Betriebs-Chemiker.
Ein Hilfsbuch für die Praxis des chemischen Fabrikbetriebes. Von Fabrikdirektor Dr. **Richard Dierbach.** Dritte, teilweise umgearbeitete und ergänzte Auflage von Dr.-Ing. **Bruno Waeser,** Chemiker. Mit 117 Textfiguren. (344 S.) 1921.   Gebunden 12 Goldmark

Landolt-Börnstein, Physikalisch-chemische Tabellen.
Fünfte, umgearbeitete und vermehrte Auflage. Unter Mitwirkung von Fachgelehrten herausgegeben von Dr. **Walther A. Roth,** Professor an der Technischen Hochschule in Braunschweig und Dr. **Karl Scheel,** Professor an der Physik.-Techn. Reichsanstalt in Charlottenburg. Mit einem Bildnis. In zwei Bänden. (1710 S.) 1923.   Gebunden 106 Goldmark

Lehrbuch der organisch-chemischen Methodik.
Von Dr. **Hans Meyer,** o. ö. Professor der Chemie an der Deutschen Universität zu Prag. Erster Band: **Analyse und Konstitutions-Ermittlung organischer Verbindungen.** Vierte, vermehrte und umgearbeitete Auflage. Mit 360 Figuren im Text. (1227 S.) 1922.   56 Goldmark; geb. 60 Goldmark

Die quantitative organische Mikroanalyse.
Von **Fritz Pregl,** Dr. med. und Dr. phil. h. c., o. ö. Professor der Medizinischen Chemie und Vorstand des Medizinisch-Chemischen Instituts an der Universität Graz, korrespondierendes Mitglied der Akademie der Wissenschaften in Wien. Zweite durchgesehene und vermehrte Auflage. Mit 42 Textabbildungen. (226 S.) 1923.
                                       Gebunden 12 Goldmark

Qualitative Analyse
auf präparativer Grundlage. Von Dr. **W. Strecker,** o. Professor an der Universität Marburg. Zweite, ergänzte und erweiterte Auflage. Mit 17 Textfiguren. (205 S.) 1924.   6.60 Goldmark

Anleitung zur organischen qualitativen Analyse.
Von Dr. **Hermann Staudinger,** Professor für Anorganische und Organische Chemie, Leiter des Laboratoriums für Allgemeine und Analytische Chemie an der Eidgenössischen Technischen Hochschule Zürich. (108 S.) 1923. 3.60 Goldmark

Ernst Schmidt, Anleitung zur qualitativen Analyse.
Herausgegeben und bearbeitet von Dr. **J. Gadamer,** o. Professor der Pharmazeutischen Chemie und Direktor des Pharmazeutisch-Chemischen Instituts der Universität Marburg. Neunte, verbesserte Auflage. (118 S.) 1922.
                                                   2.50 Goldmark

If you have any concerns about our products,
you can contact us on
ProductSafety@springernature.com

In case Publisher is established outside the EU,
the EU authorized representative is:
**Springer Nature Customer Service Center GmbH
Europaplatz 3, 69115 Heidelberg, Germany**

Printed by Libri Plureos GmbH
in Hamburg, Germany